ADVANCED
MATHEMATICS

高等数学

上册

主　编：王海民　　阮其华

副主编：柳志千　　林丽芳　　张新军

厦门大学出版社　国家一级出版社
XIAMEN UNIVERSITY PRESS　全国百佳图书出版单位

图书在版编目(CIP)数据

高等数学:上册/王海民,阮其华主编. —厦门:厦门大学出版社,2018.7
ISBN 978-7-5615-7008-1

Ⅰ.①高… Ⅱ.①王…②阮… Ⅲ.①高等数学-高等学校-教材 Ⅳ.①O13

中国版本图书馆 CIP 数据核字(2018)第 122735 号

出 版 人	郑文礼	
责任编辑	郑 丹	
封面设计	蒋卓群	
技术编辑	许克华	

出版发行 厦门大学出版社

社　　址 厦门市软件园二期望海路 39 号

邮政编码 361008

总 编 办 0592-2182177　0592-2181406(传真)

营销中心 0592-2184458　0592-2181365

网　　址 http://www.xmupress.com

邮　　箱 xmupress@126.com

印　　刷 三明市华光印务有限公司

开本 787 mm×1 092 mm　1/16

印张 14.75

字数 360 千字

版次 2018 年 7 月第 1 版

印次 2018 年 7 月第 1 次印刷

定价 39.00 元

本书如有印装质量问题请直接寄承印厂调换

厦门大学出版社
微信二维码

厦门大学出版社
微博二维码

前 言

为了推进高等数学教学改革,充分体现基础课以应用为目的,编者根据教育部最新制定的《工科类本科数学基础课程教学基本要求》,在广泛调查研究的基础上,借鉴当前的教学实践和教改成果,组织编写了本书,以满足普通高等学校理工类专业高等数学课程教学的需要.本书可作为高等院校各相关专业数学课程的教材,还可作为相关工程人员及数学爱好者的阅读参考用书.

本书分为上、下两册.上册主要内容包括函数的极限与连续、导数与微分、微分中值定理与导数的应用、不定积分、定积分、定积分的应用、微分方程等.下册主要内容包括向量代数与空间解析几何、多元函数微分法及其应用、重积分、曲线积分与曲面积分、无穷级数等.本书内容丰富,并且叙述清楚、透彻,逻辑严谨.

本册由王海民、阮其华主编.具体编写分工如下:王海民编写第 1、2 章;林丽芳编写第 3、7 章;柳志千编写第 4、5、6 章.

本书在编写过程中,参考了其他一些作者的相关内容及资料,并得到了许多专家的大力支持与帮助,在此表示衷心的感谢.

由于编者水平有限,成书仓促,书中难免会存在错漏之处,敬请专家和读者批评指正,以帮助我们不断改进.

编者

2018 年 5 月

目　录

第1章　函数的极限与连续

高等数学主要研究的对象是函数,研究的工具是极限.函数是现代数学的基本概念,连续是函数的一个重要性态.极限理论是微积分和级数的理论基础.本章将在复习和深化函数知识的基础上,进一步学习函数的极限、连续性,掌握求极限的方法.

1.1　初等函数

1.1.1　函数的概念

1. 变量、区间与邻域

我们在观察各种自然现象或研究实际问题的时候,会遇到许多的量,这些量一般可分为两种:

常量:在观察过程中保持固定不变的量,通常用字母 a,b,c 等表示.

变量:在观察过程中可取不同数值的量,通常用字母 x,y,z 等表示.

例如,把一个密闭容器内的气体加热时,气体的体积和气体的分子个数保持一定,它们是常量,而气体的温度和压力则是变量.

任何一个变量,总有一定的变化范围.如果变量的变化是连续的,常用区间来表示.区间是高等数学中常用的实数集,包括四种有限集和五种无限集,它们的名称、记号和定义如下:

闭区间	$[a,b]=\{x\,|\,a\leqslant x\leqslant b\}$	
开区间	$(a,b)=\{x\,|\,a< x< b\}$	
半开半闭区间	$(a,b]=\{x\,|\,a< x\leqslant b\}$	$[a,b)=\{x\,|\,a\leqslant x< b\}$
无限区间	$(a,+\infty)=\{x\,|\,x> a\}$	$[a,+\infty)=\{x\,|\,x\geqslant a\}$
	$(-\infty,b]=\{x\,|\,x\leqslant b\}$	$(-\infty,b)=\{x\,|\,x< b\}$
	$(-\infty,+\infty)=\{x\,|\,x\in \mathbf{R}\}$	

其中 a,b 为确定的实数,分别称为区间的**左端点**和**右端点**.闭区间 $[a,b]$、半开半闭区间 $[a,b)$ 及 $(a,b]$、开区间 (a,b) 为有限区间.有限区间的左、右端点之间的距离 $b-a$ 称为**区间长度**.$+\infty$ 与 $-\infty$ 分别读作"正无穷大"与"负无穷大",它们不表示任何数,仅仅是符号.

区间在数轴上的表示如图 1-1 所示.

邻域是高等数学中经常用到的概念.设 a 与 δ 是两个实数,且 $\delta> 0$,称实数集 $\{x\,|\,|x-a|<\delta\}$ 为点 a 的 $\pmb{\delta}$ **邻域**,记作 $U(a,\delta)$,a 称为该**邻域的中心**,δ 称为该**邻域的半径**.由邻域的定义知

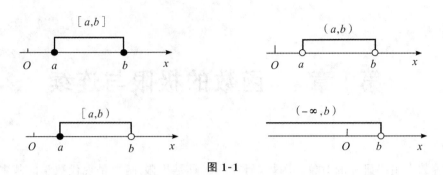

图 1-1

$$U(a,\delta)=(a-\delta,a+\delta)$$

表示分别以 $a-\delta,a+\delta$ 为左、右端点的开区间,区间长度为 2δ,如图 1-2(a) 所示.

在 $U(a,\delta)$ 中去掉中心点 a 得到的实数集 $\{x\mid 0<\mid x-a\mid<\delta\}$ 称为**点 a 的去心 δ 邻域**,记作 $\mathring{U}(a,\delta)$,显然,去心邻域 $\mathring{U}(a,\delta)$ 是两个开区间 $(a-\delta,a)$ 和 $(a,a+\delta)$ 的并集,即

$$\mathring{U}(a,\delta)=(a-\delta,a)\bigcup(a,a+\delta),$$

如图 1-2 所示.

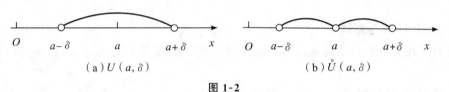

图 1-2

2. 函数的概念

在自然现象或生产过程中,同时出现的某些变量往往存在着相互依赖、相互制约的关系,这种关系在数学上称为函数关系.

定义 1.1 设 x 和 y 是某一变化过程中的两个变量,如果 x 在实数的某一范围 D 内任意取一个数值,变量 y 按照一定的对应法则 f,都有唯一确定的实数值与之对应,则称 y 是 x 的**函数**,记作

$$y=f(x),x\in D,$$

称 x 为**自变量**,y 为**因变量**或函数,自变量 x 的取值范围 D 叫作函数的**定义域**.

当自变量 x 取数值 $x_0\in D$ 时,与 x_0 对应的因变量 y 的值称为函数 $y=f(x)$ 在点 x_0 处的**函数值**,记为 $f(x_0)$ 或 $y\mid_{x=x_0}$.当 x 取遍 D 中的所有数值时,与之对应的 y 值的集合 M 叫作这个函数的**值域**,记为 $f(D)$,即 $f(D)=\{y\mid y=f(x),x\in D\}$.

在函数的定义中,自变量 x 与因变量 y 的对应法则也可用其他字母 g,F,G,f_1 等表示.如果两个函数的定义域相同,并且对应法则也相同(从而值域也相同),那么它们不管用什么记号,均表示同一个函数.

在实际问题中,函数的定义域由实际意义确定.例如,正方形的面积 S 与边长 x 的关系是 $S=x^2$,定义域为 $(0,+\infty)$.在研究由公式表达的函数时,我们规定:函数的定义域就是使函数表达式有意义的自变量的一切实数值所组成的集合.例如,函数 $y=\dfrac{1}{\sqrt{1-x^2}}$ 的定义域是

$(-1,1)$，函数 $y = \sin x$ 的定义域是 $(-\infty, +\infty)$.

例 1　设有函数 $f(x) = x - 1$ 和 $g(x) = \dfrac{x^2 - 1}{x + 1}$，问它们是否为同一个函数？

解　$f(x)$ 的定义域为 $(-\infty, +\infty)$，而 $g(x)$ 在 $x = -1$ 点无定义，其定义域为 $(-\infty, -1) \bigcup (-1, +\infty)$，故 $f(x)$ 与 $g(x)$ 的定义域不同，从而它们不是同一个函数.

例 2　求下列函数的定义域：

$$(1)\, y = \frac{1}{x+1} + \sqrt{-x} + \sqrt{x+4}\,; \qquad\qquad (2)\, y = \sqrt{16 - x^2} + \lg \sin x.$$

解　(1) 要使函数 y 有意义，必须保证 $\begin{cases} x + 1 \neq 0, \\ -x \geqslant 0, \\ x + 4 \geqslant 0 \end{cases}$ 成立，即 $\begin{cases} x \neq -1, \\ x \leqslant 0, \\ x \geqslant -4. \end{cases}$ 这个不等式组的

解为 $-4 \leqslant x \leqslant 0$ 且 $x \neq -1$，所以函数的定义域为 $[-4, -1) \bigcup (-1, 0]$.

(2) 要使函数 y 有意义，必须保证 $\begin{cases} 16 - x^2 \geqslant 0, \\ \sin x > 0 \end{cases}$ 成立，即

$$\begin{cases} -4 \leqslant x \leqslant 4, \\ 2n\pi < x < (2n+1)\pi \quad (n = 0, \pm 1, \pm 2, \cdots). \end{cases}$$

这个不等式组的解为 $-4 \leqslant x < -\pi$ 或 $0 < x < \pi$，所以函数的定义域为 $[-4, -\pi) \bigcup (0, \pi)$.

例 3　求函数 $f(x) = x^2 - 3x + 5$ 在 $x = 3, x = x_0, x = x_0 + h$ 各点的函数值.

解
$$f(3) = 3^2 - 3 \times 3 + 5 = 5;$$
$$f(x_0) = x_0^2 - 3x_0 + 5;$$
$$f(x_0 + h) = (x_0 + h)^2 - 3(x_0 + h) + 5 = x_0^2 + (2h - 3)x_0 + (h^2 - 3h + 5).$$

3. 函数的表示方法

函数的表示方法通常有公式法（又称解析法）、列表法和图像法三种.

(1) 以数学式子表示函数的方法叫公式法，如 $y = x^2, y = \cos x$. 公式法的优点是便于理论推导和计算.

(2) 以表格形式表示函数的方法叫列表法，它是将自变量的值与对应的函数值列为表格，如三角函数表，对数表等. 列表法的优点是所求的函数值容易查得.

(3) 以图形表示函数的方法叫图形法或图像法. 这种方法在工程技术上应用很普遍，其优点是直观形象，可看到函数的变化趋势.

4. 分段函数

在定义域的不同范围内，用不同的解析式表示的函数称为**分段函数**.

例 4　旅客携带行李乘飞机时，行李的质量不超过 20 千克时不收费用，若超过 20 千克，每超过 1 千克收运费 a 元，建立运费 y 与行李质量 x 的函数关系.

解　由题意知，当 $0 \leqslant x \leqslant 20$ 时，运费 $y = 0$；而当 $x > 20$ 时，只有超过的部分 $x - 20$ 按每千克收运费 a 元，此时 $y = a(x - 20)$. 于是函数 y 可以写成：

$$y = \begin{cases} 0, & 0 \leqslant x \leqslant 20, \\ a(x - 20), & x > 20, \end{cases}$$

这样便建立了行李质量 x 与行李运费 y 之间的函数关系.

例5 设 $f(x)=\begin{cases} x+1, & x<0, \\ 0, & x=0, \\ x-1, & x>0, \end{cases}$ 求 $f(-3),f(0),f(2)$，并作图.

解 $f(-3)=-3+1=-2,f(0)=0,f(2)=2-1=1.$ 图像如图 1-3 所示.

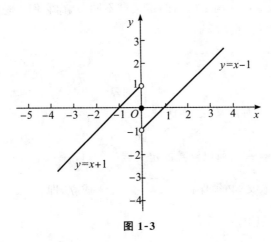

图 1-3

分段函数是公式法表达函数的一种方式，在理论分析和实际应用中都是很有用的.需要注意的是：分段函数是用几个公式合起来表示一个函数，而不是表示几个函数.分段函数的定义域是各个定义区间的并集.

5. 隐函数

由方程 $F(x,y)=0$ 所确定的函数称为**隐函数**，例 $xy=1,\mathrm{e}^x-2\ln(xy)+1=0$ 等.相应地，我们将前面讨论的函数 $y=f(x)$ 称为**显函数**.

有些隐函数可以表示成显函数的形式，例如，$x^2+y^2-1=0$ 确定了一个隐函数，从中解出 y，得 $y=\pm\sqrt{1-x^2}$，就变成了显函数.而有些隐函数却不可以，如方程 $y+x-\ln y=0$ 所确定的函数就无法表示成显函数.

1.1.2 函数的几种特性

1. 单调性

设函数 $y=f(x)$ 的定义域为 D，区间 $I\subseteq D$，如果对于任意 $x_1,x_2\in I$，当 $x_1<x_2$ 时，总有 $f(x_1)<f(x_2)$，则称函数 $y=f(x)$ 在区间 I 上**单调增加**（图 1-4），区间 I 称为函数 $y=f(x)$ 的一个单调增加区间；当 $x_1<x_2$ 时，总有 $f(x_1)>f(x_2)$，则称函数 $y=f(x)$ 在区间 I 上**单调减少**（图 1-5），区间 I 称为函数 $y=f(x)$ 的一个单调减少区间.

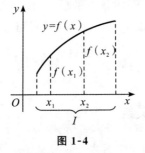

图 1-4

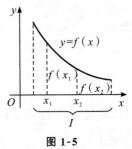

图 1-5

单调增加和单调减少的函数统称为**单调函数**,所在的区间称为这个函数的**单调区间**.

例如:函数 $f(x) = x^2$ 在 $[0, +\infty)$ 上是单调增加的,在 $(-\infty, 0]$ 上是单调减少的,则其在 $(-\infty, +\infty)$ 内不是单调函数(图 1-6).

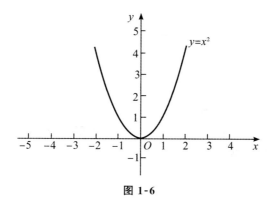

图 1-6

注意:函数的单调性是关于函数在区间上所讨论的一个概念,绝不能离开区间谈函数的单调性.

2. 有界性

设函数 $y = f(x)$ 的定义域为 D,数集 $X \subseteq D$,如果存在某个正数 M,对于任意的 $x \in X$,都有不等式

$$|f(x)| \leqslant M$$

成立,则称 $f(x)$ 在 X 上**有界**,或称 $f(x)$ 是 X 上的**有界函数**.如果这样的 M 不存在,则称函数 $f(x)$ 在 X 上**无界**,或称 $f(x)$ 是 X 上的**无界函数**.

应该注意两点:① 当函数 $y = f(x)$ 在 X 上有界时,正数 M 的取法不是唯一的.例如 $y = \sin x$ 在 $x \in (-\infty, +\infty)$ 上是有界的,有 $|\sin x| \leqslant 1$,但我们也可以取 $M = 2$,即 $|\sin x| \leqslant 2$ 总是成立的,实际上 M 可以取任何大于 1 的数.② 函数的有界性,不仅仅是要注意函数的特点,还要注意自变量的变化范围 X.例如,函数 $f(x) = \dfrac{1}{x}$ 在区间 $(1, 2)$ 内是有界的,但在区间 $(0, 1)$ 内是无界的.

3. 奇偶性

设函数 $y = f(x)$ 的定义域 D 关于原点对称,即当 $x \in D$ 时,有 $-x \in D$.如果对于任意的 $x \in D$,都有 $f(-x) = f(x)$ 成立,则称 $f(x)$ 为**偶函数**;如果对于任意的 $x \in D$,都有 $f(-x) = -f(x)$ 成立,则称 $f(x)$ 为**奇函数**.如果 $f(x)$ 既不是奇函数,也不是偶函数,则称 $f(x)$ 为**非奇非偶函数**.

如 $y = x^2$ 与 $y = \cos x$ 都是偶函数,$y = x^3$ 与 $y = \sin x$ 都是奇函数,而 $y = \sin x + \cos x$ 是**非奇非偶函数**.

在几何上,偶函数的图像关于 y 轴对称,奇函数的图像关于原点对称.

例 6　判断函数 $y = \ln(x + \sqrt{1 + x^2})$ 的奇偶性.

解　因为函数的定义域为 $(-\infty, +\infty)$,且

$$f(-x) = \ln(-x + \sqrt{1 + (-x)^2}) = \ln(-x + \sqrt{1 + x^2})$$

$$= \ln \frac{(-x + \sqrt{1+x^2})(x + \sqrt{1+x^2})}{x + \sqrt{1+x^2}}$$

$$= \ln \frac{1}{x + \sqrt{1+x^2}}$$

$$= -\ln(x + \sqrt{1+x^2}) = -f(x),$$

所以,$f(x)$ 是奇函数.

4. 周期性

设函数 $y = f(x), x \in D$.如果存在某一非零常数 T,使得对于任意 $x \in D$,均有 $x \pm T \in D$,且有 $f(x + T) = f(x)$ 成立,则称函数 $y = f(x)$ 为**周期函数**,称 T 为该函数的周期.通常我们说的周期函数的周期都是指**最小正周期**.

如函数 $y = \sin x$ 及 $y = \cos x$ 都是以 2π 为周期的周期函数,函数 $y = \tan x$ 及 $y = \cot x$ 都是以 π 为周期的周期函数.

在几何上,周期为 T 的周期函数的图像在长度为 T 的相邻区间上形状相同.

例 7 求函数 $f(t) = A\sin(\omega t + \varphi)$ 的周期,其中 A, ω, φ 为常数.

解 设所求的周期为 T,由于

$$f(t + T) = A\sin[\omega(t + T) + \varphi] = A\sin[(\omega t + \varphi) + \omega T],$$

要使

$$f(t + T) = f(t),$$

即

$$A\sin[(\omega t + \varphi) + \omega T] = A\sin(\omega t + \varphi)$$

成立,因为 $\sin t$ 的周期为 2π,只需

$$\omega T = 2n\pi(n = 0, 1, 2, \cdots).$$

使上式成立的最小正数为 $T = \dfrac{2\pi}{\omega}$(取 $n = 1$),所以函数 $f(t) = A\sin(\omega t + \varphi)$ 的周期是 $\dfrac{2\pi}{\omega}$.

1.1.3 反函数、复合函数和初等函数

1. 反函数

函数关系的实质就是从定量分析的角度来描述运动过程中变量之间的相互依赖关系.但在研究过程中,哪个量作为自变量,哪个量作为因变量(函数)是由具体问题来决定的.

设函数 $y = f(x)$ 的定义域为 D,值域为 W.对于值域 W 中的任一数值 y,在定义域 D 上至少可以确定一个数值 x 与 y 对应,且满足关系式

$$f(x) = y.$$

如果把 y 作为自变量,x 作为因变量,则由上述关系式可确定一个新函数 $x = \varphi(y)$(或 $x = f^{-1}(y)$).这个新函数称为函数 $y = f(x)$ 的**反函数**.反函数的定义域为 W,值域为 D.相对于反函数,函数 $y = f(x)$ 称为**直接函数**.

由于习惯上采用字母 x 表示自变量,y 表示函数.因此,将 $x = f^{-1}(y)$ 中的 x 换成 y,y 换成 x,$y = f(x)$ 的反函数即为 $y = f^{-1}(x)$.

注意:(1) 函数 $x=f^{-1}(y)$ 与 $y=f^{-1}(x)$ 是表示同一个函数.

(2) 求反函数的过程可分为两步:第一步,从 $y=f(x)$ 中解出 $x=f^{-1}(y)$;第二步,交换字母 x 和 y.

例 8　求函数 $y=10^{x+1}$ 的反函数.

解　由 $y=10^{x+1}$ 解出 $x=\lg y-1$,然后交换 x 和 y,得 $y=\lg x-1$,即 $y=\lg x-1$ 是函数 $y=10^{x+1}$ 的反函数.

2. 基本初等函数

在大量的函数关系中,有几种函数是最常见的、最基本的.它们是常值函数、幂函数、指数函数、对数函数、三角函数、反三角函数.这几类函数称为**基本初等函数**.下面分别介绍它们的定义、图像和性质.

(1) 常值函数 $y=C$(C 为任意常数)

由于常值函数在定义域内每一点处所对应的函数值都相等,所以其图像是平行于 x 轴且截距为 C 的直线.

(2) 幂函数 $y=x^u$(u 为任意实数)

幂函数 $y=x^u$($u\in\mathbf{R}$)随着 u 的取值不同,其定义域、值域、图像和性质也不尽相同.当 $u>0$ 时,如图 1-7 所示,$y=x^u$ 的定义域包含区间 $[0,+\infty)$,图像都过 $(0,0)$,$(1,1)$ 点,在 $(0,+\infty)$ 内,$y=x^u$ 是严格单调增加的;当 $u<0$ 时,如图 1-8 所示,$y=x^u$ 的定义域包含区间 $(0,+\infty)$,图像都过 $(1,1)$ 点,在 $(0,+\infty)$ 内,$y=x^u$ 是严格单调减少的.

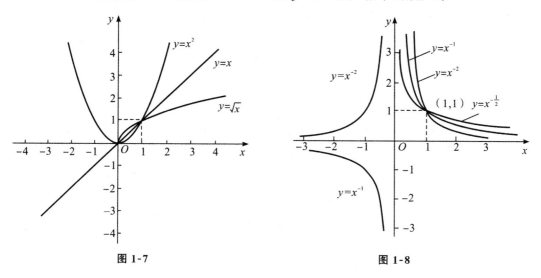

图 1-7　　　　　　　　　　　　　　　　**图 1-8**

(3) 指数函数 $y=a^x$($a>0$ 且 $a\neq1$)

指数函数 $y=a^x$($a>0$ 且 $a\neq1$)的定义域为 $(-\infty,+\infty)$,值域为 $(0,+\infty)$,图像都过 $(0,1)$ 点.当 $a>1$ 时,它单调增加;当 $0<a<1$ 时,它单调减少(图 1-9).

(4) 对数函数 $y=\log_a x$($a>0$,$a\neq1$)

对数函数 $y=\log_a x$($a>0$,$a\neq1$)是指数函数 $y=a^x$($a>0$,$a\neq1$)的反函数,它的定义域为 $(0,+\infty)$,值域为 $(-\infty,+\infty)$,图像都过 $(1,0)$ 点.当 $a>1$ 时,它单调增加;当 $0<a<1$ 时,它单调减少(图 1-10).

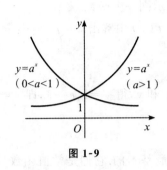

图 1-9

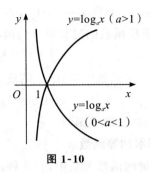

图 1-10

(5) 三角函数

常用的三角函数有:正弦函数 $y = \sin x$,余弦函数 $y = \cos x$,正切函数 $y = \tan x$,余切函数 $y = \cot x$.

$y = \sin x$ 与 $y = \cos x$ 的定义域均为 $(-\infty, +\infty)$,值域为 $[-1,1]$.它们都是以 2π 为周期的周期函数,都是有界函数.正弦函数是奇函数,余弦函数是偶函数.如图 1-11 及图 1-12 所示.

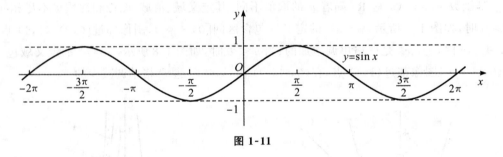

图 1-11

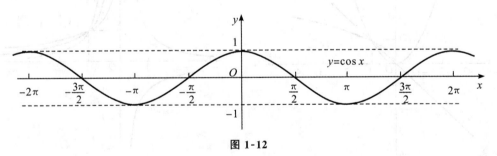

图 1-12

$y = \tan x$ 的定义域为 $\left\{ x \,\middle|\, x \neq k\pi + \dfrac{\pi}{2}, k \in \mathbf{Z} \right\}$,值域是 $(-\infty, +\infty)$.它是奇函数,是以 π 为周期的周期函数,如图 1-13 所示.

$y = \cot x$ 的定义域是 $\{ x \mid x \neq k\pi, k \in \mathbf{Z} \}$,值域是 $(-\infty, +\infty)$.它是奇函数,是以 π 为周期的周期函数,如图 1-14 所示.

三角函数还包括正割函数 $y = \sec x$ 和余割函数 $y = \csc x$,它们都是以 2π 为周期的周期函数.

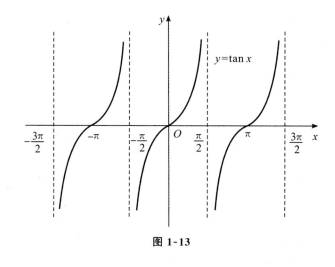

图 1-13

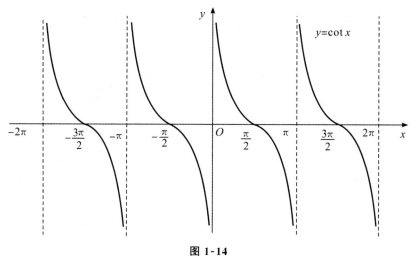

图 1-14

（6）反三角函数

三角函数 $y=\sin x$，$y=\cos x$，$y=\tan x$ 和 $y=\cot x$ 的反函数都是多值函数，我们按下列区间取其一个单值分支，称为主值分支，分别记作

① 反正弦函数 $y=\arcsin x$，定义域为 $[-1,1]$，值域为 $\left[-\dfrac{\pi}{2},\dfrac{\pi}{2}\right]$，图像如图 1-15 所示．

② 反余弦函数 $y=\arccos x$，定义域为 $[-1,1]$，值域为 $[0,\pi]$，图像如图 1-16 所示．

③ 反正切函数 $y=\arctan x$，定义域为 $(-\infty,+\infty)$，值域为 $\left(-\dfrac{\pi}{2},\dfrac{\pi}{2}\right)$，图像如图 1-17 所示．

④ 反余切函数 $y=\text{arccot}\,x$，定义域为 $(-\infty,+\infty)$，值域为 $(0,\pi)$，图像如图 1-18 所示．

3. 复合函数

定义 1.2 设有函数 $y=f(u)(u\in U)$ 和函数 $u=\varphi(x)(x\in D)$，且函数 $\varphi(x)$ 的值域的全部或部分包含在函数 $f(u)$ 的定义域内，那么 y 通过 u 的联系成为 x 的函数．我们把 y

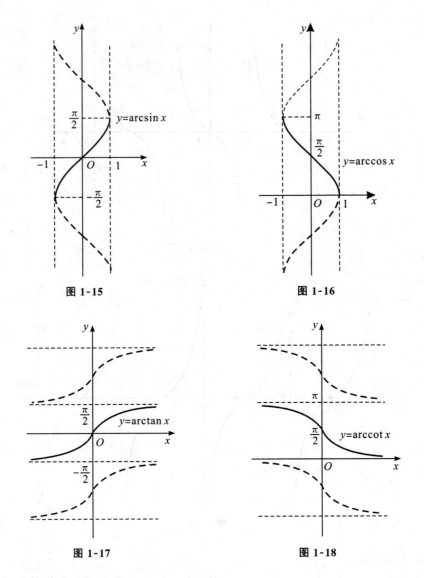

图 1-15

图 1-16

图 1-17

图 1-18

叫作 x 的**复合函数**.记作

$$y = f[\varphi(x)],$$

其中 x 为自变量, y 为因变量, u 为中间变量.

注意:(1)不是任何两个函数都可以组成一个复合函数.例如, $y = \arcsin u$ 及 $u = 2 + x^2$ 就不能组成复合函数.原因是 $u = 2 + x^2$ 的值域 $[2, +\infty)$ 和 $y = \arcsin u$ 的定义域 $[-1, 1]$ 的交集是空集.

(2)复合函数也可以由两个以上的函数复合而成.

例 9 求由下列函数组成的复合函数:

(1) $y = \sqrt{u}$, $u = \cot x$;   (2) $y = u^2$, $u = \ln v$ 和 $v = 1 + x^2$.

解 (1) $y = \sqrt{u}$, $u = \cot x$ 的复合函数是 $y = \sqrt{\cot x}$;

(2) $y = u^2$, $u = \ln v$ 和 $v = 1 + x^2$ 的复合函数是 $y = \ln^2(1 + x^2)$.

例 10　指出下列复合函数的复合过程：

$(1) y = e^{\arcsin x}$；
$\qquad\qquad\qquad (2) y = 2\sin\sqrt{1 - x^2}$.

解　(1) 函数 $y = e^{\arcsin x}$ 是由 $y = e^u$，$u = \arcsin x$ 复合而成的；

(2) 函数 $y = 2\sin\sqrt{1 - x^2}$ 是由 $y = 2\sin u$，$u = \sqrt{v}$，$v = 1 - x^2$ 复合而成的.

4. 初等函数

由基本初等函数经过有限次四则运算和有限次复合运算所构成的能用一个解析式表示的函数，称为**初等函数**.

例如，函数 $y = e^{\sin x^2}$，$y = \dfrac{\tan x}{x} + \arccos x$，$y = \sqrt{\dfrac{\ln(x^2 + 1) + \cos^2 x}{\sqrt{x - 1} + \sqrt[5]{x}}}$ 等都是初等函数. 但

$y = 1 + x + x^2 + \cdots$ 不是初等函数（不满足有限次运算），$y = \begin{cases} 2^x, & x \geqslant 0, \\ x^2, & x < 0 \end{cases}$ 也不是初等函数

（不能由一个解析式表示）.

习题 1.1

1. 用区间表示下列范围：

$(1) x \leqslant 0$；
$\qquad\qquad\qquad (2) -1 \leqslant x < 2$；

$(3) |x - 2| < \varepsilon$；
$\qquad\qquad\qquad (4) U(a, \delta)$.

2. 求下列函数的定义域：

$(1) y = \dfrac{2}{x^2 - 3x + 2}$；
$\qquad\qquad (2) y = \lg\dfrac{1 + x}{1 - x}$；

$(3) y = \sqrt{2 + x} + \dfrac{1}{\lg(1 - x)}$；
$\qquad (4) y = \begin{cases} \sin x, & 0 \leqslant x < \dfrac{\pi}{2}, \\ x, & \dfrac{\pi}{2} \leqslant x < \pi. \end{cases}$

3. 求下列函数值：

(1) 设 $f(x) = \begin{cases} 2^x, & -1 < x < 0, \\ 2, & 0 \leqslant x < 1, \\ x^2 + 1, & 1 \leqslant x \leqslant 3, \end{cases}$ 求 $f(3), f(2), f(0), f(0.5), f(-0.5)$；

(2) 设 $f(x) = \dfrac{x}{1 - x}$，求 $f(0), f(x + 1), f[f(x)]$.

4. 判断下列各对函数 $f(x)$ 与 $g(x)$ 是否相同，并说明理由.

$(1) f(x) = |x|$ 与 $g(x) = \sqrt{x^2}$；

$(2) f(x) = \lg x^2$ 与 $g(x) = 2\lg x$.

5. 讨论函数 $f(x) = 2x + \ln x$ 在区间 $(0, +\infty)$ 内的单调性.

6. 判断下列函数的奇偶性：

$(1) f(x) = x + \cos x$；
$\qquad\qquad (2) f(x) = \dfrac{e^x + e^{-x}}{2}$；

(3)$f(x) = x\cos x$；
       (4)$f(x) = x(x-2)(x+2)$.

7. 下列各函数中哪些是周期函数？对于周期函数，指出其周期.

(1)$f(x) = \cos(x-1)$；
      (2)$f(x) = \sin^2 x$.

8. 指出下列函数由哪些简单函数复合而成：

(1)$y = \ln\sqrt{1-x}$；
       (2)$y = \arcsin 2^x$；

(3)$y = 2^{\sqrt[3]{x^2+1}}$；
       (4)$y = \sin^2[\tan(1+x^2)]$.

1.2 极 限

  极限描述了变量在某个变化过程中的变化趋势.其思想可以追溯到我国古代的哲学家庄周所著《庄子·天下篇》，其中记载着这样一段话："一尺之棰，日取其半，万世不竭."意思是说将一尺长的木杖，每日取一半，虽经万世也取不尽，如果把每日取剩部分写成数列，则有

$$\frac{1}{2}, \frac{1}{4}, \frac{1}{8}, \cdots, \frac{1}{2^n}, \cdots.$$

即当天数越来越多时，所剩下的木杖长度也就越来越小，用数学语言来叙述，即当 n 越来越大时，数列 $\left\{\dfrac{1}{2^n}\right\}$ 的项愈来愈靠近零.它表明了数列的一种变化状态.

1.2.1 数列的极限

1. 数列的概念

  在正整数集合上的函数 $x_n = f(n)(n=1,2,\cdots)$，其函数值按自变量 n 由小到大的次序排成一列数 $x_1, x_2, x_3, \cdots, x_n, \cdots$，称为**数列**，记作 $\{x_n\}$，其中 x_n 称为数列的**通项**（一般项）.

考察下列数列，当 n 无限增大时，通项 x_n 的变化趋势.

(1)$2, \dfrac{3}{2}, \dfrac{4}{3}, \dfrac{5}{4}, \cdots$；
     (2)$1, -\dfrac{1}{2}, \dfrac{1}{3}, -\dfrac{1}{4}, \cdots$；

(3)$0, \dfrac{3}{2}, \dfrac{2}{3}, \dfrac{5}{4}, \dfrac{4}{5}, \cdots$；
    (4)$2, 4, 6, 8, \cdots$；

(5)$1, 0, 1, 0, \cdots$.

  分析：(1) 通项 $x_n = \dfrac{n+1}{n}$，当 n 无限增大时，x_n 无限趋近于一个定值1；

(2) 通项 $x_n = \dfrac{(-1)^{n-1}}{n}$，当 n 无限增大时，x_n 无限趋近于一个定值0；

(3) 通项 $x_n = 1 + \dfrac{(-1)^n}{n}$，当 n 无限增大时，x_n 无限趋近于一个定值1；

(4) 通项 $x_n = 2n$，当 n 无限增大时，x_n 无限增大，不趋于某个定值；

(5) 通项 $x_n = \dfrac{1-(-1)^n}{2}$，当 n 无限增大时，x_n 始终在1和0两个数上摆动，不趋于某个定值.

  观察以上数列，我们不难发现，有些数列在它的变化过程中，随着 n 的不断增大，x_n 将无

限趋近于某个确定的数,如(1)、(2)、(3),但(4)、(5)就没有这一特征.

当 n 无限增大时,对应的 x_n 是否能无限地趋近于某个确定的值,数学上通常用极限和发散来描述这种现象.

2. 数列的极限

定义 1.3　当数列 $\{x_n\}$ 的项数 n 无限增大时,x_n 无限趋近于某个固定的常数 A,则称 A 是当 n 趋于无穷大时**数列 $\{x_n\}$ 的极限**,记作

$$\lim_{n\to\infty} x_n = A \quad \text{或} \quad x_n \to A \quad (n \to \infty)$$

读作"当 n 趋于无穷大时,x_n 的极限为 A".

这时,也称**数列 $\{x_n\}$ 收敛于 A**.当 n 无限增大时,x_n 不能无限趋近于某个固定的常数,则称当 $n \to \infty$ 时,**数列 $\{x_n\}$ 发散**.

由定义 1.3 知 $\lim\limits_{n\to\infty} \dfrac{n+1}{n} = 1$,$\lim\limits_{n\to\infty} \dfrac{(-1)^{n-1}}{n} = 0$,$\lim\limits_{n\to\infty}\left[1 + \dfrac{(-1)^n}{n}\right] = 1$,而数列 $\{2n\}$,$\left\{\dfrac{1+(-1)^n}{2}\right\}$ 都发散.

定义 1.3 给出的数列极限定义是在运动变化观点的基础上,凭借几何直观用普通语言做出的定性描述.对于变量 x_n 的变化过程(n 无限增大)以及 x_n 的变化趋势(无限趋近于常数 A)都借助于形容词"无限"加以修饰.它只是形象描述,而不是定量描述,为了在数学中进行严谨的论证,我们给出数列极限的定量描述.

定义 1.4　(极限的"ε-**N**"语言)设有数列 $\{x_n\}$,如果存在常数 A,使对任意给定的正数 ε(不论它多么小),总存在正整数 **N**,只要 $n > \mathbf{N}$,所对应的 x_n 都满足不等式 $|x_n - A| < \varepsilon$,则称常数 A 是数列 $\{x_n\}$ 的**极限**.记作

$$\lim_{n\to\infty} x_n = A \quad \text{或} \quad \text{当 } n \to \infty \text{ 时},x_n \to A.$$

例 1　用定义验证

$$\lim_{n\to\infty} \frac{2n-1}{n} = 2.$$

证　对于任意给定的正数 ε,欲使 $\left|\dfrac{2n-1}{n} - 2\right| = \dfrac{1}{n} < \varepsilon$,只需

$$\frac{1}{n} < \varepsilon,\text{即 } n > \frac{1}{\varepsilon},$$

取 $N = \left[\dfrac{1}{\varepsilon}\right]$(其中 $\left[\dfrac{1}{\varepsilon}\right]$ 表示小于或等于 $\dfrac{1}{\varepsilon}$ 的最大整数),则当 $n > N$ 时,恒有不等式 $\left|\dfrac{2n-1}{n} - 2\right| < \varepsilon$ 成立,所以 $\lim\limits_{n\to\infty} \dfrac{2n-1}{n} = 2$.

例 2　用定义验证

$$\lim_{n\to\infty} q^n = 0 \,(|q| < 1).$$

证　当 $q = 0$ 时,等式显然成立.

当 $0 < |q| < 1$ 时,对于任意给定的正数 ε(不妨设 $\varepsilon < 1$).欲使不等式

$$|q^n - 0| = |q|^n < \varepsilon$$

成立,只需 $n\ln|q| < \ln\varepsilon$,即 $n > \dfrac{\ln\varepsilon}{\ln|q|}$($\ln|q| < 0$,取 $\varepsilon < |q|$).取正整数 $N = \left[\dfrac{\ln\varepsilon}{\ln|q|}\right]$,则当 $n > N$ 时,都有 $|q^n - 0| < \varepsilon$ 成立,所以 $\lim\limits_{n\to\infty}q^n = 0(|q| < 1)$.

注意:(1) 证明数列 $\{a_n\}$ 以常数 a 为极限的过程,实际上是对任意给定的正数 ε(不论其多么小),寻找正整数 N 的过程.

(2) 用定义只能验证某常数是不是数列 $\{a_n\}$ 的极限,一般不能用定义求出极限.

若数列 $\{x_n\}$ 对于每一个正整数 n,都有 $x_n \leqslant x_{n+1}$,则称 $\{x_n\}$ 是单调递增数列;同理,若都有 $x_n \geqslant x_{n+1}$,则称数列 $\{x_n\}$ 是单调递减数列.对于单调有界数列有下列定理.

定理 1.1 单调有界数列必有极限.

1.2.2 函数的极限

数列是自变量取正整数的一种特殊函数,下面讨论一般函数的极限.由于自变量的变化过程不同,函数极限的概念就表现为不同情形.

1. 当 $x \to \infty$ 时函数 $f(x)$ 的极限

自变量 x 趋向于无穷大,可以分为三种情形:

(1) $x \to +\infty$,它表示 x 趋向于正无穷大,即 x 无限增大的过程;

(2) $x \to -\infty$,它表示 x 趋向于负无穷大,即 $x < 0$,且 $|x|$ 无限增大的过程;

(3) $x \to \infty$,它表示 x 趋向于无穷大,即 $|x|$ 无限增大的过程.

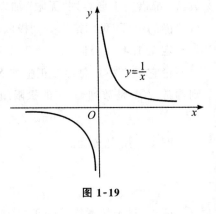

图 1-19

首先考察函数 $y = f(x) = \dfrac{1}{x}$,当 $|x|$ 无限增大时,函数的变化趋势可从表 1-1 及图 1-19 看出.当自变量 x 取正值无限增大或 x 取负值而绝对值无限增大时,函数曲线愈来愈接近 x 轴,其函数值无限趋于零,很自然我们就说函数 $f(x) = \dfrac{1}{x}$ 当 $x \to \infty$ 时以 0 为极限.

表 1-1

x	± 1	± 100	± 1000	± 100000	$\cdots$
$f(x)$	± 1	± 0.01	± 0.001	± 0.00001	$\cdots$

一般地,有如下定义:

定义 1.5 设函数 $y = f(x)$,如果当 x 的绝对值无限增大时,函数 $f(x)$ 无限趋近于一个固定的常数 A,则称 A 是当 $x \to \infty$ 时函数 $f(x)$ 的极限,记作:

$$\lim_{x\to\infty}f(x) = A.$$

按定义 1.5,上例可记为 $\lim\limits_{x\to\infty}\dfrac{1}{x} = 0$.

有时为了区别起见,我们将 x 总取正值而无限增大记为 $x \to +\infty$,将 x 总取负值且其绝对值无限增大记为 $x \to -\infty$.

讨论函数 $y = \arctan x$ 当 $x \to +\infty$ 与 $x \to -\infty$ 时的变化趋势.

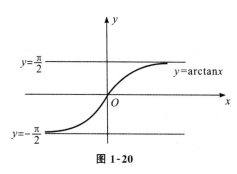

图 1-20

由图 1-20 可看出,当 $x \to +\infty$,$\arctan x$ 无限趋于 $\dfrac{\pi}{2}$;当 $x \to -\infty$ 时,$\arctan x$ 无限趋于 $-\dfrac{\pi}{2}$,即:

$$\lim_{x \to +\infty} \arctan x = \frac{\pi}{2}, \ \lim_{x \to -\infty} \arctan x = -\frac{\pi}{2}.$$

定义 1.6　设函数 $f(x)$ 在 $|x| \geqslant b > 0$ 上有定义,A 为一个常数,若对于任意给定的正数 ε,总存在正数 X,使得当 $|x| > X$ 时,都有

$$|f(x) - A| < \varepsilon$$

成立,则称数 **A 为函数 $f(x)$ 当 $x \to \infty$ 时的极限**.记作

$$\lim_{x \to \infty} f(x) = A \quad \text{或} \quad f(x) \to A(x \to \infty).$$

在 $\lim\limits_{x \to \infty} f(x) = A$ 的定义中,将 $|x| > X$ 换成 $x > X$,可以得到 $\lim\limits_{x \to +\infty} f(x) = A$ 的定义;若将 $|x| > X$ 换成 $x < -X$,可以得到 $\lim\limits_{x \to -\infty} f(x) = A$ 的定义.

根据函数 $f(x)$ 在 $x \to \infty$ 时的极限和在 $x \to +\infty$、$x \to -\infty$ 时极限的定义容易推出下面的定理:

定理 1.2　$\lim\limits_{x \to \infty} f(x) = A$ 的充分必要条件是 $\lim\limits_{x \to +\infty} f(x) = \lim\limits_{x \to -\infty} f(x) = A$.

若 $\lim\limits_{x \to \infty} f(x) = A$,则称直线 $y = A$ 是曲线 $y = f(x)$ 的**水平渐近线**.

例 3　用定义证明 $\lim\limits_{x \to \infty} \dfrac{x^2}{x^2 + 1} = 1$.

证　对于任意给定的正数 ε,欲使

$$\left| \frac{x^2}{x^2 + 1} - 1 \right| = \frac{1}{x^2 + 1} \leqslant \frac{1}{x^2} < \varepsilon,$$

只需 $x^2 > \dfrac{1}{\varepsilon}$,即 $|x| > \dfrac{1}{\sqrt{\varepsilon}}$,于是取 $X = \dfrac{1}{\sqrt{\varepsilon}}$,当 $|x| > X$ 时,有

$$\left| \frac{x^2}{x^2 + 1} - 1 \right| < \varepsilon,$$

成立,从而证明了

$$\lim_{x \to \infty} \frac{x^2}{x^2 + 1} = 1.$$

由此可知,直线 $y = 1$ 是曲线 $y = \dfrac{x^2}{x^2 + 1}$ 的水平渐近线.

例 4　当 $x \to \infty$ 时,讨论函数 $f(x) = \arctan x$ 的极限.

解　如图 1-20 所示,$\lim\limits_{x \to +\infty} \arctan x = \dfrac{\pi}{2}$,$\lim\limits_{x \to -\infty} \arctan x = -\dfrac{\pi}{2}$.$\lim\limits_{x \to +\infty} \arctan x = \dfrac{\pi}{2}$ 和

$\lim\limits_{x \to -\infty} \arctan x = -\dfrac{\pi}{2}$ 虽然都存在,但它们不相等,所以 $\lim\limits_{x \to \infty} \arctan x$ 不存在.

2. 当 $x \to x_0$ 时函数 $f(x)$ 的极限

首先考察函数 $y = f(x) = \dfrac{x^2 - 1}{x - 1}(x \neq 1)$.当 x 无限趋于 1 时,

函数的变化趋势可从表 1-2 及图 1-21 看出.当自变量 x 无论是从大

于 1 还是从小于 1 无限趋于 $1(x \neq 1)$ 时,对应的函数 $f(x) = \dfrac{x^2 - 1}{x - 1}$

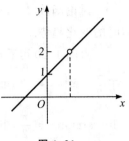

无限趋近于 2,很自然,我们就说函数 $f(x) = \dfrac{x^2 - 1}{x - 1}$ 当 $x \to 1$ 时以 2

为极限.

图 1-21

表 1-2

x	0.5	0.75	0.9	0.99	0.9999	$\cdots$	1.000001	1.03	1.25	1.5
$f(x) = \dfrac{x^2 - 1}{x - 1}$	1.5	1.75	1.9	1.99	1.9999	$\cdots$	2.000001	2.03	2.25	2.5

一般地,有如下定义.

定义 1.7 设函数 $y = f(x)$,如果当 x 无限趋近于定值 $x_0(x \neq x_0)$ 时,函数 $f(x)$ 无限趋近于一个固定的常数 A,则称 A 是当 $x \to x_0$ 时函数 $f(x)$ 的极限,记作

$$\lim\limits_{x \to x_0} f(x) = A.$$

由定义 1.7 知,函数 $f(x) = \dfrac{x^2 - 1}{x - 1}(x \neq 1)$ 当 $x \to 1$ 时的极限可记为 $\lim\limits_{x \to 1} \dfrac{x^2 - 1}{x - 1} = 2$.

定义中"x 无限趋近于定值 $x_0(x \neq x_0)$"的意义在于:我们研究的是当 $x \to x_0$ 时 $f(x)$ 的变化趋势,因此与 $f(x)$ 在 x_0 点有无定义无关.如函数 $f(x) = \dfrac{x^2 - 1}{x - 1}$ 在 $x = 1$ 处无定义,但这并不影响我们研究当 $x \to 1$ 时 $f(x) = \dfrac{x^2 - 1}{x - 1}$ 的变化趋势.

定义 1.7 与定义 1.5 类似,可给出极限的"$\varepsilon - \delta$"语言进行定量描述,并可用它证明 $\lim\limits_{x \to x_0} x = x_0$,$\lim\limits_{x \to x_0} c = c$,$\lim\limits_{x \to 0} \cos x = 1$.

定义 1.8 设函数 $f(x)$ 在 x_0 的某去心邻域内有定义,A 为常数.如果对于任意给定的正数 ε,总存在正数 δ,使得当 $0 < |x - x_0| < \delta$ 时,恒有不等式

$$|f(x) - A| < \varepsilon$$

成立,则称函数 $f(x)$ 当 x 趋于 x_0 时以 A 为极限.记作

$$\lim\limits_{x \to x_0} f(x) = A \quad \text{或} \quad f(x) \to A (x \to x_0).$$

此定义的几何意义是:对于任意给定的正数 ε,无论其多么小,总存在点 x_0 的一个去心邻域 $0 < |x - x_0| < \delta$,使得函数 $y = f(x)$ 在这个去心邻域内的图形介于两条平行直线 $y = A - \varepsilon$ 和 $y = A + \varepsilon$ 之间,如图 1-22 所示.

例 5　用定义证明：$\lim\limits_{x \to x_0} c = c$（$c$ 为常数）.

证　对任意给定的正数 ε，取 $\delta = 1$（此题的 δ 可取任一正数）.当 $0 < |x - x_0| < \delta$ 时，总有 $|c - c| < \varepsilon$，从而 $\lim\limits_{x \to x_0} c = c$.

在 $\lim\limits_{x \to x_0} f(x) = A$ 的定义中，x 可以以任意方式趋于 x_0. 有时，为了讨论问题的需要，可以只考虑 x 从 x_0 的某一侧（左侧或右侧）趋向于 x_0 时 $f(x)$ 的变化趋势，这就引出了右极限和左极限的概念.

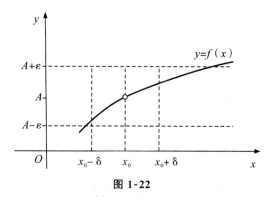

图 1-22

3. 函数的右极限和左极限

定义 1.9　设函数 $f(x)$ 在 (x_0, b) 内有定义，A 为常数.如果对于任意给定的正数 ε，总存在正数 δ，使得当 $0 < x - x_0 < \delta$ 时，恒有不等式

$$|f(x) - A| < \varepsilon$$

成立，则称函数 $f(x)$ 在 x_0 处的**右极限**为 A.记作

$$\lim_{x \to x_0^+} f(x) = A \quad \text{或} \quad f(x_0 + 0) = A.$$

设函数 $f(x)$ 在 (a, x_0) 内有定义，A 为常数.如果对于任意给定的正数 ε，总存在正数 δ，使得当 $-\delta < x - x_0 < 0$ 时，恒有不等式

$$|f(x) - A| < \varepsilon$$

成立，则称函数 $f(x)$ 在 x_0 处的**左极限**为 A.记作

$$\lim_{x \to x_0^-} f(x) = A \quad \text{或} \quad f(x_0 - 0) = A.$$

根据 $x \to x_0$ 时函数 $f(x)$ 的极限定义及左、右极限的定义，可以得到下面的定理：

定理 1.3　$\lim\limits_{x \to x_0} f(x) = A$ 的充分必要条件是 $\lim\limits_{x \to x_0^-} f(x) = \lim\limits_{x \to x_0^+} f(x) = A$.

定理 1.3 为我们提供了讨论分段函数在分段点处是否存在极限的方法.

例 6　讨论函数 $f(x) = \begin{cases} x - 1, & x < 0, \\ 0, & x = 0, \\ x + 1, & x > 0 \end{cases}$ 在 $x = 0$ 处的左、右极限，并判断当 $x \to 0$ 时 $f(x)$ 的极限是否存在.

解　如图 1-23 所示，因为

$$\lim_{x \to 0^-} f(x) = \lim_{x \to 0^-} (x - 1) = -1,$$
$$\lim_{x \to 0^+} f(x) = \lim_{x \to 0^+} (x + 1) = 1,$$

即 $f(x)$ 在 $x = 0$ 处的左极限为 -1，右极限为 1，$\lim\limits_{x \to 0^-} f(x) \neq \lim\limits_{x \to 0^+} f(x)$.

所以由定理 1.3 可知，当 $x \to 0$ 时，函数 $f(x)$ 的极限不存在.

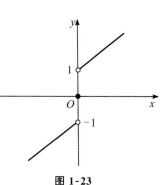

图 1-23

例 7 设函数

$$f(x) = \begin{cases} x^2 + 1, & x < 1, \\ 2x, & x \geqslant 1, \end{cases}$$

讨论当 $x \to 1$ 时,函数 $f(x)$ 的极限是否存在.

解 因为 $\lim\limits_{x \to 1^-} f(x) = \lim\limits_{x \to 1^-}(x^2 + 1) = 2$, $\lim\limits_{x \to 1^+} f(x) = \lim\limits_{x \to 1^+} 2x = 2$,即

$$\lim\limits_{x \to 1^-} f(x) = \lim\limits_{x \to 1^+} f(x) = 2.$$

所以,由定理 1.3 可知极限 $\lim\limits_{x \to 1} f(x)$ 存在,且 $\lim\limits_{x \to 1} f(x) = 2$.

1.2.3 无穷小量与无穷大量

1. 无穷小量

(1) 无穷小量的定义

定义 1.10 极限为零的变量称为**无穷小量**,简称为**无穷小**,常用符号 α, β, γ 等表示.

例如,当 $x \to 0$ 时, $x^2, \sin x, \tan x$ 都趋近于零,因此当 $x \to 0$ 时,这些变量都是无穷小量;当 $x \to +\infty$ 时, $\dfrac{1}{x}, \dfrac{1}{2^x}, \dfrac{1}{\ln x}$ 都趋近于零,因此当 $x \to +\infty$ 时,这些变量都是无穷小量.

注意:① 无穷小量不是一个很小的数,因此任意的非零常数 c,不论它的绝对值多么小,都不是无穷小量,常数 0 是唯一的可以作为无穷小量的常数.

② 某个变量是否是无穷小量与自变量的变化过程有关.例如,函数 $f(x) = 2x - 1$ 是 $x \to \dfrac{1}{2}$ 时的无穷小量,而不是 $x \to 0$ 时的无穷小量.

(2) 无穷小量的性质

性质 1:有限个无穷小量的和、差、积仍然是无穷小量.

性质 2:有界函数与无穷小量的乘积为无穷小量.

例 8 求 $\lim\limits_{x \to \infty} \dfrac{\sin x}{x}$.

解 因为 $\dfrac{\sin x}{x} = \dfrac{1}{x} \sin x$,而 $\dfrac{1}{x}$ 是 $x \to \infty$ 时的无穷小, $\sin x$ 是有界函数 $(|\sin x| \leqslant 1)$.

所以根据无穷小的性质 2 知, $\lim\limits_{x \to \infty} \dfrac{\sin x}{x} = 0$.

例 9 求 $\lim\limits_{x \to +\infty} \dfrac{\cos x}{e^x + e^{-x}}$.

解 因为

$$\frac{\cos x}{e^x + e^{-x}} = \frac{1}{e^x + e^{-x}} \cdot \cos x,$$

$$\lim\limits_{x \to +\infty} \frac{1}{e^x + e^{-x}} = \lim\limits_{x \to +\infty} \frac{e^x}{e^{2x} + 1} = \lim\limits_{x \to +\infty} \frac{\dfrac{1}{e^x}}{1 + \dfrac{1}{e^{2x}}} = 0.$$

即当 $x \to +\infty$ 时, $\dfrac{1}{e^x + e^{-x}}$ 无穷小, $\cos x$ 是有界函数($|\cos x| \leqslant 1$).所以根据无穷小量的性质 2 知, $\lim\limits_{x \to +\infty} \dfrac{\cos x}{e^x + e^{-x}} = 0$.

（3）函数极限与无穷小量的关系

定理 1.4　在自变量的某个变化过程中,函数 $f(x)$ 的极限为 A 的充分必要条件是 $f(x) = A + \alpha(x)$,其中 α 为这个变化过程中的无穷小量(即 $\lim \alpha = 0$).

常称这个定理为**极限的基本定理**,它有相当广泛的应用.

2. 无穷大量

定义 1.11　设函数 $f(x)$ 在 x_0 的某去心邻域内有定义.如果对于任意给定的正数 M ,都存在正数 δ ,当 $0 < |x - x_0| < \delta$ 时,恒有不等式

$$|f(x)| > M$$

成立,则称函数 $f(x)$ 在 $x \to x_0$ 时为**无穷大量**,简称无穷大,并记为

$$\lim_{x \to x_0} f(x) = \infty.$$

注意:(1) 函数 $f(x)$ 当 $x \to x_0$ 时为无穷大量,按极限的定义来说,它的极限是不存在的,为了便于叙述函数的这一性态和书写方便,我们用记号 $\lim\limits_{x \to x_0} f(x) = \infty$ 来表示 $f(x)$ 是无穷大,同时表明当 $x \to x_0$ 时, $f(x)$ 虽无极限,但还是有明确趋向的;

（2）无穷大量是一个绝对值可无限增大的变量,不是绝对值很大的一个数.

如果将定义中的 $|f(x)| > M$ 改成 $f(x) > M$ (或 $f(x) < -M$),则称函数 $f(x)$ 在 $x \to x_0$ 时为**正无穷大量**(或**负无穷大量**),并记为

$$\lim_{x \to x_0} f(x) = +\infty \ (\text{或} \lim_{x \to x_0} f(x) = -\infty).$$

定义中的 $x \to x_0$ 可换成 $x \to x_0^+, x \to x_0^-$, $x \to \infty, x \to -\infty, x \to +\infty$ 等.

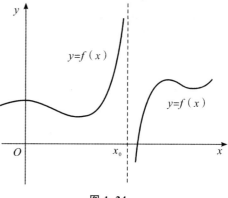

图 1-24

若 $\lim\limits_{x \to x_0} f(x) = \infty$,则称直线 $x = x_0$ 是曲线 $y = f(x)$ 的**垂直渐近线**.(图 1-24)

例 10　证明 $\lim\limits_{x \to 1} \dfrac{1}{x-1} = \infty$.

证　对于任意给定的正数 ε ,欲使 $\left| \dfrac{1}{x-1} \right| > M$,只需 $|x-1| < \dfrac{1}{M}$,因此取 $\delta = \dfrac{1}{M}$,则当 $0 < |x-1| < \delta$ 时,有

$$\left| \dfrac{1}{x-1} \right| > \dfrac{1}{\delta} = M,$$

所以

$$\lim_{x \to 1} \dfrac{1}{x-1} = \infty.$$

即直线 $x = 1$ 是曲线 $y = \dfrac{1}{x-1}$ 的垂直渐近线.

3. 无穷小与无穷大的关系

从无穷小量与无穷大量的定义可以看出它们之间有着密切的关系,体现为下列定理.

定理 1.5 在同一变化过程中,无穷大的倒数为无穷小,恒不等于零的无穷小的倒数为无穷大.

例如,当 $x \to +\infty$ 时,2^x 为无穷大,所以 $\dfrac{1}{2^x}$ 为无穷小;当 $x \to 1$ 时,$x-1$ 为非零无穷小,所以 $\dfrac{1}{x-1}$ 为无穷大.根据该定理,我们可以把对无穷大的研究转化为对无穷小的研究,而无穷小的分析正是微积分学中的精髓.

4. 无穷小的比较

由无穷小的性质我们知道,两个无穷小的和、差、积仍是无穷小,但是两个无穷小的商不一定是无穷小.请看下面的例子:当 $x \to 0$ 时,x,x^2,$2x$,x^3 都是无穷小,可是

$$\lim_{x \to 0} \frac{x^2}{x} = 0, \quad \lim_{x \to 0} \frac{2x}{x} = 2, \quad \lim_{x \to 0} \frac{x^2}{x^3} = \infty.$$

两个无穷小之比的极限不同,反映了无穷小趋于零的速度不同.为了比较无穷小趋于零的速度,我们引入无穷小量的比较的概念.

定义 1.12 设 $\alpha = \alpha(x)$,$\beta = \beta(x)$ 在 $x \to x_0$(或 $x \to \infty$)时为无穷小量($\alpha \neq 0$).

(1) 如果 $\lim \dfrac{\beta}{\alpha} = 0$,则称 β 是比 α **高阶的无穷小**,记作 $\beta = o(\alpha)$.

(2) 如果 $\lim \dfrac{\beta}{\alpha} = \infty$,则称 β 是比 α **低阶的无穷小**.

(3) 如果 $\lim \dfrac{\beta}{\alpha} = c$($c \neq 0$ 的常数),则称 β 与 α 是**同阶无穷小**.特别地,当 $c = 1$ 时,称 β 与 α 是**等价无穷小**,记为 $\alpha \sim \beta$.

例 11 比较下列函数的阶:

(1)x^3 与 x;   (2)$x^2 - 1$ 与 $x - 1$;   (3)$\sin x$ 与 $\tan x$.

解 (1) $\lim\limits_{x \to 0} \dfrac{x^3}{x} = 0$,所以当 $x \to 0$ 时,x^3 是 x 的高阶无穷小;

(2) $\lim\limits_{x \to 1} \dfrac{x^2 - 1}{x - 1} = 2$,所以当 $x \to 1$ 时,$x^2 - 1$ 与 $x - 1$ 是同阶无穷小;

(3) $\lim\limits_{x \to 0} \dfrac{\sin x}{\tan x} = 1$,所以当 $x \to 0$ 时,$\sin x$ 与 $\tan x$ 是等价无穷小.

关于等价无穷小在求极限中的应用,有如下定理:

定理 1.6 设 α,β,α',β' 当 $x \to x_0$(或 $x \to \infty$)时均是无穷小,且 $\alpha \sim \alpha'$,$\beta \sim \beta'$,$\lim \dfrac{\beta'}{\alpha'}$ 存在,则有

$$\lim \frac{\beta}{\alpha} = \lim \frac{\beta'}{\alpha'}.$$

根据此定理,在求两个无穷小量之比的极限时,若此极限不好求,可用分子、分母各自的

等价无穷小来代替,如果选得适当,可简化运算.

用定理 1.6 求极限,需要知道一些等价无穷小.当 $x \to 0$ 时,常用的等价无穷小有:

$$\sin x \sim x, \tan x \sim x, e^x - 1 \sim x, \ln(1+x) \sim x, 1 - \cos x \sim \frac{x^2}{2}.$$

例 12　求下列极限:

(1) $\lim\limits_{x \to 0} \dfrac{\tan 3x}{\sin 2x}$;　　　　　　(2) $\lim\limits_{x \to 0} \dfrac{\tan x}{x^3 - x^2 - 2x}$;

(3) $\lim\limits_{x \to 0} \dfrac{\tan x - \sin x}{x^3}$.

解　(1) 当 $x \to 0$ 时,$\tan 3x \sim 3x$,$\sin 2x \sim 2x$,所以 $\lim\limits_{x \to 0} \dfrac{\tan 3x}{\sin 2x} = \lim\limits_{x \to 0} \dfrac{3x}{2x} = \dfrac{3}{2}$.

(2) 当 $x \to 0$ 时,$\tan x \sim x$,$x^3 - x^2 - 2x \sim (-2x)$,所以

$$\lim\limits_{x \to 0} \frac{\tan x}{x^3 - x^2 - 2x} = \lim\limits_{x \to 0} \frac{x}{-2x} = -\frac{1}{2}.$$

(3) $\tan x - \sin x = \tan x (1 - \cos x)$,当 $x \to 0$ 时,$\tan x \sim x$,$1 - \cos x \sim \dfrac{x^2}{2}$,所以

$$\lim\limits_{x \to 0} \frac{\tan x - \sin x}{x^3} = \lim\limits_{x \to 0} \frac{\tan x (1 - \cos x)}{x^3} = \lim\limits_{x \to 0} \frac{x \cdot \dfrac{x^2}{2}}{x^3} = \frac{1}{2}.$$

注意:相乘(除)的无穷小都可用各自的等价无穷小代换.但是,相加(减)的无穷小的项不能做等价代换.例如 $\lim\limits_{x \to 0} \dfrac{\tan x - \sin x}{x^3} \neq \lim\limits_{x \to 0} \dfrac{x - x}{x^3} = 0$.

习题 1.2

1. 观察下列数列的变化趋势,若有极限,请指出极限值.

(1) $\{x_n\} = \left\{ 1 + \dfrac{1}{2^n} \right\}$;　　　　　　(2) $\{x_n\} = \left\{ \dfrac{n-1}{n+1} \right\}$;

(3) $\{x_n\} = \left\{ \dfrac{(-1)^n}{n} \right\}$;　　　　　(4) $\{x_n\} = \left\{ n + \dfrac{1}{n} \right\}$.

2. 讨论符号函数 $f(x) = \operatorname{sgn} x = \begin{cases} -1, & x < 0, \\ 0, & x = 0, \\ 1, & x > 0 \end{cases}$ 当 $x \to 0$ 和 $x \to 1$ 时是否有极限.若有,

请求出极限.

3. 设函数 $f(x) = \begin{cases} 2^x, & -1 < x < 0, \\ 2, & 0 \leqslant x < 1, \\ x^2 + 1, & 1 \leqslant x \leqslant 3, \end{cases}$ 求 $\lim\limits_{x \to -0.5} f(x), \lim\limits_{x \to 0} f(x), \lim\limits_{x \to 1} f(x), \lim\limits_{x \to 2} f(x)$.

4. 函数 $f(x) = \dfrac{x+2}{x^2}$ 在怎样的变化过程中是无穷大? 在怎样的变化过程中是无穷小?

5. 计算下列极限:

(1) $\lim\limits_{x\to 0} x\cos\dfrac{1}{x}$;   (2) $\lim\limits_{x\to +\infty} \dfrac{\sin x}{e^x + e^{-x}}$;

(3) $\lim\limits_{x\to \infty} \dfrac{x^2}{2x + 1}$;   (4) $\lim\limits_{x\to \infty}(3x^2 - 2x + 1)$.

6. 当 $x\to 0$ 时,下列函数哪些是 x 的高阶无穷小? 哪些是 x 的同阶无穷小? 哪些又是 x 的等价无穷小?

(1) $3x + 2x^2$;   (2) $\sin 2x + x^2$;

(3) $\dfrac{1}{2}x + \dfrac{1}{2}\sin x$;   (4) $\sin x^2$;

(5) $\ln(1 + x)$;   (6) $1 - \cos x$.

7. 当 $x\to 1$ 时,无穷小 $1 - x$ 和 $\dfrac{1}{2}(1 - x^2)$ 是否同阶? 是否等价?

8. 证明:当 $x\to -3$ 时,$x^2 + 6x + 9$ 是比 $x + 3$ 较高阶的无穷小.

9. 利用等价无穷小的性质计算下列极限:

(1) $\lim\limits_{x\to 0} \dfrac{\tan 2x^2}{1 - \cos x}$;   (2) $\lim\limits_{x\to 0} \dfrac{\tan x - \sin x}{\sin^3 x}$;   (3) $\lim\limits_{x\to 0} \dfrac{\ln(1 + x)}{\sin 3x}$.

10. 用极限的定义证明: $\lim\limits_{x\to 1} \dfrac{x^2}{x^2 + 1} = \dfrac{1}{2}$.

1.3 极限的运算

1.3.1 极限的四则运算法则

我们已经讨论了数列极限和函数极限的概念及它们的性质.这里进一步讨论极限的四则运算法则,以便解决函数做四则运算时的极限计算问题.

下面给出的函数极限的四则运算法则,对数列极限也成立.

设 $\lim f(x) = A$,$\lim g(x) = B$,则有

法则1 $\lim[f(x) \pm g(x)] = \lim f(x) \pm \lim g(x) = A \pm B$.

法则2 $\lim[f(x) \cdot g(x)] = \lim f(x) \cdot \lim g(x) = AB$.

法则3 $\lim \dfrac{f(x)}{g(x)} = \dfrac{\lim f(x)}{\lim g(x)} = \dfrac{A}{B}(B \neq 0)$.

其中自变量的变化过程可以是 $x\to x_0$,$x\to \infty$ 等各种情形.

利用函数极限与无穷小的关系可以证明上述法则是成立的,下面证法则2.

证   由于 $\lim f(x) = A$,$\lim g(x) = B$,根据极限与无穷小的关系,有

$$f(x) = A + \alpha(x),$$
$$g(x) = B + \beta(x),$$

其中 $\alpha(x)$,$\beta(x)$ 是自变量 x 同一变化过程中的无穷小,即 $\lim \alpha(x) = 0$,$\lim \beta(x) = 0$.

于是

$$f(x) \cdot g(x) = [A + \alpha(x)] \cdot [B + \beta(x)] = AB + [A\beta(x) + B\alpha(x) + \alpha(x)\beta(x)],$$

由无穷小的性质知，$A\beta(x) + B\alpha(x) + \alpha(x)\beta(x)$ 是无穷小，所以 $f(x) \cdot g(x)$ 的极限是 AB.

即

$$\lim[f(x) \cdot g(x)] = \lim f(x) \cdot \lim g(x) = AB.$$

在这里，法则 1 和法则 2 可以推广到有限个函数的代数和及乘积的极限的情形. 同时由法则 2 可得出下面的推论：

推论 1　设 $\lim f(x)$ 存在，则对于常数 c，有

$$\lim[cf(x)] = c\lim f(x).$$

推论 2　设 $\lim f(x)$ 存在，则对于正整数 n，有

$$\lim[f(x)]^n = [\lim f(x)]^n.$$

利用极限的定义，我们已经证明了 $\lim\limits_{n \to \infty} q^n = 0 (|q| < 1)$，$\lim\limits_{x \to x_0} c = c$，$\lim\limits_{x \to x_0} x = x_0$ 和 $\lim\limits_{x \to \infty} \dfrac{1}{x} = 0$ 等基本结论. 利用这些结论和极限的四则运算法则，就可以计算一些数列或函数做四则运算后的极限了.

例 1　求 $\lim\limits_{n \to \infty} \dfrac{2 + 3^n}{3^n}$.

解　$\lim\limits_{n \to \infty} \dfrac{2 + 3^n}{3^n} = \lim\limits_{n \to \infty} \left(2 \times \dfrac{1}{3^n} + 1\right) = 2\lim\limits_{n \to \infty} \dfrac{1}{3^n} + 1 = 0 + 1 = 1.$

例 2　求 $\lim\limits_{x \to 1}(2x^3 + 3x^2 - 2)$.

解　$\lim\limits_{x \to 1}(2x^3 + 3x^2 - 2) = \lim\limits_{x \to 1}(2x^3) + \lim\limits_{x \to 1}(3x^2) - \lim\limits_{x \to 1}2 = 2 \times 1^3 + 3 \times 1^2 - 2 = 3.$

例 3　求 $\lim\limits_{x \to -1} \dfrac{2x^2 - 5x - 1}{x + 3}$.

解　因为 $\lim\limits_{x \to -1}(x + 3) = \lim\limits_{x \to -1} x + \lim\limits_{x \to -1} 3 = -1 + 3 = 2 \neq 0$，所以

$$\lim\limits_{x \to -1} \dfrac{2x^2 - 5x - 1}{x + 3} = \dfrac{\lim\limits_{x \to -1}(2x^2 - 5x - 1)}{\lim\limits_{x \to -1}(x + 3)} = \dfrac{2 \times (-1)^2 - 5 \times (-1) - 1}{-1 + 3} = 3.$$

例 2、例 3 说明，对有理函数求关于 $x \to x_0$ 的极限时，如果有理函数在点 x_0 有定义，其极限值就是在点 x_0 处的函数值.

例 4　求 $\lim\limits_{x \to -1} \dfrac{x + 1}{x^2 - 1}$.

解　因为当 $x \to -1$ 时，分子、分母的极限均为 0，因此不能直接运用法则 3，可先在 $x \neq -1$ 时，约去非零因子 $x + 1$，再求极限.

$$\lim\limits_{x \to -1} \dfrac{x + 1}{x^2 - 1} = \lim\limits_{x \to -1} \dfrac{x + 1}{(x + 1)(x - 1)} = \lim\limits_{x \to -1} \dfrac{1}{x - 1} = -\dfrac{1}{2}.$$

例 5　$\lim\limits_{x \to 4} \dfrac{\sqrt{x + 5} - 3}{x - 4}$.

解　$\lim\limits_{x \to 4} \dfrac{\sqrt{x + 5} - 3}{x - 4} = \lim\limits_{x \to 4} \dfrac{(\sqrt{x + 5} - 3)(\sqrt{x + 5} + 3)}{(x - 4)(\sqrt{x + 5} + 3)}$

$$= \lim_{x \to 4} \frac{1}{(\sqrt{x+5}+3)} = \frac{1}{\sqrt{4+5}+3} = \frac{1}{6}.$$

例 6　求 $\lim\limits_{x \to 1}\left(\dfrac{1}{x-1} - \dfrac{3}{x^3-1}\right)$.

解　因为当 $x \to 1$ 时，$\dfrac{1}{x-1}$ 与 $\dfrac{3}{x^3-1}$ 的极限都不存在，所以不能直接用法则1，可先通分，约去非零因子 $x-1$，再求极限.

$$\lim_{x \to 1}\left(\frac{1}{x-1} - \frac{3}{x^3-1}\right) = \lim_{x \to 1}\frac{x^2+x+1-3}{x^3-1} = \lim_{x \to 1}\frac{(x-1)(x+2)}{(x-1)(x^2+x+1)}$$

$$= \lim_{x \to 1}\frac{x+2}{x^2+x+1} = \frac{1+2}{1^2+1+1} = 1.$$

例 7　求 $\lim\limits_{x \to \infty}\dfrac{2x^2-3x+1}{5x^2+x+2}$.

解　因为当 $x \to \infty$ 时，分子、分母的极限都不存在，所以不能直接用法则. 可用分子、分母中 x 的最高次幂 x^2 去除分子及分母后，再求极限.

$$\lim_{x \to \infty}\frac{2x^2-3x+1}{5x^2+x+2} = \lim_{x \to \infty}\frac{2 - \dfrac{3}{x} + \dfrac{1}{x^2}}{5 + \dfrac{1}{x} + \dfrac{2}{x^2}} = \frac{2}{5}.$$

例 8　求 $\lim\limits_{x \to \infty}\dfrac{3x^3+2x^2+1}{2x^4+1}$.

解　$\lim\limits_{x \to \infty}\dfrac{3x^3+2x^2+1}{2x^4+1} = \lim\limits_{x \to \infty}\dfrac{\dfrac{3}{x} + \dfrac{2}{x^2} + \dfrac{1}{x^4}}{2 + \dfrac{1}{x^4}} = 0.$

例 9　求 $\lim\limits_{x \to \infty}\dfrac{3x^4-2x^3+1}{x^2-x-3}$.

解　因为 $\lim\limits_{x \to \infty}\dfrac{x^2-x-3}{3x^4-2x^3+1} = \lim\limits_{x \to \infty}\dfrac{\dfrac{1}{x^2} - \dfrac{1}{x^3} - \dfrac{3}{x^4}}{3 - \dfrac{2}{x} + \dfrac{1}{x^4}} = 0$，所以根据无穷小与无穷大的关系

知 $\lim\limits_{x \to \infty}\dfrac{3x^4-2x^3+1}{x^2-x-3} = \infty$.

由例7、例8、例9可知，当 $a_0 \neq 0, b_0 \neq 0$ 时，有理分式的极限一般有

$$\lim_{x \to \infty}\frac{a_0 x^m + a_1 x^{m-1} + \cdots + a_m}{b_0 x^n + b_1 x^{n-1} + \cdots + b_n} = \begin{cases} 0, & n > m, \\ \dfrac{a_0}{b_0}, & n = m, \\ \infty, & n < m. \end{cases}$$

1.3.2　极限的存在准则

为了导出后面即将介绍的两个重要极限，下面先给出两个判断极限存在的准则（证

明略).

准则 1　（夹逼准则）设有三个数列 $\{x_n\}$，$\{y_n\}$，$\{z_n\}$ 满足条件：

(1) 存在 $N_0 > 0$（N_0 为已知的正整数），当 $n > N_0$ 时，恒有 $y_n \leqslant x_n \leqslant z_n$，

(2) $\lim\limits_{n \to \infty} y_n = \lim\limits_{n \to \infty} z_n = a$，

则数列 $\{x_n\}$ 有极限，并且 $\lim\limits_{n \to \infty} x_n = a$.

类似地，有关于函数极限的夹逼准则：

设函数 $f(x)$，$g(x)$，$h(x)$ 在点 x_0 的某去心邻域内有定义，且满足条件：

(1) $g(x) \leqslant f(x) \leqslant h(x)$，

(2) $\lim\limits_{x \to x_0} g(x) = \lim\limits_{x \to x_0} h(x) = A$，

则极限 $\lim\limits_{x \to x_0} f(x)$ 存在，且等于 A.

关于自变量 x 的其他趋向，函数极限的夹逼准则可以类似给出.

准则 2　（单调有界准则）单调有界数列必有极限.

例 10　证明数列 $\{x_n\} = \left\{ \left(1 + \dfrac{1}{n}\right)^n \right\}$ 有极限.

证　首先，证明数列 $\{x_n\}$ 是单调增加的，按二项式公式展开有

$$
\begin{aligned}
x_n &= \left(1 + \frac{1}{n}\right)^n \\
&= 1 + \frac{n}{1!} \cdot \frac{1}{n} + \frac{n(n-1)}{2!} \cdot \frac{1}{n^2} + \frac{n(n-1)(n-2)}{3!} \cdot \frac{1}{n^3} + \cdots + \\
&\quad \frac{n(n-1)\cdots(n-n+1)}{n!} \cdot \frac{1}{n^n} \\
&= 1 + \frac{1}{1!} + \frac{1}{2!}\left(1 - \frac{1}{n}\right) + \frac{1}{3!}\left(1 - \frac{1}{n}\right)\left(1 - \frac{2}{n}\right) + \cdots + \\
&\quad \frac{1}{n!}\left(1 - \frac{1}{n}\right)\left(1 - \frac{2}{n}\right)\cdots\left(1 - \frac{n-1}{n}\right).
\end{aligned}
$$

类似地，有

$$
\begin{aligned}
x_{n+1} &= 1 + \frac{1}{1!} + \frac{1}{2!}\left(1 - \frac{1}{n+1}\right) + \frac{1}{3!}\left(1 - \frac{1}{n+1}\right)\left(1 - \frac{2}{n+1}\right) + \cdots \\
&\quad + \frac{1}{n!}\left(1 - \frac{1}{n+1}\right)\left(1 - \frac{2}{n+1}\right)\cdots\left(1 - \frac{n-1}{n+1}\right) + \\
&\quad \frac{1}{(n+1)!}\left(1 - \frac{1}{n+1}\right)\left(1 - \frac{2}{n+1}\right)\cdots\left(1 - \frac{n}{n+1}\right).
\end{aligned}
$$

比较 x_n 与 x_{n+1} 中相同位置的项，它们的第一、二项相同，从第三项起到第 $n+1$ 项 x_{n+1} 的每一项都大于 x_n 的对应项，并且在 x_{n+1} 中还多出最后一个正项，因此有

$$x_n < x_{n+1}.$$

其次，证明数列 $\{x_n\}$ 有界.因为 $1 - \dfrac{1}{n}$，$1 - \dfrac{2}{n}$，$\cdots$，$1 - \dfrac{n-1}{n}$ 这些因子都小于 1，故

$$x_n < 1 + \frac{1}{1!} + \frac{1}{2!} + \cdots + \frac{1}{n!} < 1 + 1 + \frac{1}{2} + \frac{1}{2^2} + \cdots + \frac{1}{2^{n-1}} = 1 + \frac{1 - \frac{1}{2^n}}{1 - \frac{1}{2}} = 3 -$$

$$\frac{1}{2^{n-1}} < 3.$$

根据准则 1,数列 $\{x_n\} = \left\{ \left(1 + \frac{1}{n} \right)^n \right\}$ 有极限.将其极限值记为 e(e 是一个无理数,它的值为 e = 2.71828$\cdots$),即 $\lim\limits_{n \to \infty} \left(1 + \frac{1}{n} \right)^n = e$.

1.3.3　两个重要极限

1. 重要极限 1　$\lim\limits_{x \to 0} \dfrac{\sin x}{x} = 1$.

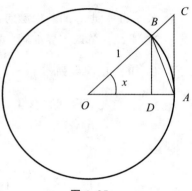

图 1-25

因为当 $x \to 0$ 时,分子、分母的极限均为 0,因此不能利用函数极限的运算法则来求.下面利用夹逼准则来证明.

证　作单位圆如图 1-25,设圆心角 $\angle AOB = x$,过点 A 作圆的切线与 OB 的延长线交于点 C,又作 $BD \perp OA$,则有 $\sin x = BD$,$\tan x = AC$.因为 $\triangle OAB$ 的面积 $<$ 扇形 OAB 的面积 $<$ $\triangle OAC$ 的面积,所以当 $0 < x < \dfrac{\pi}{2}$ 时,有

$$\frac{1}{2}\sin x < \frac{1}{2}x < \frac{1}{2}\tan x,即$$

$$\sin x < x < \tan x \tag{1-1}$$

因为 $\sin x > 0$,所以用 $\sin x$ 除不等式(1-1)得

$$1 < \frac{x}{\sin x} < \frac{1}{\cos x},$$

从而有

$$\cos x < \frac{\sin x}{x} < 1. \tag{1-2}$$

注意:当 $-\dfrac{\pi}{2} < x < 0$ 时,不等式(1-2)同样成立.

因为

$$\cos x = 1 - 2\sin^2 \frac{x}{2} \geqslant 1 - 2\left(\frac{x}{2} \right)^2 = 1 - \frac{x^2}{2}, \tag{1-3}$$

由(1-3)式与(1-2)式得

$$1 - \frac{x^2}{2} < \frac{\sin x}{x} < 1,$$

因为 $\lim\limits_{x \to 0} \left(1 - \dfrac{x^2}{2} \right) = 1$,$\lim\limits_{x \to 0} 1 = 1$,由夹逼准则可得

$$\lim_{x \to 0} \frac{\sin x}{x} = 1.$$

例 11　求 $\lim\limits_{x \to 0} \dfrac{\sin 2x}{x}$.

解　$\lim\limits_{x \to 0} \dfrac{\sin 2x}{x} = \lim\limits_{x \to 0} \dfrac{\sin 2x}{2x} \cdot 2 = 2 \lim\limits_{x \to 0} \dfrac{\sin 2x}{2x} = 2 \times 1 = 2.$

例 12　求 $\lim\limits_{x \to 0} \dfrac{\tan x}{x}$.

解　$\lim\limits_{x \to 0} \dfrac{\tan x}{x} = \lim\limits_{x \to 0}\left(\dfrac{\sin x}{x} \cdot \dfrac{1}{\cos x}\right) = \lim\limits_{x \to 0} \dfrac{\sin x}{x} \cdot \lim\limits_{x \to 0} \dfrac{1}{\cos x} = 1.$

例 13　$\lim\limits_{x \to 0} \dfrac{1 - \cos x}{x^2}$.

解　$\lim\limits_{x \to 0} \dfrac{1 - \cos x}{x^2} = \lim\limits_{x \to 0} \dfrac{2\sin^2 \dfrac{x}{2}}{x^2} = \lim\limits_{x \to 0} \dfrac{\sin^2 \dfrac{x}{2}}{2\left(\dfrac{x}{2}\right)^2} = \dfrac{1}{2}\lim\limits_{x \to 0}\left(\dfrac{\sin \dfrac{x}{2}}{\dfrac{x}{2}}\right)^2 = \dfrac{1}{2} \times 1^2 = \dfrac{1}{2}.$

例 14　求 $\lim\limits_{x \to 0} \dfrac{\sin x - \dfrac{1}{2}\sin 2x}{x^3}$

解　$\lim\limits_{x \to 0} \dfrac{\sin x - \dfrac{1}{2}\sin 2x}{x^3} = \lim\limits_{x \to 0} \dfrac{\sin x \cdot (1 - \cos x)}{x^3} = \lim\limits_{x \to 0}\left(\dfrac{\sin x}{x}\right) \cdot \lim\limits_{x \to 0}\left(\dfrac{1 - \cos x}{x^2}\right) = 1 \times \dfrac{1}{2}$

$$= \dfrac{1}{2}.$$

2. 重要极限 2　$\lim\limits_{x \to \infty}\left(1 + \dfrac{1}{x}\right)^x = \mathrm{e}.$

证　因为对任何实数 $x > 1$，都有 $[x] \leqslant x \leqslant [x] + 1$，所以

$$\left(1 + \frac{1}{[x]+1}\right)^{[x]} \leqslant \left(1 + \frac{1}{x}\right)^x \leqslant \left(1 + \frac{1}{[x]}\right)^{[x]+1},$$

当 $x \to +\infty$ 时，$[x]$ 和 $[x]+1$ 都以整数变量趋于 $+\infty$，从而有

$$\lim_{x \to +\infty}\left(1 + \frac{1}{[x]+1}\right)^{[x]} = \lim_{x \to +\infty}\left[\left(1 + \frac{1}{[x]+1}\right)^{[x]+1} \cdot \left(1 + \frac{1}{[x]+1}\right)^{-1}\right] = \mathrm{e} \cdot 1 = \mathrm{e},$$

又　$\lim\limits_{x \to +\infty}\left(1 + \dfrac{1}{[x]}\right)^{[x]+1} = \lim\limits_{x \to +\infty}\left[\left(1 + \dfrac{1}{[x]}\right)^{[x]}\left(1 + \dfrac{1}{[x]}\right)\right]$

$$= \lim_{x \to +\infty}\left(1 + \frac{1}{[x]}\right)^{[x]} \lim_{x \to +\infty}\left(1 + \frac{1}{[x]}\right) = \mathrm{e} \cdot 1 = \mathrm{e},$$

由夹逼准则知

$$\lim_{x \to +\infty}\left(1 + \frac{1}{x}\right)^x = \mathrm{e}.$$

下面证 $\lim\limits_{x \to -\infty}\left(1 + \dfrac{1}{x}\right)^x = \mathrm{e}.$

设 $t = -x$，则当 $x \to -\infty$ 时，$t \to +\infty$，所以

$$\lim_{x \to -\infty} \left(1 + \frac{1}{x}\right)^x = \lim_{t \to +\infty} \left(1 + \frac{1}{-t}\right)^{-t} = \lim_{t \to +\infty} \left(\frac{t}{t-1}\right)^t$$

$$= \lim_{t \to +\infty} \left[\left(1 + \frac{1}{t-1}\right)^{t-1} \cdot \left(1 + \frac{1}{t-1}\right)\right]$$

$$= \lim_{t \to +\infty} \left(1 + \frac{1}{t-1}\right)^{t-1} \lim_{t \to +\infty} \left(1 + \frac{1}{t-1}\right) = e \cdot 1 = e,$$

由 $\lim_{x \to +\infty} \left(1 + \frac{1}{x}\right)^x = e$ 和 $\lim_{x \to -\infty} \left(1 + \frac{1}{x}\right)^x = e$，得 $\lim_{x \to \infty} \left(1 + \frac{1}{x}\right)^x = e$.

在上式中，令 $z = \frac{1}{x}$，则当 $x \to \infty$ 时 $z \to 0$，从而有

$$\lim_{z \to 0} (1 + z)^{\frac{1}{z}} = e.$$

这是重要极限 2 的另一种形式.

例 15　求 $\lim\limits_{x \to \infty} \left(1 + \frac{2}{x}\right)^x$.

解　令 $t = \frac{2}{x}$，当 $x \to \infty$ 时，$t \to 0$，所以

$$\lim_{x \to \infty} \left(1 + \frac{2}{x}\right)^x = \lim_{t \to 0} (1+t)^{\frac{2}{t}} = \lim_{t \to 0} \left[(1+t)^{\frac{1}{t}}\right]^2 = e^2.$$

例 16　求 $\lim\limits_{x \to \infty} \left(\frac{x}{1+x}\right)^x$.

解　$\lim\limits_{x \to \infty} \left(\dfrac{x}{1+x}\right)^x = \lim\limits_{x \to \infty} \dfrac{1}{\left(1 + \dfrac{1}{x}\right)^x} = \dfrac{1}{e}$.

例 17　$\lim\limits_{x \to \frac{\pi}{2}} (1 + \cot x)^{2\tan x}$.

解　令 $t = \cot x$，则当 $x \to \dfrac{\pi}{2}$ 时，$t \to 0$. 因此

$$\lim_{x \to \frac{\pi}{2}} (1 + \cot x)^{2\tan x} = \lim_{t \to 0} (1+t)^{\frac{2}{t}} = \lim_{t \to 0} \left[(1+t)^{\frac{1}{t}}\right]^2 = \left[\lim_{t \to 0} (1+t)^{\frac{1}{t}}\right]^2 = e^2.$$

习题 1.3

1. 计算下列极限：

(1) $\lim\limits_{x \to \infty} \left(2 - \dfrac{1}{x} + \dfrac{1}{x^2}\right)$；

(2) $\lim\limits_{n \to \infty} \dfrac{1 + 2 + \cdots + n}{n^2}$；

(3) $\lim\limits_{x \to \infty} (1 + \dfrac{1}{x})(2 - \dfrac{1}{x^2})$；

(4) $\lim\limits_{n \to \infty} (1 - \dfrac{1}{2^2})(1 - \dfrac{1}{3^2}) \cdots (1 - \dfrac{1}{n^2})$；

(5) $\lim\limits_{n \to \infty} \dfrac{3n^3 + n^2 - 3}{4n^3 + 2n + 1}$；

(6) $\lim\limits_{x \to \infty} \dfrac{x^2 + x}{x^4 + 3x - 1}$；

(7) $\lim\limits_{x \to \infty} \dfrac{3x^2 + 2}{1 - 4x^2}$;

(8) $\lim\limits_{x \to 0} \dfrac{4x^3 - 2x^2 + x}{3x^2 + 2x}$;

(9) $\lim\limits_{h \to 0} \dfrac{(x + h)^2 - x^2}{h}$;

(10) $\lim\limits_{x \to 1} \dfrac{x^2 - 2x + 1}{x^2 - 1}$;

(11) $\lim\limits_{x \to 3} \dfrac{\sqrt{1 + x} - 2}{x - 3}$;

(12) $\lim\limits_{x \to +\infty} \left(\sqrt{x + 1} - \sqrt{x} \right)$.

2. 计算下列极限：

(1) $\lim\limits_{x \to 0} x \cot x$;

(2) $\lim\limits_{x \to \pi} \dfrac{\sin x}{\pi - x}$;

(3) $\lim\limits_{n \to \infty} 2^n \sin \dfrac{x}{2^n}$;

(4) $\lim\limits_{x \to 0} \dfrac{1 - \cos 2x}{x \sin x}$;

(5) $\lim\limits_{x \to 0} \dfrac{x - \sin 2x}{x + \sin 2x}$;

(6) $\lim\limits_{x \to 0} \dfrac{\arcsin x}{x}$.

3. 计算下列极限：

(1) $\lim\limits_{x \to \infty} \left(1 - \dfrac{2}{x} \right)^x$;

(2) $\lim\limits_{x \to 0} (1 - 2x)^{\frac{1}{x}}$;

(3) $\lim\limits_{x \to \infty} \left(\dfrac{3 + x}{2 + x} \right)^x$;

(4) $\lim\limits_{n \to \infty} \left(\dfrac{2n + 3}{2n + 1} \right)^{n+1}$;

(5) $\lim\limits_{x \to \infty} \left(1 - \dfrac{1}{x} \right)^{5x}$;

(6) $\lim\limits_{x \to \infty} \left(\dfrac{x}{x + 1} \right)^{x+3}$.

1.4　函数的连续性

自然界中的许多现象,如温度的变化、植物的生长、人的身高等都是随着时间连续不断地变化着的,这些现象在数学上的反映就是函数的连续性.

1.4.1　连续函数的概念

1. 增量

若变量 u 从它的一个值 u_1 变到另一个值 u_2,其差 $u_2 - u_1$ 称作变量 u 的**增量**(或**改变量**),记作 Δu,即 $\Delta u = u_2 - u_1$,从而有 $u_2 = u_1 + \Delta u$.

设有函数 $y = f(x)$,当自变量 x 从 x_0 变到 $x_0 + \Delta x$,即 x 在点 x_0 处取得增量 Δx 时,函数值 y 相应地从 $f(x_0)$ 变到 $f(x_0 + \Delta x)$,因此,函数 y 对应的增量为

$$\Delta y = f(x_0 + \Delta x) - f(x_0).$$

其几何意义如图 1-26 所示.

例 1　在下列条件下,求函数 $y = 3x^2 - 2$ 的增量：

(1) 当 x 由 3 变化到 3.1 时;

(2) 当 x 由 3 变化到 2.9 时.

解　(1) 由题意知 $x_0 = 3, x_0 + \Delta x = 3.1$,所以

$$\Delta y = f(x_0 + \Delta x) - f(x_0) = f(3.1) - f(3) = (3 \times 3.1^2 - 2) - (3 \times 3^2 - 2) = 1.83;$$

（2）由题意知 $x_0 = 3$, $x_0 + \Delta x = 2.9$, 所以

$\Delta y = f(x_0 + \Delta x) - f(x_0) = f(2.9) - f(3) =$
$(3 \times 2.9^2 - 2) - (3 \times 3^2 - 2) = -1.77.$

可知,增量 Δy 可以是正的,也可以是负的.当 Δy 为正时,y 从 $f(x_0)$ 变到 $f(x_0 + \Delta x)$ 是增大的;当 Δy 为负时,y 从 $f(x_0)$ 变到 $f(x_0 + \Delta x)$ 是减小的.

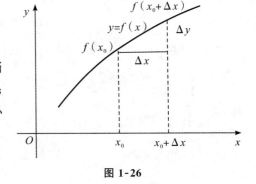

图 1-26

2. 函数连续的概念

（1）**函数 $y = f(x)$ 在点 x_0 处连续的定义**

当一个函数的自变量有微小变化时,相应的函数值的变化也很微小.这种连续变化的现象就是所谓的函数的连续性.函数连续性的定义可以通过增量来描述.

定义 1.13 设函数 $y = f(x)$ 在点 x_0 的某邻域内有定义,如果当自变量 x 在点 x_0 处的增量 $\Delta x = x - x_0$ 趋于零时,相应的函数增量 $\Delta y = f(x_0 + \Delta x) - f(x_0)$ 也趋于零,即

$$\lim_{\Delta x \to 0} \Delta y = 0 \text{ 或 } \lim_{\Delta x \to 0} [f(x_0 + \Delta x) - f(x_0)] = 0,$$

则称函数 $y = f(x)$ 在点 x_0 处**连续**.

在上面的定义中 $\Delta x = x - x_0$, $\Delta x \to 0$ 相当于 $x \to x_0$, 而 $\Delta y = f(x_0 + \Delta x) - f(x_0) = f(x) - f(x_0)$, 所以 $\lim\limits_{\Delta x \to 0} [f(x_0 + \Delta x) - f(x_0)] = 0$, 可以写成 $\lim\limits_{x \to x_0} [f(x) - f(x_0)] = 0$, 即 $\lim\limits_{x \to x_0} f(x) = f(x_0)$. 因此, 函数 $y = f(x)$ 在点 x_0 处连续, 也可以定义为:

定义 1.14 设函数 $y = f(x)$ 在点 x_0 的某邻域内有定义,如果 $\lim\limits_{x \to x_0} f(x) = f(x_0)$, 则称函数 $y = f(x)$ 在点 x_0 处**连续**.

如果 $\lim\limits_{x \to x_0^-} f(x) = f(x_0)$, 则称函数 $y = f(x)$ 在点 x_0 处**左连续**.

如果 $\lim\limits_{x \to x_0^+} f(x) = f(x_0)$, 则称函数 $y = f(x)$ 在点 x_0 处**右连续**.

由定理 1.3 和函数在一点处连续的定义可得:

定理 1.7 函数 $f(x)$ 在点 x_0 处连续的充分必要条件是 $f(x)$ 在点 x_0 处既左连续又右连续.即

$$\lim_{x \to x_0} f(x) = f(x_0) \Leftrightarrow \lim_{x \to x_0^-} f(x) = \lim_{x \to x_0^+} f(x) = f(x_0).$$

例 2 讨论函数

$$f(x) = \begin{cases} x, & x \leqslant 0, \\ \sin x, & x > 0 \end{cases}$$

在 $x = 0$ 处的连续性.

解 因为 $\lim\limits_{x \to 0^-} f(x) = \lim\limits_{x \to 0^-} x = 0 = f(0)$, 所以 $f(x)$ 在 $x = 0$ 左连续;又因为 $\lim\limits_{x \to 0^+} f(x) = \lim\limits_{x \to 0^+} \sin x = 0 = f(0)$, 所以 $f(x)$ 在 $x = 0$ 右连续.由定理 1.7 知,$f(x)$ 在 $x = 0$ 点连续.

（2）**函数 $y = f(x)$ 在区间上连续的定义**

如果函数 $f(x)$ 在区间 (a, b) 内的每一点都连续,则称函数 $f(x)$ 在**开区间 (a, b) 内连**

续；若函数 $f(x)$ 在 (a,b) 内连续，并且在左端点 a 处右连续，右端点 b 处左连续，则称函数在**闭区间 $[a,b]$ 上连续**.

函数在某区间 I 上连续，则称它是区间 I 上的连续函数.连续函数的图像是一条连续不间断的曲线.

可以证明：**基本初等函数在其定义域内是连续函数**.

1.4.2　函数的间断点及其分类

1. 函数的间断点

定义 1.15　如果函数 $f(x)$ 在点 x_0 处不连续，则称 $f(x)$ 在点 x_0 处**间断**，点 x_0 称为函数的**间断点**.

由函数 $f(x)$ 在某点连续的定义可知，若函数 $f(x)$ 在 x_0 处满足下列三个条件之一，则点 x_0 为 $f(x)$ 的间断点：

(1) $f(x)$ 在点 x_0 处无定义；

(2) $f(x)$ 在点 x_0 处有定义，但 $\lim\limits_{x \to x_0} f(x)$ 不存在；

(3) $f(x)$ 在点 x_0 处有定义，且 $\lim\limits_{x \to x_0} f(x)$ 存在，但是，$\lim\limits_{x \to x_0} f(x) \neq f(x_0)$.

2. 间断点的分类

根据函数 $f(x)$ 在间断点处单侧极限的情况，常将间断点分为两类：

(1) 第一类间断点.若 $\lim\limits_{x \to x_0^-} f(x)$ 与 $\lim\limits_{x \to x_0^+} f(x)$ 都存在的间断点称为**第一类间断点**.第一类间断点又分为两种情形，即可去间断点与跳跃间断点.

① 可去间断点：若 $\lim\limits_{x \to x_0^-} f(x)$ 与 $\lim\limits_{x \to x_0^+} f(x)$ 都存在，且 $\lim\limits_{x \to x_0^-} f(x) = \lim\limits_{x \to x_0^+} f(x)$ 即 $\lim\limits_{x \to x_0} f(x)$ 存在，但是 $f(x)$ 在点 x_0 无定义或 $\lim\limits_{x \to x_0} f(x) \neq f(x_0)$，则称点 x_0 为 $f(x)$ 的可去间断点.

例如：函数 $f(x) = \dfrac{x^2-1}{x-1}$ 在 $x=1$ 处无定义，故 $x=1$ 是间断点，由于 $\lim\limits_{x \to 1} \dfrac{x^2-1}{x-1} = 2$，可知 $x=1$ 是函数 $f(x)$ 的可去间断点.

② 跳跃间断点：若 $\lim\limits_{x \to x_0^-} f(x)$ 与 $\lim\limits_{x \to x_0^+} f(x)$ 都存在，但 $\lim\limits_{x \to x_0^-} f(x) \neq \lim\limits_{x \to x_0^+} f(x)$，则称点 x_0 为 $f(x)$ 的跳跃间断点.

例 3　讨论函数 $f(x) = \begin{cases} x-2, & x \neq 0 \\ 0, & x=0 \end{cases}$ 在 $x=0$ 处的连续性.

解　因为 $f(0) = 0$，又 $\lim\limits_{x \to 0} f(x) = \lim\limits_{x \to 0}(x-2) = -2$，所以 $\lim\limits_{x \to 0} f(x) \neq f(0)$，即 $f(x)$ 在点 $x=0$ 处间断，且点 $x=0$ 是 $f(x)$ 的可去间断点.

例 4　讨论函数 $f(x) = \begin{cases} x^2, & 0 \leqslant x \leqslant 1, \\ x+1, & x > 1 \end{cases}$ 在 $x=1$ 处的连续性.

解　因为 $\lim\limits_{x \to 1+} f(x) = \lim\limits_{x \to 1+}(x+1) = 2$，$\lim\limits_{x \to 1-} f(x) = \lim\limits_{x \to 1-} x^2 = 1$，所以 $\lim\limits_{x \to 1-} f(x) \neq \lim\limits_{x \to 1+} f(x)$，即 $\lim\limits_{x \to 1} f(x)$ 不存在.因此，函数 $f(x)$ 在 $x=1$ 处间断（图 1-27），且点 $x=1$ 为函数 $f(x)$ 的跳跃间断点.

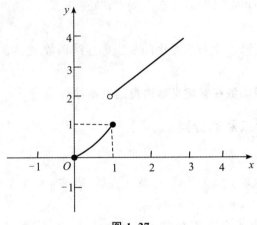

图 1-27

（2）第二类间断点. 极限 $\lim\limits_{x \to x_0^-} f(x)$ 不存在或者 $\lim\limits_{x \to x_0^+} f(x)$ 不存在的间断点称为**第二类间断点**. 第二类间断点常见的有两种情形, 即无穷间断点与振荡间断点.

① 无穷间断点: 若 $\lim\limits_{x \to x_0^-} f(x) = \infty$ 或 $\lim\limits_{x \to x_0^+} f(x) = \infty$ 或 $\lim\limits_{x \to x_0} f(x) = \infty$, 则称点 x_0 为 $f(x)$ 的无穷间断点.

② 振荡间断点: 若当 $x \to x_0$ 时, 函数值 $f(x)$ 无限次地在两个不同的数之间变动, 则称点 x_0 为 $f(x)$ 的振荡间断点.

如: 函数 $f(x) = \begin{cases} \sin\dfrac{1}{x}, & x \neq 0, \\ 0, & x = 0, \end{cases}$ $x = 0$ 为 $f(x)$ 的振荡间断点.（见图 1-28）

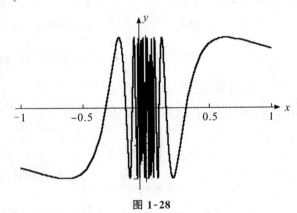

图 1-28

例 5　讨论函数 $f(x) = \dfrac{1}{x}$ 在 $x = 0$ 处的连续性.

解　因为函数 $f(x) = \dfrac{1}{x}$ 在 $x = 0$ 处无定义, 所以函数 $f(x) = \dfrac{1}{x}$ 在 $x = 0$ 点间断. 又 $\lim\limits_{x \to 0} f(x) = \lim\limits_{x \to 0} \dfrac{1}{x} = \infty$, 所以点 $x = 0$ 为函数的无穷间断点.

1.4.3　初等函数的连续性

1. 连续函数的运算法则

根据函数在一点处连续的定义与极限的四则运算法则,得下列定理:

定理 1.8　如果函数 $f(x)$ 和 $g(x)$ 在点 x_0 处连续,则它们的和、差、积、商也在点 x_0 处连续.即

$$\lim_{x \to x_0}[f(x) \pm g(x)] = f(x_0) \pm g(x_0), \tag{1-4}$$

$$\lim_{x \to x_0}[f(x) \cdot g(x)] = f(x_0) \cdot g(x_0), \tag{1-5}$$

$$\lim_{x \to x_0} \frac{f(x)}{g(x)} = \frac{f(x_0)}{g(x_0)} (g(x_0) \neq 0). \tag{1-6}$$

注意:(1-4)式与(1-5)式可以推广到有限个连续函数的情况.

2. 复合函数的连续性

定理 1.9　设函数 $y = f(u)$ 在点 u_0 处连续,又函数 $u = \varphi(x)$ 在点 x_0 处连续,且 $\varphi(x_0) = u_0$,则复合函数 $y = f[\varphi(x)]$ 在点 x_0 处连续.即

$$\lim_{x \to x_0} f[\varphi(x)] = f[\lim_{x \to x_0} \varphi(x)] = f[\varphi(x_0)].$$

这个定理说明了连续函数的复合函数仍为连续函数.

例 6　讨论函数 $y = \cos\sqrt{1-x^2}$ 的连续性.

解　函数 $y = \cos\sqrt{1-x^2}$ 可以看成是由函数 $y = \cos u$ 及 $u = \sqrt{1-x^2}$ 复合而成的, $y = \cos u$ 在 $(-\infty, +\infty)$ 内连续,$u = \sqrt{1-x^2}$ 在 $[-1,1]$ 上连续,且其值域包含于 $y = \cos u$ 的定义域,根据定理 1.9 知,函数 $y = \cos\sqrt{1-x^2}$ 在 $[-1,1]$ 上连续.

例 7　求 $\lim\limits_{x \to 0} \sin[(1+x)^{\frac{1}{x}}]$.

解　函数 $y = \sin[(1+x)^{\frac{1}{x}}]$ 可以看成是由 $y = \sin u$ 及 $u = (1+x)^{\frac{1}{x}}$ 复合而成的.由于 $\lim\limits_{x \to 0}(1+x)^{\frac{1}{x}} = e$,而 $y = \sin u$ 在 $u = e$ 处连续,由定理 1.9 知:

$$\lim_{x \to 0} \sin[(1+x)^{\frac{1}{x}}] = \sin[\lim_{x \to 0}(1+x)^{\frac{1}{x}}] = \sin e.$$

3. 初等函数的连续性

由初等函数的定义和基本初等函数的连续性,再根据连续函数的四则运算法则和复合函数的连续性,可以得出如下结论:**一切初等函数在其定义域内连续.**

根据这个结论,如果 $f(x)$ 是初等函数,x_0 是其定义域内的一点,那么求 $\lim\limits_{x \to x_0} f(x)$ 时,只需将 x_0 代入函数求函数值 $f(x_0)$ 即可.即

$$\lim_{x \to x_0} f(x) = f(x_0).$$

例 8　求 $\lim\limits_{x \to 1} \dfrac{x^2\cos x + \ln x}{e^x\sqrt{1+x^2}}$.

解　由于被求极限的函数是初等函数,$x = 1$ 是其定义域内的一点,所以

$$\lim_{x \to 1} \frac{x^2\cos x + \ln x}{e^x\sqrt{1+x^2}} = \frac{1^2 \times \cos 1 + \ln 1}{e^1\sqrt{1+1^2}} = \frac{\cos 1}{\sqrt{2}\,e}.$$

例 9 已知函数 $f(x) = \begin{cases} x^2 + 1, & x \leqslant 0, \\ \dfrac{\sin x}{x}, & 0 < x < 1, \\ \dfrac{1}{x-3}, & x \geqslant 1, x \neq 3, \end{cases}$

（1）请指出函数的间断点，并判断类型；

（2）讨论函数的连续性.

解 （1）对于 $x = 0$，因为 $\lim\limits_{x \to 0^+} f(x) = \lim\limits_{x \to 0^+} \dfrac{\sin x}{x} = 1$，$\lim\limits_{x \to 0^-} f(x) = \lim\limits_{x \to 0^-} (x^2 + 1) = 1$，所以，$\lim\limits_{x \to 0^-} f(x) = \lim\limits_{x \to 0^+} f(x) = f(0)$，即 $\lim\limits_{x \to 0} f(x) = 1 = f(0)$. 故 $f(x)$ 在 $x = 0$ 处连续；

对于 $x = 1$，因为 $\lim\limits_{x \to 1^+} f(x) = \lim\limits_{x \to 1^+} \dfrac{1}{x-3} = -\dfrac{1}{2}$，$\lim\limits_{x \to 1^-} f(x) = \lim\limits_{x \to 1^-} \dfrac{\sin x}{x} = \sin 1$，所以 $\lim\limits_{x \to 1^+} f(x) \neq \lim\limits_{x \to 1^-} f(x)$，$x = 1$ 是函数 $f(x)$ 的第一类（跳跃）间断点；

对于 $x = 3$，因为函数 $f(x)$ 在 $x = 3$ 处无定义，且 $\lim\limits_{x \to 3} f(x) = \infty$，所以 $x = 3$ 是函数 $f(x)$ 的第二类（无穷）间断点.

（2）综上所述，再由初等函数的连续性知 $f(x)$ 在区间 $(-\infty, 1)$，$(1, 3)$，$(3, +\infty)$ 上都是连续的，$(-\infty, 1)$，$(1, 3)$，$(3, +\infty)$ 是其连续区间.

1.4.4　闭区间上连续函数的性质

闭区间上的连续函数有一些重要性质，这里只介绍最值定理和介值定理.

1. 最值定理

定义 1.16 设函数 $f(x)$ 在闭区间 $[a, b]$ 上有定义，如果存在 $x_0 \in [a, b]$，使得对于任意的 $x \in [a, b]$，都有

$$f(x) \leqslant f(x_0)(\text{或 } f(x) \geqslant f(x_0)),$$

则称 $f(x_0)$ 是函数 $f(x)$ 在闭区间 $[a, b]$ 上的**最大值**（或**最小值**），点 x_0 是函数 $f(x)$ 的**最大值点**（或**最小值点**）.最大值与最小值统称为**最值**.

定理 1.10 （**最值定理**）若函数 $f(x)$ 在闭区间 $[a, b]$ 上连续，则函数 $f(x)$ 在闭区间 $[a, b]$ 上必取得最大值和最小值.

最值定理给出了函数有最大值和最小值的两个充分条件 —— 闭区间、连续函数，二者缺一不可.在开区间内连续的函数不一定有这一性质.

例如，函数 $y = x^2 + 1$ 在开区间 $(-1, 1)$ 内是连续的，在 $x = 0$ 处取得最小值，但在这个开区间内没有最大值；而在 $(1, 2)$ 内既无最大值也无最小值.

又如，函数 $f(x) = \begin{cases} -x + 1, & 0 \leqslant x < 1, \\ 1, & x = 1, \\ -x + 3 & 1 < x \leqslant 2 \end{cases}$ 在闭区间 $[0, 2]$ 上有间断点 $x = 1$，这时函数在该区间上既无最大值也无最小值.

推论 （**有界性定理**）闭区间上的连续函数，在该区间上一定有界.

2. 介值定理

定理 1.11　（介值定理） 如果函数 $f(x)$ 在闭区间 $[a,b]$ 上连续,且 $f(a) \neq f(b)$,则对于 $f(a)$ 与 $f(b)$ 之间的任何数 c,在开区间 (a,b) 内至少存在一点 ξ,使得

$$f(\xi) = c$$

成立.

这个定理的几何意义是:闭区间 $[a,b]$ 上连续函数 $f(x)$ 的图像与直线 $y=c$ 至少有一个交点(图 1-29).

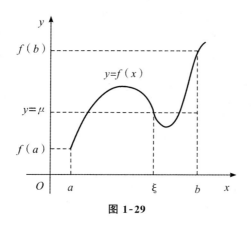

图 1-29

如果函数在 $[a,b]$ 上有间断点,则介值定理不一定成立.

推论　（零点定理） 若函数 $f(x)$ 在闭区间 $[a,b]$ 上连续,且 $f(a)$ 与 $f(b)$ 异号,则在开区间 (a,b) 内至少存在一点 ξ,使得

$$f(\xi) = 0.$$

这个推论的几何意义是:闭区间 $[a,b]$ 上连续函数 $f(x)$ 的图像,当两端点不在 x 轴的同侧时,与 x 轴至少相交于一点(如图 1-30).这说明若函数 $f(x)$ 在闭区间上两个端点处的函数值异号,则方程 $f(x)=0$ 在开区间 (a,b) 内至少有一个实根.所以,这一推论也叫作**根的存在性定理**.

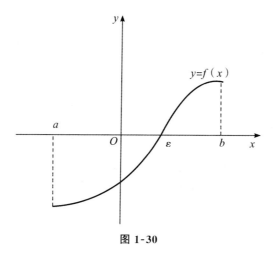

图 1-30

例 10 证明方程 $x^3-4x^2+1=0$ 在 $(0,1)$ 内至少有一个根.

证 令 $f(x)=x^3-4x^2+1$,则 $f(x)$ 的定义域为 $(-\infty,+\infty)$,因为 $f(x)$ 是初等函数,所以 $f(x)$ 在闭区间 $[0,1]$ 上也连续,且 $f(0)=1>0,f(1)=-2<0$,由零点定理知,至少存在一点 $\xi\in(0,1)$,使得

$$f(\xi)=0,$$

即 ξ 是方程 $f(x)=0$ 的根.所以方程 $x^3-4x^2+1=0$ 在 $(0,1)$ 内至少有一个实根.

例 11 证明方程 $x^5-5x+1=0$ 有一个小于 1 的正根.

证 函数 $f(x)=x^5-5x+1$ 在 $[0,1]$ 上连续,$f(0)=1,f(1)=-3$,由零点定理知,存在 $\xi\in(0,1)$,使 $f(\xi)=0$.因此,方程 $x^5-5x+1=0$ 有一个小于 1 的正根.

习题 1.4

1. 设 $f(x)=1+\dfrac{\sin x}{x}$,指出 $f(x)$ 的间断点,并判断类型.若是可去间断点,应如何在间断点处补充定义使其连续.

2. 已知函数 $f(x)=\begin{cases} x^2-1, & x\leqslant 0, \\ \dfrac{1}{x-1}, & 0<x<2,x\neq 1, \\ x+1, & x\geqslant 2, \end{cases}$

(1) 请指出函数的间断点,并判断类型;

(2) 讨论函数的连续性.

3. 设 $f(x)=\begin{cases} a+x, & x\geqslant 0, \\ \mathrm{e}^x, & x<0, \end{cases}$ 应当如何选择 a,使得 $f(x)$ 成为 $(-\infty,+\infty)$ 内的连续函数?

4. 求下列函数的极限:

(1) $\lim\limits_{x\to 0}\ln\dfrac{\sin x}{x}$;

(2) $\lim\limits_{x\to 0}\mathrm{e}^{\frac{\sin x}{x}}$;

(3) $\lim\limits_{x\to \frac{\pi}{6}}\ln(2\cos 2x)$;

(4) $\lim\limits_{x\to 0}\dfrac{\ln(1+x^2)}{\sin(1-x^2)}$;

(5) $\lim\limits_{x\to 0}\dfrac{\sqrt{x+1}-1}{x}$;

(6) $\lim\limits_{x\to 0}\dfrac{\mathrm{e}^x-1}{x}$(提示令 $t=\mathrm{e}^x-1$);

(7) $\lim\limits_{x\to 0}\dfrac{\ln(a+x)-\ln a}{x}(a>0)$;

(8) $\lim\limits_{x\to +\infty}(\sqrt{x^2+x}-\sqrt{x^2-x})$.

5. 证明方程 $x^5-3x-1=0$ 在 1 与 2 之间至少存在一个实根.

6. 证明方程 $x-2\sin x=1$ 至少有一个小于 3 的正根.

总习题 1

一、选择题

1. 函数 $y = \dfrac{\ln(x+1)}{\sqrt{x-1}}$ 的定义域是（　　　）.

A. $(-1, +\infty)$ 　　　 B. $(1, +\infty)$ 　　　 C. $[-1, +\infty)$ 　　　 D. $[1, +\infty)$

2. 下列函数中为同一个函数的是（　　　）.

A. $y_1 = x$, $y_2 = \dfrac{x^2}{x}$ 　　　　　　　　 B. $y_1 = x$, $y_2 = \sqrt{x^2}$

C. $y_1 = x$, $y_2 = (\sqrt{x})^2$ 　　　　　　　　 D. $y_1 = |x|$, $y_2 = \sqrt{x^2}$

3. 函数 $y = \sin x + \tan x$ 是（　　　）.

A. 奇函数 　　　　　 B. 偶函数 　　　　　 C. 非奇非偶函数 　　　 D. 以上都不对

4. 函数 $y = x^3 - 3x$ 的单调递减区间为（　　　）.

A. $(-\infty, 1]$ 　　　 B. $[-1, -1]$ 　　　 C. $[1, +\infty)$ 　　　 D. $(-\infty, +\infty)$

5. 已知 $f\left(\dfrac{1}{x}\right) = \left(\dfrac{x+1}{x}\right)^2$ ，则 $f(x) = $（　　　）.

A. $\left(\dfrac{x}{x+1}\right)^2$ 　　　 B. $(1+x)^2$ 　　　 C. $\left(\dfrac{x+1}{x}\right)^2$ 　　　 D. $1 + x^2$

6. 当 $x \to 0$ 时，下列变量中（　　　）与 x 为等价无穷小量.

A. $\sin^2 x$ 　　　　　　　　　　　　　 B. $\ln(1+2x)$

C. $x\sin\dfrac{1}{x}$ 　　　　　　　　　　 D. $\sqrt{1+x} - \sqrt{1-x}$

7. 下列各式中不正确的是（　　　）.

A. $\lim\limits_{x \to 0} \dfrac{\sin x}{x} = 1$ 　　　　　　　　 B. $\lim\limits_{x \to \infty} \dfrac{\sin x}{x} = 1$

C. $\lim\limits_{x \to \infty} x\sin\dfrac{1}{x} = 1$ 　　　　　 D. $\lim\limits_{x \to 0} x\sin\dfrac{1}{x} = 0$

8. $f(x) = \dfrac{e^x - 1}{x}$ ，则 $x = 0$ 是 $f(x)$ 的（　　　）.

A. 连续点 　　　 B. 第一类间断点 　　　 C. 第二类间断点 　　　 D. 以上都不是

9. 若函数 $f(x) = \begin{cases} 3e^x, & x \leqslant 0, \\ \dfrac{\sin x}{x} + a, & x > 0 \end{cases}$ 在 $x = 0$ 处连续，则 $a = $（　　　）.

A. 0 　　　　　　　 B. 1 　　　　　　　 C. 2 　　　　　　　 D. 3

10. 设常数 $k \neq 1$ ，则下列各式中正确的是（　　　）.

A. $\lim\limits_{n \to \infty}\left(1 + \dfrac{k}{n}\right)^{kn} = e^k$ 　　　　　　　 B. $\lim\limits_{n \to \infty}\left(1 + \dfrac{1}{nk}\right)^{kn} = e^k$

C. $\lim\limits_{n\to\infty}\left(1+\dfrac{k}{n}\right)^{\frac{n}{k}}=\mathrm{e}^k$ 　　　　　　　D. $\lim\limits_{n\to\infty}\left(1+\dfrac{1}{n}\right)^{kn}=\mathrm{e}^k$

二、填空题

1. 函数 $y=|\sin x|$ 的周期是 _____.

2. 函数 $y=\ln\cos^2(x+1)$ 是由 _____ 复合而成的.

3. 设函数 $f(x)=\begin{cases}5-x, & x\leqslant-1,\\ \sqrt{9-x^2}, & -1<x<1,\\ 0, & x\geqslant1,\end{cases}$ 则 $f(-2)=$ _____, $f(0)=$

_____, 此函数的定义域是 _____.

4. 如果 $f(x)$ 在点 x_0 处连续, $g(x)$ 在点 x_0 处不连续,则 $f(x)+g(x)$ 在点 x_0 处

_____.

5. 已知 $\lim\limits_{x\to0}\varphi(x)=3$,那么 $\lim\limits_{x\to0}\mathrm{e}^{\varphi(x)}=$ _____.

6. 若 $\lim\limits_{x\to\infty}\dfrac{3x^k-2x+5}{4x^5+3x^3-2x}=\dfrac{3}{4}$,则 $k=$ _____.

7. 若 $\lim\limits_{x\to2}\dfrac{x^2-3x+a}{x-2}=1$,则 $a=$ _____.

8. $\lim\limits_{x\to0}\dfrac{\sin x}{x^2+3x}=$ _____.

9. $\lim\limits_{x\to0}\dfrac{\sin2x}{x}=$ _____.

10. $\lim\limits_{x\to\infty}\left(\dfrac{2x+3}{2x-5}\right)^x=$ _____.

11. 设 $f(x)=\begin{cases}\dfrac{k}{1+x^2}, & x\geqslant1,\\ 3x^2+2, & x<1,\end{cases}$ 若 $f(x)$ 在 $x=1$ 处连续,则 $k=$ _____.

三、解答题

1. 求下列极限:

(1) $\lim\limits_{x\to0}\dfrac{x-\sin x}{x+\sin x}$;

(2) $\lim\limits_{x\to0}\dfrac{\mathrm{e}^{2x}-1}{\sin3x}$;

(3) $\lim\limits_{x\to\infty}\left(\dfrac{x-1}{x+1}\right)^x$;

(4) $\lim\limits_{x\to a}\dfrac{\ln x-\ln a}{x-a}$ $(a>0)$(提示:设 $x-a=t$);

(5) $\lim\limits_{n\to\infty}\dfrac{(n+1)(n+2)(n+3)}{5n^3}$;

(6) $\lim\limits_{x\to\infty}\dfrac{(2x-1)^{30}(3x-2)^{20}}{(2x+1)^{50}}$;

(7) $\lim\limits_{n\to\infty}\dfrac{1+a+a^2+\cdots+a^n}{1+b+b^2+\cdots+b^n}$ $(|a|<1,|b|<1)$;

(8) $\lim\limits_{x\to\infty}\left(\dfrac{5x+7}{5x-3}\right)^x$;

(9) $\lim\limits_{x\to0}\dfrac{1-\cos x}{\mathrm{e}^x+\mathrm{e}^{-x}-2}$.

2. 设函数 $f(x)=\begin{cases}\dfrac{1-\cos x}{x^2}, & x\neq0,\\ 1, & x=0,\end{cases}$ 试判断函数 $f(x)$ 在 $x=0$ 处是否连续.

3. 利用夹逼准则求 $\lim\limits_{n\to\infty}(1^n+2^n+3^n)^{\frac{1}{n}}$.

4. 定义 $f(0)$ 的值,使 $f(x)=\dfrac{\sqrt[3]{1+x}-1}{\sqrt{1+x}-1}$ 在 $x=0$ 处连续.

5. 证明方程 $\mathrm{e}^x=3x$ 至少存在一个小于 1 的正根.

6. 设 $f(x)$ 在闭区间 $[1,2]$ 上连续,并且 $1<f(x)<2$,证明至少存在一点 $\xi\in(1,2)$,使得 $f(\xi)=\xi$.(提示:对函数 $F(x)=f(x)-x$ 在 $[1,2]$ 上应用零点定理)

第2章　导数与微分

导数与微分是微分学的基础概念和基本组成部分,导数反映了函数相对于自变量的变化的快慢程度,微分则指明了当自变量有微小变化时,函数大体上变化多少.本章主要讨论导数与微分的概念及其运算法则,从而解决了初等函数的求导问题以及它们的计算方法.

2.1　导数的概念

2.1.1　引　例

微分学的第一个最基本的概念 —— 导数,来源于实际生活中两个最典型的概念:速度与切线.

1. 变速直线运动的瞬时速度

对于匀速运动来说,我们有速度公式:速度 $= \dfrac{\text{距离}}{\text{时间}}$.

但是,在实际问题中,运动往往是非匀速的,因此,上述公式只是表示物体走完某一路程的平均速度,而没有反映出在任何时刻物体运动的快慢.要想精确地刻画出物体运动中的这种变化,就需要进一步讨论物体在运动过程中任一时刻的速度,即所谓瞬时速度.

设某动点沿直线做非匀速运动,如何理解和确定动点在某一时刻 t_0 的速度呢?

设函数 $s = f(t)$ 表示动点在时刻 t 所在的位置(称之为位置函数).首先取从 t_0 到 t 这样一个时间间隔.在这段时间内,动点从位置 $s_0 = f(t_0)$ 移动到 $s = f(t)$,则动点在该时间间隔内的平均速度是:

$$\frac{s - s_0}{t - t_0} = \frac{f(t) - f(t_0)}{t - t_0}. \tag{2-1}$$

显然,时间间隔 $t - t_0$ 越短,(2-1)式在实践中越能说明动点在时刻 t_0 的速度.当 $t \to t_0$ 时,如果(2-1)式的极限存在,取这个极限,设为 $v(t_0)$,即

$$v(t_0) = \lim_{t \to t_0} \frac{f(t) - f(t_0)}{t - t_0}.$$

我们把这个极限值 $v(t_0)$ 称为动点在时刻 t_0 的瞬时速度.

2. 平面曲线的切线问题

设平面曲线 C 的方程为 $y = f(x)$,现在我们讨论曲线上某一点 $M_0(x_0, y_0)(y_0 = f(x_0))$ 处的切线问题(图 2-1).

要确定曲线 C 在点 M_0 处的切线,只需定出切线的斜率即可.为此,在点 M_0 附近另取 C

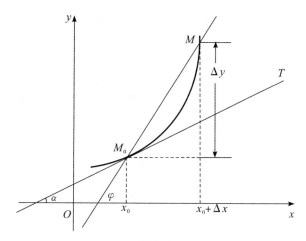

图 2-1

上一点 $M(x,y)$,求得割线 M_0M 的斜率为:

$$\tan\varphi = \frac{y-y_0}{x-x_0} = \frac{f(x)-f(x_0)}{x-x_0},$$

其中,φ 为割线 M_0M 的倾斜角.当点 M 沿曲线 C 趋于点 M_0 时,即 $x \to x_0$,割线的极限位置就是切线.如果当 $x \to x_0$ 时,上式的极限存在,设为 k,即

$$k = \lim_{x \to x_0} \frac{f(x)-f(x_0)}{x-x_0}$$

存在,则 k 是割线斜率的极限,也就是切线的斜率,这里 $k = \tan\alpha$,α 是切线 M_0T 的倾斜角.于是,通过点 $M_0(x_0,y_0)$ 且斜率为 k 的直线 M_0T 便是曲线 C 在点 M_0 处的切线.

例 1　求曲线 $y = x^3$ 在点 $M_0(1,1)$ 处的切线斜率.

解　在曲线上另取一点 $M(x,y)$,则割线 M_0M 的斜率为

$$k = \frac{y-1}{x-1} = \frac{x^3-1}{x-1},$$

于是曲线 $y = x^3$ 在点 $M_0(1,1)$ 处的切线斜率:

$$k = \lim_{x \to 1} \frac{x^3-1}{x-1} = \lim_{x \to 1} \frac{(x-1)(x^2+x+1)}{x-1} = \lim_{x \to 1}(x^2+x+1) = 3.$$

2.1.2　导数的定义

从上面讨论的问题可以看出,非匀速直线运动在某时刻的速度和曲线上某点切线的斜率都可归结为极限

$$\lim_{x \to x_0} \frac{f(x)-f(x_0)}{x-x_0} \tag{2-2}$$

其中 $x - x_0$ 和 $f(x) - f(x_0)$ 分别是函数 $y = f(x)$ 的自变量增量 Δx 和函数值增量 Δy:

$$\Delta x = x - x_0,$$

$$\Delta y = f(x) - f(x_0) = f(x_0 + \Delta x) - f(x_0),$$

又 $x \to x_0$ 等价于 $\Delta x \to 0$,故(2-2)式又可写为

$$\lim_{\Delta x \to 0} \frac{\Delta y}{\Delta x} \quad 或 \quad \lim_{\Delta x \to 0} \frac{f(x_0 + \Delta x) - f(x_0)}{\Delta x}.$$

上面两个引例一个是物理问题,一个是几何问题,但有一个共同的特征:函数的增量与自变量的增量之比在自变量的增量趋于零时的极限.此特征正是导数定义的实质.

定义 2.1 设函数 $y = f(x)$ 在点 x_0 的某邻域内有定义,如果极限

$$\lim_{\Delta x \to 0} \frac{\Delta y}{\Delta x} = \lim_{\Delta x \to 0} \frac{f(x_0 + \Delta x) - f(x_0)}{\Delta x} \tag{2-3}$$

存在,则称函数 $y = f(x)$ 在点 x_0 处可导,并称此极限值为函数 $y = f(x)$ 在点 x_0 处的**导数**(或**变化率**),记为

$$f'(x_0) \ 或 \ y' \big|_{x=x_0} \ 或 \ \frac{dy}{dx}\bigg|_{x=x_0}.$$

函数 $y = f(x)$ 在点 x_0 处可导有时也可说成是 $f(x)$ 在点 x_0 处具有导数或导数存在.

根据导数定义,动点在 t_0 时刻的瞬时速度 $v(t_0)$ 即是其路程函数 $f(t)$ 在 t_0 处的导数 $f'(t_0)$;曲线 $y = f(x)$ 在点 x_0 处的切线斜率就是 $f'(x_0)$.

如果(2-3)式的极限不存在,就说函数 $y = f(x)$ 在点 x_0 处不可导.如果不可导的原因是由于 $\Delta x \to 0$ 时,比式 $\frac{\Delta y}{\Delta x} \to \infty$,为方便起见,也称函数 $y = f(x)$ 在点 x_0 处的导数为无穷大.

由于 Δx 可正可负,$\Delta x \to 0$ 包括两种情形:$\Delta x \to 0^-$ 和 $\Delta x \to 0^+$,相应的导数也就有左导数和右导数.

定义 2.2 设函数 $y = f(x)$ 在点 x_0 的某左邻域 $(x_0 - \delta, x_0]$($\delta > 0$)内有定义,若左极限

$$\lim_{\Delta x \to 0^-} \frac{f(x_0 + \Delta x) - f(x_0)}{\Delta x}$$

存在,则称函数 $y = f(x)$ 在点 x_0 处左可导,并称此极限值为函数 $y = f(x)$ 在点 x_0 处的左导数,记为 $f'_-(x_0)$,即

$$f'_-(x_0) = \lim_{\Delta x \to 0^-} \frac{f(x_0 + \Delta x) - f(x_0)}{\Delta x}.$$

同理,可定义函数 $y = f(x)$ 在点 x_0 处右可导,及右导数:

$$f'_+(x_0) = \lim_{\Delta x \to 0^+} \frac{f(x_0 + \Delta x) - f(x_0)}{\Delta x}.$$

函数的左导数和右导数统称为函数的单侧导数.

由极限定理容易得出下列结论:

定理 2.1 $y = f(x)$ 在点 x_0 处可导 $\Leftrightarrow y = f(x)$ 在点 x_0 处的左、右导数存在且相等.

如果函数 $y = f(x)$ 在开区间 I 内的每一点处都可导,则称**函数 $f(x)$ 在开区间 I 内可导**.这时,对区间 I 内的每一个 x,都有 $f(x)$ 的确定的导数值 $f'(x)$ 与之对应,这样就构成了一个新的函数 $y = f'(x)(x \in I)$.我们称该函数为 $f(x)$ 的导函数,记为 y',$f'(x)$,$\frac{dy}{dx}$ 或 $\frac{df(x)}{dx}$.即

$$f'(x) = \lim_{\Delta x \to 0} \frac{f(x + \Delta x) - f(x)}{\Delta x}, x \in I.$$

如果函数 $y = f(x)$ 在开区间 (a,b) 内可导，且在 $x = a$ 处右可导，在 $x = b$ 处左可导，则称函数 $y = f(x)$ 在闭区间 $[a,b]$ 上可导.

显然，函数 $f(x)$ 在点 x_0 处的导数 $f'(x_0)$ 就是导函数 $f'(x)$ 在点 $x = x_0$ 处的函数值.

一般地，我们把导函数 $f'(x)$ 简称为导数，而 $f'(x_0)$ 是 $f(x)$ 在点 x_0 处的导数或导函数 $f'(x)$ 在 x_0 处的值，可记为 $f'(x)\big|_{x=x_0}$.

例 2　根据导数定义求函数 $y = \sqrt{x}\,(x > 0)$ 的导数，并求它在点 $x = 0, x = 4$ 处的导数.

解　$x > 0$ 时，根据导数定义有

$$\begin{aligned}
y' &= \lim_{\Delta x \to 0} \frac{\Delta y}{\Delta x} = \lim_{\Delta x \to 0} \frac{f(x + \Delta x) - f(x)}{\Delta x} \\
&= \lim_{\Delta x \to 0} \frac{\sqrt{x + \Delta x} - \sqrt{x}}{\Delta x} \\
&= \lim_{\Delta x \to 0} \frac{1}{\sqrt{x + \Delta x} + \sqrt{x}} \\
&= \frac{1}{2\sqrt{x}},
\end{aligned}$$

即

$$(\sqrt{x})' = \frac{1}{2\sqrt{x}} \quad (x > 0).$$

考察 $y = \sqrt{x}\,(x > 0)$ 在点 $x = 0$ 处的右导数：

$$f'_+(0) = \lim_{\Delta x \to 0^+} \frac{1}{\sqrt{\Delta x}} = +\infty,$$

所以 $y = \sqrt{x}$ 在点 $x = 0$ 处不可导.

$$f'(4) = (\sqrt{x})'\big|_{x=4} = \frac{1}{2\sqrt{x}}\bigg|_{x=4} = \frac{1}{2\sqrt{4}} = \frac{1}{4}.$$

例 3　设 $f(x) = \begin{cases} 1 - \cos x, & -\infty < x < 0, \\ 2x^2, & 0 \leqslant x < 1, \\ x^3, & 1 \leqslant x < +\infty, \end{cases}$　讨论 $f(x)$ 在 $x = 0$ 和 $x = 1$ 处的可导性.

解　在函数的分断点处讨论可导性，必须用左、右导数的概念及定理 2.1 来判断.

$$f'_-(0) = \lim_{x \to 0^-} \frac{f(x) - f(0)}{x} = \lim_{x \to 0^-} \frac{1 - \cos x}{x} = \lim_{x \to 0^-} \frac{2\sin^2 \frac{x}{2}}{x} = \lim_{x \to 0^-} \sin \frac{x}{2} \cdot \lim_{x \to 0^-} \frac{\sin \frac{x}{2}}{\frac{x}{2}} = 0,$$

$$f'_+(0) = \lim_{x \to 0^+} \frac{f(x) - f(0)}{x} = \lim_{x \to 0^+} \frac{2x^2}{x} = 0,$$

因为 $f'_-(0) = f'_+(0) = 0$，所以 $y = f(x)$ 在 $x = 0$ 处可导，且 $f'(0) = 0$.

$$f'_-(1) = \lim_{x \to 1^-} \frac{f(x) - f(1)}{x - 1} = \lim_{x \to 1^-} \frac{2x^2 - 1}{x - 1} = -\infty,$$

$$f'_+(1) = \lim_{x \to 1^+} \frac{f(x) - f(1)}{x - 1} = \lim_{x \to 1^+} \frac{x^3 - 1}{x - 1} = \lim_{x \to 1^+} (x^2 + x + 1) = 3,$$

所以 $y = f(x)$ 在 $x = 1$ 处不可导.

2.1.3 求导实例

根据导数定义,可给出一种求导数的方法,其方法归纳如下:

(1) 求增量: $\Delta y = f(x + \Delta x) - f(x)$;

(2) 求比值: $\dfrac{\Delta y}{\Delta x} = \dfrac{f(x + \Delta x) - f(x)}{\Delta x}$;

(3) 求极限: $y' = \lim\limits_{\Delta x \to 0} \dfrac{\Delta y}{\Delta x} = \lim\limits_{\Delta x \to 0} \dfrac{f(x + \Delta x) - f(x)}{\Delta x}$.

利用它可以求出一些简单函数的导数,如几类基本初等函数的导数,并且这些结果可在其他函数的求导中作为公式应用.

例 4 求常数函数 $f(x) = C$(C 是常数)的导数.

解 $f'(x) = \lim\limits_{\Delta x \to 0} \dfrac{f(x + \Delta x) - f(x)}{\Delta x} = \lim\limits_{\Delta x \to 0} \dfrac{C - C}{\Delta x} = 0$,即

$$C' = 0.$$

例 5 求幂函数 $f(x) = x^n$(n 为正整数)的导数.

解 由于 $a^n - b^n = (a - b)(a^{n-1} + a^{n-2}b + \cdots + b^{n-1})$,

$$\begin{aligned}
f'(x) &= \lim_{\Delta x \to 0} \frac{f(x + \Delta x) - f(x)}{\Delta x} \\
&= \lim_{x \to \Delta x} \frac{(x + \Delta x)^n - x^n}{\Delta x} \\
&= \lim_{\Delta x \to 0} \left[(x + \Delta x)^{n-1} + (x + \Delta x)^{n-2}x + \cdots + x^{n-1} \right] \\
&= nx^{n-1},
\end{aligned}$$

所以,$(x^n)' = nx^{n-1}$.

一般地,对于幂函数 $f(x) = x^a$(a 为实数),有

$$(x^a)' = ax^{a-1}.$$

这就是幂函数的导数公式.利用这个公式可以方便地求出幂函数的导数,如:

当 $a = \dfrac{1}{2}$ 时,$y = x^{\frac{1}{2}} = \sqrt{x}$($x > 0$)的导数为

$$(\sqrt{x})' = (x^{\frac{1}{2}})' = \frac{1}{2} x^{\frac{1}{2} - 1} = \frac{1}{2} x^{-\frac{1}{2}},$$

即

$$(\sqrt{x})' = \frac{1}{2\sqrt{x}}.$$

当 $a = -1$ 时,$y = x^{-1} = \dfrac{1}{x}$($x \neq 0$)的导数为 $\left(\dfrac{1}{x}\right)' = (x^{-1})' = (-1)x^{-1-1} = -x^{-2}$,即

$$\left(\frac{1}{x}\right)' = -\frac{1}{x^2}.$$

例 6　求正弦函数 $f(x) = \sin x$ 的导数.

解　$\Delta y = \sin(x + \Delta x) - \sin x = 2\cos(x + \frac{\Delta x}{2}) \cdot \sin\frac{\Delta x}{2}$,

$$\frac{\Delta y}{\Delta x} = \frac{2\cos(x + \frac{\Delta x}{2}) \cdot \sin\frac{\Delta x}{2}}{\Delta x},$$

$$\lim_{\Delta x \to 0}\frac{\Delta y}{\Delta x} = \lim_{\Delta x \to 0}\cos(x + \frac{\Delta x}{2}) \cdot \frac{\sin\frac{\Delta x}{2}}{\frac{\Delta x}{2}} = \cos x,$$

即

$$(\sin x)' = \cos x.$$

同理

$$(\cos x)' = -\sin x.$$

例 7　求指数函数 $f(x) = a^x(a > 0, a \neq 1)$ 的导数.

解　$f'(x) = \lim_{\Delta x \to 0}\frac{f(x + \Delta x) - f(x)}{\Delta x} = \lim_{\Delta x \to 0}\frac{a^{x + \Delta x} - a^x}{\Delta x} = a^x \lim_{\Delta x \to 0}\frac{a^{\Delta x} - 1}{\Delta x}$,

令 $a^{\Delta x} - 1 = h$, 则 $\Delta x = \frac{1}{\ln a} \cdot \ln(1 + h)$, 则

$$f'(x) = a^x \lim_{h \to 0}\frac{h}{\frac{1}{\ln a} \cdot \ln(1 + h)} = a^x \ln a \frac{1}{\ln[\lim_{h \to 0}(1 + h)^{\frac{1}{h}}]} = a^x \ln a \cdot \frac{1}{\ln e} = a^x \ln a$$

即

$$(a^x)' = a^x \ln a.$$

特别地

$$(e^x)' = e^x.$$

例 8　求对数函数 $f(x) = \log_a x(a > 0, a \neq 1)$ 的导数.

解　$f'(x) = \lim_{\Delta x \to 0}\frac{f(x + \Delta x) - f(x)}{\Delta x} = \lim_{\Delta x \to 0}\frac{\log_a(x + \Delta x) - \log_a x}{\Delta x}$

$$= \lim_{\Delta x \to 0}\left[\frac{1}{\Delta x}\log_a(1 + \frac{\Delta x}{x})\right] = \lim_{\Delta x \to 0}\left[\frac{1}{x} \cdot \frac{x}{\Delta x}\log_a(1 + \frac{\Delta x}{x})\right]$$

$$= \frac{1}{x}\lim_{\Delta x \to 0}\log_a(1 + \frac{\Delta x}{x})^{\frac{x}{\Delta x}} = \frac{1}{x}\log_a\left[\lim_{\Delta x \to 0}(1 + \frac{\Delta x}{x})^{\frac{x}{\Delta x}}\right]$$

$$= \frac{1}{x}\log_a e = \frac{1}{x \ln a},$$

即

$$(\log_a x)' = \frac{1}{x \ln a}.$$

特别地

$$(\ln x)' = \frac{1}{x}.$$

2.1.4 导数的几何意义

由切线问题和导数的定义知，函数 $f(x)$ 在点 x_0 处的导数 $f'(x_0)$ 就是函数 $y=f(x)$ 所表示的曲线在点 $(x_0,f(x_0))$ 处的切线斜率．即 $f'(x_0)=\tan\alpha$，这里 α 是曲线 $y=f(x)$ 在点 $(x_0,f(x_0))$ 处的切线与 x 轴正向的夹角（图 2-2）．

如果 $y=f(x)$ 在点 x_0 处的导数为无穷大，这时曲线 $y=f(x)$ 在点 $(x_0,f(x_0))$ 处具有垂直于 x 轴的切线．如例 2 中，曲线 $y=\sqrt{x}$ $(x>0)$ 在 $x=0$ 处的切线就是 y 轴．

根据导数的几何意义并应用直线的点斜式方程，可知曲线 $y=f(x)$ 在点 $(x_0,f(x_0))$ 处的切线方程为

$$y-y_0=f'(x_0)(x-x_0).$$

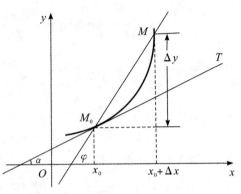

图 2-2

如果 $f'(x_0)\neq 0$，则法线的斜率为 $-\dfrac{1}{f'(x_0)}$，从而法线方程为

$$y-y_0=-\frac{1}{f'(x_0)}(x-x_0).$$

例 9 求抛物线 $y=x^2$ 在点 $(2,4)$ 处的切线方程及法线方程．

解 由求导数方法，有

$$y'=(x^2)'=2x.$$

所以抛物线 $y=x^2$ 在点 $(2,4)$ 处的切线斜率是 $k_1=y'\big|_{x=2}=2x\big|_{x=2}=4$，切线方程是 $y-4=4(x-2)$，即 $y=4x-4$．

法线斜率是 $k_2=-\dfrac{1}{k_1}=-\dfrac{1}{4}$．

法线方程为 $y-4=-\dfrac{1}{4}(x-2)$，即 $y=-\dfrac{1}{4}x+\dfrac{9}{2}$．

2.1.5 函数的可导性与连续性的关系

可导性与连续性是函数的两个局部性质，它们之间具有的关系如下：

设函数 $y=f(x)$ 在点 x_0 处可导，即

$$\lim_{\Delta x\to 0}\frac{\Delta y}{\Delta x}=f'(x_0)$$

存在．由具有极限的函数与无穷小量的关系知

$$\frac{\Delta y}{\Delta x}=f'(x_0)+\alpha,$$

其中 α 是 $\Delta x \to 0$ 时的无穷小量.上式可变为

$$\Delta y = f'(x_0)\Delta x + \alpha \Delta x.$$

可见,$\Delta x \to 0$ 时,$\Delta y \to 0$. 这就意味着函数在点 x_0 处连续.这就得到如下定理:

定理 2.2　如果函数 $y = f(x)$ 在点 x_0 处可导,则 $f(x)$ 在 x_0 处连续.

这个定理的逆定理不成立,即函数 $y = f(x)$ 在点 x_0 处连续时,在 x_0 处不一定可导.

例如,函数 $f(x) = |x|$ 在 $x = 0$ 处连续,但在 $x = 0$ 处不可导.

因为 $\lim\limits_{x \to 0} f(x) = \lim\limits_{x \to 0} |x| = 0 = f(0)$,所以函数 $f(x) = |x|$ 在 $x = 0$ 处连续,但是

$$f'_-(0) = \lim_{\Delta x \to 0^-} \frac{f(0 + \Delta x) - f(0)}{\Delta x} = \lim_{\Delta x \to 0^-} \frac{|\Delta x|}{\Delta x} = \lim_{\Delta x \to 0^-} \frac{-\Delta x}{\Delta x} = -1,$$

$$f'_+(0) = \lim_{\Delta x \to 0^+} \frac{f(0 + \Delta x) - f(0)}{\Delta x} = \lim_{\Delta x \to 0^+} \frac{|\Delta x|}{\Delta x} = \lim_{\Delta x \to 0^+} \frac{\Delta x}{\Delta x} = 1.$$

因为 $f'_-(0) \neq f'_+(0)$,所以 $f(x) = |x|$ 在 $x = 0$ 处不可导.(图 2-3)

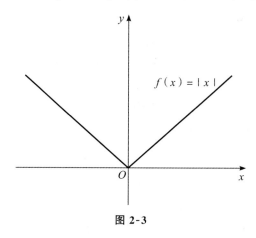

图 2-3

习题 2.1

1. 设函数 $y = 10x^2$,试按导数的定义求 $f'(-1)$.

2. 设函数 $f(x) = \dfrac{1}{x}$,试按导数的定义求 $f'(x)$.

3. 假设 $f'(x_0)$ 存在,按照导数定义观察下列极限,指出 A 表示什么:

(1) $\lim\limits_{\Delta x \to 0} \dfrac{f(x_0 - \Delta x) - f(x_0)}{\Delta x} = A$;

(2) $\lim\limits_{x \to 0} \dfrac{f(x)}{x} = A$,其中 $f(0) = 0$,且 $f'(0)$ 存在.

4. 讨论函数 $y = \begin{cases} x^2 \sin \dfrac{1}{x}, & x \neq 0, \\ 0, & x = 0 \end{cases}$ 在点 $x = 0$ 处的可导性和连续性.

5. 求曲线 $y = \ln x$ 在点 $M_0(\mathrm{e}, 1)$ 处的切线方程和法线方程.

6. 设 $f(x) = \begin{cases} \sin x, & x < 0, \\ ax + b, & x \geqslant 0, \end{cases}$ 讨论 a, b 取何值时，$f(x)$ 在点 $x = 0$ 处可导.

7. 设 $f(x)$ 在 $x = 2$ 处连续，且 $\lim\limits_{x \to 2} \dfrac{f(x)}{x - 2} = 2$，求 $f'(2)$.

2.2　导数的运算

前面我们给出了根据定义求一些简单函数的导数的方法.但是，如果对每一个函数都直接用定义去求导数，那将是很麻烦的，有时甚至是很困难的.本节将建立一系列求导法则，使对一般初等函数的求导更为方便.

2.2.1　导数的四则运算法则

1. 函数的和、差的导数

定理 2.3　若函数 $u(x)$ 与 $v(x)$ 在点 x 处可导，则

(1) 函数 $u(x) \pm v(x)$ 在点 x 处可导，且 $[u(x) \pm v(x)]' = u'(x) \pm v'(x)$；

(2) 函数 $u(x) \cdot v(x)$ 在点 x 处可导，且 $[u(x) \cdot v(x)]' = u'(x) \cdot v(x) + u(x) \cdot v'(x)$；

(3) 特别对任意常数 C，有 $[Cu(x)]' = Cu'(x)$；

(4) 若 $v(x) \neq 0$，函数 $\dfrac{u(x)}{v(x)}$ 在点 x 处可导，且 $\left[\dfrac{u(x)}{v(x)}\right]' = \dfrac{u'(x) \cdot v(x) - u(x) \cdot v'(x)}{v^2(x)}$.

特别地

$$\left[\frac{1}{v(x)}\right]' = -\frac{v'(x)}{v^2(x)}.$$

其中法则(1)，(2)可推广到有限个函数的情形.下面只给出法则(1)的证明.

证　(1) 设 $f(x) = u(x) \pm v(x)$，则

$$f'(x) = \lim_{\Delta x \to 0} \frac{f(x + \Delta x) - f(x)}{\Delta x}$$

$$= \lim_{\Delta x \to 0} \frac{[u(x + \Delta x) \pm v(x + \Delta x) - (u(x) \pm v(x))]}{\Delta x}$$

$$= \lim_{\Delta x \to 0} \left[\frac{u(x + \Delta x) - u(x)}{\Delta x} \pm \frac{v(x + \Delta x) - v(x)}{\Delta x}\right]$$

$$= \lim_{\Delta x \to 0} \frac{u(x + \Delta x) - u(x)}{\Delta x} \pm \lim_{\Delta x \to 0} \frac{v(x + \Delta x) - v(x)}{\Delta x}$$

$$= u'(x) \pm v'(x),$$

即

$$[u(x) \pm v(x)]' = u'(x) \pm v'(x).$$

例 1　求函数 $f(x) = \lg x - 2^x + \cos x + e^2$ 的导数.

解　$f'(x) = (\lg x)' - (2^x)' + (\cos x)' + (e^2)' = \dfrac{1}{x \ln 10} - 2^x \ln 2 - \sin x$.

例 2　求 $y = x^n \sin x$ 的导数.

解　$y' = (x^n \sin x)' = (x^n)' \sin x + x^n (\sin x)' = n x^{n-1} \sin x + x^n \cos x$

$= x^{n-1} (n \sin x + x \cos x).$

例 3　已知 $y = \mathrm{e}^x (\sin x + \cos x)$，求 y' 及 $y'|_{x=\frac{\pi}{2}}$.

解　$y' = (\mathrm{e}^x)' (\sin x + \cos x) + \mathrm{e}^x (\sin x + \cos x)'$

$= \mathrm{e}^x (\sin x + \cos x) + \mathrm{e}^x (\cos x - \sin x)$

$= 2\mathrm{e}^x \cos x,$

即

$$y' = 2\mathrm{e}^x \cos x.$$

故

$$y'|_{x=\frac{\pi}{2}} = 2\mathrm{e}^{\frac{\pi}{2}} \cos \frac{\pi}{2} = 0.$$

例 4　已知 $f(x) = (1+x)(1+2x)(1+3x)\cdots(1+10x)$，求 $f'(0)$.

解　$f'(x) = [(1+x)(1+2x)(1+3x)\cdots(1+10x)]'$

$= (1+x)'(1+2x)(1+3x)\cdots(1+10x) + (1+x)(1+2x)'(1+3x)\cdots(1+10x) + \cdots + (1+x)(1+2x)(1+3x)\cdots(1+10x)'$

$= (1+2x)(1+3x)\cdots(1+10x) + 2(1+x)(1+3x)\cdots(1+10x) + \cdots + 10(1+x)(1+2x)(1+3x)\cdots(1+9x),$

所以，$f'(0) = 1 + 2 + 3 + \cdots + 10 = 55.$

例 5　求 $\tan x$ 与 $\cot x$ 的导数.

解　$(\tan x)' = \left(\dfrac{\sin x}{\cos x}\right)' = \dfrac{(\sin x)' \cos x - \sin x (\cos x)'}{\cos^2 x}$

$= \dfrac{\cos^2 x + \sin^2 x}{\cos^2 x} = \dfrac{1}{\cos^2 x} = \sec^2 x.$

同样可得

$$(\cot x)' = -\csc^2 x.$$

例 6　$\sec x$ 与 $\csc x$ 的导数.

解　$(\sec x)' = \left(\dfrac{1}{\cos x}\right)' = -\dfrac{(\cos x)'}{\cos^2 x} = -\dfrac{-\sin x}{\cos^2 x} = \tan x \sec x,$

即

$$(\sec x)' = \tan x \sec x.$$

同样可得

$$(\csc x)' = -\cot x \csc x.$$

2.2.2　反函数的求导法则

前面已经求出了一些最基本初等函数的导数公式，在此我们主要讨论反函数的求导问题，推导出一般的反函数的求导法则.

定理 2.4　如果单调连续函数 $x = \varphi(y)$ 在点 y 处可导，而且 $\varphi'(y) \neq 0$，那么它的反函数 $y = f(x)$ 在对应的点 x 处可导，且

$$f'(x) = \frac{1}{\varphi'(y)} \quad \text{或} \quad \frac{dy}{dx} = \frac{1}{\dfrac{dx}{dy}}.$$

由于 $x = \varphi(y)$ 单调连续,所以它的反函数 $y = f(x)$ 也单调连续,给 x 以增量 $\Delta x \neq 0$,由 $y = f(x)$ 的单调性可以知道

$$\Delta y = f(x + \Delta x) - f(x) \neq 0.$$

从而有

$$\frac{\Delta y}{\Delta x} = \frac{1}{\dfrac{\Delta x}{\Delta y}},$$

根据 $y = f(x)$ 的连续性,当 $\Delta x \to 0$ 时,必有 $\Delta y \to 0$,而 $x = \varphi(y)$ 可导,于是

$$\lim_{\Delta y \to 0} \frac{\Delta x}{\Delta y} = \varphi'(y) \neq 0,$$

所以

$$\lim_{\Delta x \to 0} \frac{\Delta y}{\Delta x} = \lim_{\Delta x \to 0} \frac{1}{\dfrac{\Delta x}{\Delta y}} = \frac{1}{\lim\limits_{\Delta y \to 0} \dfrac{\Delta x}{\Delta y}} = \frac{1}{\varphi'(y)}.$$

这就是说,$y = f(x)$ 在点 x 处可导,且有

$$f'(x) = \frac{1}{\varphi'(y)}.$$

上述结论可简单地说成:反函数的导数等于直接函数导数的倒数.

利用这个结论可以很方便地计算指数函数和反三角函数的导数.

例 7 求 $y = a^x (a > 0, a \neq 1)$ 的导数.

解 $y = a^x$ 是 $x = \log_a y$ 的反函数,且 $x = \log_a y$ 在 $(0, +\infty)$ 内单调、可导,又

$$\frac{dx}{dy} = \frac{1}{y \ln a} \neq 0,$$

所以

$$y' = \frac{1}{\dfrac{dx}{dy}} = y \ln a = a^x \ln a,$$

即

$$(a^x)' = a^x \ln a.$$

特别地

$$(e^x)' = e^x.$$

例 8 求 $y = \arcsin x$ 的导数.

解 因为 $y = \arcsin x$ 是 $x = \sin y$ 的反函数,$x = \sin y$ 在区间 $\left(-\dfrac{\pi}{2}, \dfrac{\pi}{2}\right)$ 内单调、可导,且

$$\frac{dx}{dy} = \cos y > 0,$$

所以

$$y' = \frac{1}{\dfrac{\mathrm{d}x}{\mathrm{d}y}} = \frac{1}{\cos y} = \frac{1}{\sqrt{1-\sin^2 y}} = \frac{1}{\sqrt{1-x^2}},$$

即

$$(\arcsin x)' = \frac{1}{\sqrt{1-x^2}}.$$

类似地,有

$$(\arccos x)' = -\frac{1}{\sqrt{1-x^2}}.$$

例 9　求 $y = \arctan x$ 的导数.

解　因为 $y = \arctan x$ 是 $x = \tan y$ 的反函数,$x = \tan y$ 在区间 $\left(-\dfrac{\pi}{2}, \dfrac{\pi}{2}\right)$ 内单调、可导,且

$$\frac{\mathrm{d}x}{\mathrm{d}y} = \sec^2 y \neq 0,$$

所以

$$y' = \frac{1}{\dfrac{\mathrm{d}x}{\mathrm{d}y}} = \frac{1}{\sec^2 y} = \frac{1}{1+\tan^2 y} = \frac{1}{1+x^2},$$

即

$$(\arctan x)' = \frac{1}{1+x^2}.$$

类似地,有

$$(\operatorname{arccot} x)' = -\frac{1}{1+x^2}.$$

2.2.3　基本初等函数的求导公式

通过前面的学习,我们已经了解了所有基本初等函数的导数公式,它们是求初等函数导数的基础;我们还了解了求函数导数的基本法则,它们是求初等函数导数必须遵循的法则.有了这些导数公式和求导法则,初等函数的求导问题便可以迎刃而解.因此,熟练掌握它们是本门课程的重要基本功,本书在此将这些公式与法则总结如下,以便复习和记忆.

1. 基本初等函数的求导公式

(1) $C' = 0$ (C 是常数); 　　　　　　　　　(2) $(x^a)' = a x^{a-1}$;

(3) $(\sin x)' = \cos x$; 　　　　　　　　　(4) $(\cos x)' = -\sin x$;

(5) $(\tan x)' = \sec^2 x$; 　　　　　　　　　(6) $(\cot x)' = -\csc^2 x$;

(7) $(\sec x)' = \tan x \cdot \sec x$; 　　　　　　(8) $(\csc x)' = -\cot x \cdot \csc x$;

(9) $(a^x)' = a^x \ln a$ ($a > 0, a \neq 1$); 　　　(10) $(\mathrm{e}^x)' = \mathrm{e}^x$;

$(11)(\log_a x)' = \dfrac{1}{x\ln a}(a>0, a \neq 1)$；　　　　$(12)(\ln x)' = \dfrac{1}{x}$；

$(13)(\arcsin x)' = \dfrac{1}{\sqrt{1-x^2}}$；　　　　　$(14)(\arccos x)' = -\dfrac{1}{\sqrt{1-x^2}}$；

$(15)(\arctan x)' = \dfrac{1}{1+x^2}$；　　　　　　$(16)(\operatorname{arccot} x)' = -\dfrac{1}{1+x^2}$．

2. 函数的和、差、积、商的求导法则

设函数 $u = u(x)$ 及 $v = v(x)$ 在点 x 处可导，则

$(1)[u(x) \pm v(x)]' = u'(x) \pm v'(x)$；

$(2)[u(x) \cdot v(x)]' = u'(x) \cdot v(x) + u(x) \cdot v'(x)$；

$(3)[Cu(x)]' = Cu'(x)$（C 是常数）；

$(4)\left[\dfrac{u(x)}{v(x)}\right]' = \dfrac{u'(x)v(x) - u(x)v'(x)}{[v(x)]^2}(v(x) \neq 0)$；

$(5)\left[\dfrac{C}{v(x)}\right]' = -\dfrac{Cv'(x)}{v^2(x)}(v(x) \neq 0, C \text{ 是常数})$．

2.2.4　复合函数的求导法则

以上我们解决了由可导函数的四则运算所构成的函数的求导问题，但我们还不知道由可导函数构成的复合函数（如 e^{-x}，$\sin 2x$，$\ln\tan x$，$\csc\sqrt{1+\sqrt{x}}$ 等）是否可导，若可导，其导数如何求．

为了说明这个问题，我们先看一个例子：求 e^{-x} 的导数．

已知 $(\mathrm{e}^x)' = \mathrm{e}^x$，由定理 2.4 的推论知 e^{-x} 可导，且

$$(\mathrm{e}^{-x})' = \left(\dfrac{1}{\mathrm{e}^x}\right)' = -\dfrac{(\mathrm{e}^x)'}{(\mathrm{e}^x)^2} = -\dfrac{\mathrm{e}^x}{\mathrm{e}^{2x}} = -\mathrm{e}^{-x}.$$

可见

$$(\mathrm{e}^{-x})' \neq \mathrm{e}^{-x}.$$

下面的重要法则可以解决复合函数的求导问题，从而使可以求导的函数的范围得到很大扩充．

定理 2.5　（复合函数求导法则）设函数 $u = \varphi(x)$ 在点 x_0 处可导，$\left.\dfrac{\mathrm{d}u}{\mathrm{d}x}\right|_{x=x_0} = \varphi'(x_0)$，函数 $y = f(u)$ 在相应的点 $u_0 = \varphi(x_0)$ 处可导，$\left.\dfrac{\mathrm{d}y}{\mathrm{d}u}\right|_{u=u_0} = f'(u_0)$，则复合函数 $y = f(\varphi(x))$ 在点 x_0 处可导，且其导数为

$$\left.\dfrac{\mathrm{d}y}{\mathrm{d}x}\right|_{x=x_0} = \left.\dfrac{\mathrm{d}y}{\mathrm{d}u}\right|_{u=u_0} \cdot \left.\dfrac{\mathrm{d}u}{\mathrm{d}x}\right|_{x=x_0}.$$

证　考虑 x 在 x_0 处有增量 Δx，函数 $u = \varphi(x)$ 有相应的增量 $\Delta u = \varphi(x_0 + \Delta x) - \varphi(x_0)$，从而函数 $y = f(u)$ 有相应的增量 $\Delta y = f(u_0 + \Delta u) - f(u_0)$．

若 $\Delta u \neq 0$，有

$$\frac{\Delta y}{\Delta x} = \frac{\Delta y}{\Delta u} \cdot \frac{\Delta u}{\Delta x},$$

则

$$\lim_{\Delta x \to 0} \frac{\Delta y}{\Delta x} = \lim_{\Delta x \to 0}\left(\frac{\Delta y}{\Delta u} \cdot \frac{\Delta u}{\Delta x}\right) = \lim_{\Delta x \to 0}\frac{\Delta y}{\Delta u} \cdot \lim_{\Delta x \to 0}\frac{\Delta u}{\Delta x} = \lim_{\Delta u \to 0}\frac{\Delta y}{\Delta u} \cdot \lim_{\Delta x \to 0}\frac{\Delta u}{\Delta x}.$$

上式成立是由于 $u = \varphi(x)$ 可导,故 $\varphi(x)$ 必连续,所以 $\Delta x \to 0$ 时,$\Delta u \to 0$,因此,

$$\frac{\mathrm{d}y}{\mathrm{d}x}\bigg|_{x=x_0} = \frac{\mathrm{d}y}{\mathrm{d}u}\bigg|_{u=u_0} \cdot \frac{\mathrm{d}u}{\mathrm{d}x}\bigg|_{x=x_0}.$$

若 $\Delta u = 0$,则有 $\Delta y = f(u_0 + \Delta u) - f(u_0) = f(u_0) - f(u_0) = 0$,从而 $\dfrac{\mathrm{d}y}{\mathrm{d}x}\bigg|_{x=x_0} = \lim\limits_{\Delta x \to 0}\dfrac{\Delta y}{\Delta x} = 0$,同时 $\dfrac{\mathrm{d}u}{\mathrm{d}x}\bigg|_{x=x_0} = \lim\limits_{\Delta x \to 0}\dfrac{\Delta u}{\Delta x} = 0$,因此,等式同样成立.

根据复合函数求导法则,如果 $u = \varphi(x)$ 在开区间 I 内可导,$y = f(u)$ 在开区间 I_1 内可导,且当 $x \in I$ 时,相应的 $u \in I_1$,则复合函数 $y = f(\varphi(x))$ 在开区间 I 内可导,且

$$\frac{\mathrm{d}y}{\mathrm{d}x} = \frac{\mathrm{d}y}{\mathrm{d}u} \cdot \frac{\mathrm{d}u}{\mathrm{d}x}.$$

上式也可表示为

$$f'(\varphi(x)) = f'(u) \cdot \varphi'(x),$$
$$y'\big|_x = y'_u \cdot u'_x.$$

例 10　求 $y = \sin 2x$ 的导数.

解　令 $y = \sin u, u = 2x,$
则

$$\frac{\mathrm{d}y}{\mathrm{d}u} = (\sin u)' = \cos u, \frac{\mathrm{d}u}{\mathrm{d}x} = (2x)' = 2,$$

根据复合函数求导公式,有

$$\frac{\mathrm{d}y}{\mathrm{d}x} = \frac{\mathrm{d}y}{\mathrm{d}u} \cdot \frac{\mathrm{d}u}{\mathrm{d}x} = \cos u \cdot 2 = 2\cos 2x.$$

例 11　已知 $y = \ln\tan x$,求 $\dfrac{\mathrm{d}y}{\mathrm{d}x}$.

解　令 $y = \ln u, u = \tan x$,则

$$\frac{\mathrm{d}y}{\mathrm{d}u} = (\ln u)' = \frac{1}{u}, \frac{\mathrm{d}u}{\mathrm{d}x} = (\tan x)' = \sec^2 x,$$

由复合函数求导法则得

$$\frac{\mathrm{d}y}{\mathrm{d}x} = \frac{\mathrm{d}y}{\mathrm{d}u} \cdot \frac{\mathrm{d}u}{\mathrm{d}x} = \frac{1}{u}\sec^2 x = \cot x \sec^2 x = \frac{1}{\sin x \cos x}.$$

例 12　利用复合函数求导法则证明幂函数导数公式:$(x^a)' = ax^{a-1}$(a 为任意常数).

解　设 $y = x^a = \mathrm{e}^{a\ln x}$,令 $y = \mathrm{e}^u, u = a\ln x$,则

$$\frac{\mathrm{d}y}{\mathrm{d}x} = \frac{\mathrm{d}y}{\mathrm{d}u} \cdot \frac{\mathrm{d}u}{\mathrm{d}x} = (\mathrm{e}^u)' \cdot (a\ln x)' = \mathrm{e}^u \cdot \frac{a}{x} = \mathrm{e}^{a\ln x} \cdot \frac{a}{x} = x^a \cdot \frac{a}{x} = ax^{a-1},$$

即

$$(x^a)' = ax^{a-1}.$$

熟悉以上过程后,不必写出中间变量,可直接按照法则写出求导过程.

例 13 已知 $y = \sqrt[3]{1-2x^2}$,求 $\dfrac{dy}{dx}$.

解 $\dfrac{dy}{dx} = \left[(1-2x^2)^{\frac{1}{3}}\right]' = \dfrac{1}{3}(1-2x^2)^{\frac{1}{3}-1} \cdot (1-2x^2)' = \dfrac{1}{3}(1-2x^2)^{-\frac{2}{3}} \cdot (-4x)$

$$= -\dfrac{4x}{3\sqrt[3]{(1-2x^2)^2}}.$$

复合函数的求导法则可以推广到多个中间变量即多种复合的情形,以两个中间变量为例:设 $y = f(u), u = \varphi(v), v = \psi(x)$ 均为可导函数,则

$$\frac{dy}{dx} = \frac{dy}{du} \cdot \frac{du}{dx}, 而 \frac{du}{dx} = \frac{du}{dv} \cdot \frac{dv}{dx},$$

故复合函数 $y = f(\varphi(\psi(x)))$ 的导数为

$$\frac{dy}{dx} = \frac{dy}{du} \cdot \frac{du}{dv} \cdot \frac{dv}{dx}.$$

例 14 设 $y = \cos\ln x^2$,求 $\dfrac{dy}{dx}$.

解 题中函数可分解为 $y = \cos u, u = \ln v, v = x^2$.

因为 $\dfrac{dy}{du} = -\sin u, \dfrac{du}{dv} = \dfrac{1}{v}, \dfrac{dv}{dx} = 2x$,故

$$\frac{dy}{dx} = \frac{dy}{du} \cdot \frac{du}{dv} \cdot \frac{dv}{dx} = (-\sin u) \cdot \frac{1}{v} \cdot (2x) = -\sin\ln x^2 \cdot \frac{1}{x^2} \cdot (2x) = -\frac{2\sin\ln x^2}{x},$$

即

$$(\cos\ln x^2)' = -\frac{2\sin\ln x^2}{x}.$$

直接按照法则写出求导过程,即

$$(\cos\ln x^2)' = -(\sin\ln x^2) \cdot (\ln x^2)' = -(\sin\ln x^2) \cdot \frac{1}{x^2} \cdot (x^2)' = -\frac{\sin\ln x^2}{x^2} \cdot (2x)$$

$$= -\frac{2\sin\ln x^2}{x}.$$

例 15 设 $y = \ln(x + \tan x)$,求 $\dfrac{dy}{dx}$.

解 $\dfrac{dy}{dx} = [\ln(x+\tan x)]' = \dfrac{1}{x+\tan x} \cdot (x+\tan x)' = \dfrac{1+\sec^2 x}{x+\tan x}.$

例 16 求 $y = \sqrt{\sin^3(x^2+1)}$ 的导数.

解 $\dfrac{dy}{dx} = \left[\sqrt{\sin^3(x^2+1)}\right]' = \left[\sin^{\frac{3}{2}}(x^2+1)\right]'$

$$= \frac{3}{2}\sin^{\frac{1}{2}}(x^2+1) \cdot \left[\sin(x^2+1)\right]'$$

$$= \frac{3}{2} \sin^{\frac{1}{2}}(x^2 + 1) \cdot \left[\cos(x^2 + 1) \right] \cdot (x^2 + 1)'$$

$$= 3x \sqrt{\sin(x^2 + 1)} \cos(x^2 + 1).$$

复合函数求导法则的关键在于正确分析函数的复合结构.复合函数求导法则在求函数导数的运算中起着极为重要的作用,同时也是后面积分法中换元积分的基础,是学习本课程必须牢固掌握的基本功.

2.2.5　隐函数的求导法则

与 $y = f(x)$ 的函数表示形式不同,函数关系由方程

$$F(x, y) = 0$$

所确定的函数称为**隐函数**,而 $y = f(x)$ 形式的函数称为**显函数**.

例如 $y = \sin x$,$y = \sqrt{x + \sqrt{1 + x}}$ 是显函数,方程 $x^2 + y^2 - 1 = 0$ 与 $x^2 + y e^x - 1 = 0$ 所确定的函数 $y = f(x)$ 即为隐函数.

在实际问题中,有时要计算隐函数的导数.实际上,我们不必将隐函数转化成显函数再求导,而可以直接由方程算出它所确定的函数的导数.以下结合具体实例加以说明.

例 17　求由方程 $x^2 + y^3 - 1 = 0$ 所确定的隐函数 $y = f(x)$ 的导数 $\dfrac{\mathrm{d}y}{\mathrm{d}x}$.

解　由于 y 是 x 的函数,所以 y^3 当然也是 x 的函数,从而 y^3 是以 y 为中间变量的 x 的复合函数.我们将方程两边同时对 x 求导,得

$$2x + 3y^2 \cdot y' = 0,$$

解方程得

$$y' = \frac{\mathrm{d}y}{\mathrm{d}x} = -\frac{2x}{3y^2},$$

其中,分式中的 y 是由方程 $x^2 + y^3 - 1 = 0$ 所确定的隐函数.

通过以上过程,我们可以总结出隐函数的求导方法:将隐函数方程两边同时对 x 求导,在此过程中将 y 视为 x 的函数,从而将 y 的函数视为以 y 为中间变量的 x 的复合函数,应用复合函数求导法则,得到一个含 y' 的方程,由此即可解得 y'.

例 18　已知方程 $e^y = x^2 y$,求该方程所确定的隐函数的导数 $\dfrac{\mathrm{d}y}{\mathrm{d}x}$.

解　e^y 是以 y 为中间变量的 x 的复合函数,根据隐函数求导法,将方程两边同时对 x 求导,得

$$e^y \cdot y' = 2xy + x^2 y',$$

即

$$\frac{\mathrm{d}y}{\mathrm{d}x} = y' = \frac{2xy}{e^y - x^2}.$$

例 19　求椭圆 $\dfrac{x^2}{16} + \dfrac{y^2}{9} = 1$ 在点 $\left(2, \dfrac{3}{2}\sqrt{3}\right)$ 处的切线方程.

解　如图 2-4,由导数的几何意义知,所求切线的斜率为

$$k = \frac{\mathrm{d}y}{\mathrm{d}x} \bigg|_{x = 2},$$

将椭圆方程的两边同时对 x 求导,有

$$\frac{x}{8} + \frac{2y}{9} \cdot \frac{dy}{dx} = 0,$$

故

$$\frac{dy}{dx} = -\frac{9x}{16y},$$

当 $x = 2, y = \frac{3}{2}\sqrt{3}$ 时,代入上式得 $\frac{dy}{dx}\Big|_{x=2} = -\frac{\sqrt{3}}{4}$.

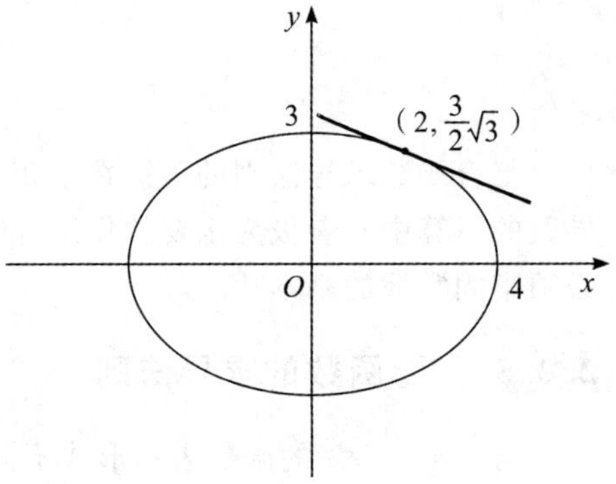

因此,所求切线方程为

$$y - \frac{3}{2}\sqrt{3} = -\frac{\sqrt{3}}{4}(x - 2),$$

即

$$\sqrt{3}x + 4y - 8\sqrt{3} = 0.$$

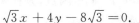

图 2-4

例 20 已知方程 $xy^2 - e^x + \cos y = 0$,求由方程所确定的隐函数的导数 $\frac{dy}{dx}$ 及 $\frac{dx}{dy}$.

解 将方程两边同时对 x 求导,得

$$(xy^2 - e^x + \cos y)'_x = y^2 + 2xy \cdot y' - e^x - \sin y \cdot y' = 0,$$

所以

$$\frac{dy}{dx} = \frac{e^x - y^2}{2xy - \sin y}.$$

同理,将方程两边同时对 y 求导,得

$$(xy^2 - e^x + \cos y)'_y = x'y^2 + 2xy - e^x \cdot x' - \sin y = 0,$$

所以

$$\frac{dx}{dy} = \frac{2xy - \sin y}{e^x - y^2}.$$

2.2.6 对数求导法

实际问题中,经常会遇到形如 $y = u(x)^{v(x)}$ $(u(x) > 0)$ 的函数,我们称其为**幂指函数**.如果 $u(x), v(x)$ 都可导,我们可以求它的导数.求幂指函数的导数,需要利用对数的知识进行.下面结合实例具体说明.

例 21 求 $y = x^{\sin x}$ $(x > 0)$ 的导数.

解 $y = x^{\sin x}$ $(x > 0)$ 是幂指函数.为了对其求导,可以先在其两边取对数,得

$$\ln y = \sin x \cdot \ln x,$$

将上式两边对 x 求导,注意 y 是 x 的函数,得

$$\frac{1}{y} \cdot y' = \cos x \cdot \ln x + \sin x \cdot \frac{1}{x},$$

所以

$$y' = y(\cos x \cdot \ln x + \sin x \cdot \frac{1}{x}) = x^{\sin x}(\cos x \cdot \ln x + \frac{1}{x}\sin x).$$

这种先对函数取对数,再利用隐函数求导法求得函数导数的方法,称为**对数求导法**.利用它不仅可以求得幂指函数的导数,而且在某些场合还会比用通常的求导法来得简便.

例 22　求 $y = \sqrt{\dfrac{x\,(x-5)^2}{(x^2+1)^3}}$ 的导数.

解　对函数两边取对数,有

$$\ln y = \frac{1}{2}\big[\ln x + 2\ln(x-5) - 3\ln(x^2+1)\big],$$

两边对 x 求导

$$\frac{1}{y} \cdot y' = \frac{1}{2}\left[\frac{1}{x} + \frac{2}{x-5} - \frac{3(2x+0)}{x^2+1}\right],$$

得

$$y' = \frac{y}{2}\left(\frac{1}{x} + \frac{2}{x-5} - \frac{6x}{x^2+1}\right) = \frac{1}{2}\sqrt{\frac{x\,(x-5)^2}{(x^2+1)^3}}\left(\frac{1}{x} + \frac{2}{x-5} - \frac{6x}{x^2+1}\right).$$

2.2.7　参数方程求导

在实际问题中,函数 y 与自变量 x 可能不是直接由 $y = f(x)$ 表示,而是通过一参变量 t 来表示,即 $\begin{cases} x = \varphi(t), \\ y = \psi(t), \end{cases}$ 称为函数的参数方程.

有时需要直接计算由参数方程所确定的函数 y 对 x 的导数 y',下面就来讨论这种求导方法.

设 $x = \varphi(t)$ 有连续反函数 $t = \varphi^{-1}(x)$,又 $\varphi'(t)$ 与 $\psi'(t)$ 存在,且 $\varphi'(t) \neq 0$,则 y 为复合函数 $y = \psi(t) = \psi[\varphi^{-1}(x)]$,利用反函数和复合函数求导法则,得

$$\frac{\mathrm{d}y}{\mathrm{d}x} = \frac{\mathrm{d}y}{\mathrm{d}t} \cdot \frac{\mathrm{d}t}{\mathrm{d}x} = \psi'(t) \cdot \frac{1}{\varphi'(t)} = \frac{\psi'(t)}{\varphi'(t)} = \frac{y_t'}{x_t'} \quad 即 \quad \frac{\mathrm{d}y}{\mathrm{d}x} = \frac{\dfrac{\mathrm{d}y}{\mathrm{d}t}}{\dfrac{\mathrm{d}x}{\mathrm{d}t}}.$$

例 23　求由参数方程 $\begin{cases} x = 2\cos^3\varphi \\ y = 4\sin^3\varphi \end{cases}$ 所确定的函数的导数 $\dfrac{\mathrm{d}y}{\mathrm{d}x}$.

解　$\dfrac{\mathrm{d}x}{\mathrm{d}\varphi} = (2\cos^3\varphi)' = 6\cos^2\varphi \cdot (-\sin\varphi) = -6\cos^2\varphi \sin\varphi,$

$\dfrac{\mathrm{d}y}{\mathrm{d}\varphi} = (4\sin^3\varphi)' = 12\sin^2\varphi \cos\varphi,$

$\dfrac{\mathrm{d}y}{\mathrm{d}x} = \dfrac{\dfrac{\mathrm{d}y}{\mathrm{d}\varphi}}{\dfrac{\mathrm{d}x}{\mathrm{d}\varphi}} = \dfrac{12\sin^2\varphi \cos\varphi}{-6\cos^2\varphi \sin\varphi} = -2\tan\varphi.$

例 24　求由参数方程 $\begin{cases} x = \ln\sqrt{1+t^2} \\ y = \arctan t \end{cases}$ 所确定的函数的一阶导数 $\dfrac{\mathrm{d}y}{\mathrm{d}x}$ 和二阶导数 $\dfrac{\mathrm{d}^2 y}{\mathrm{d}x^2}$.

解　$\dfrac{\mathrm{d}y}{\mathrm{d}x}=\dfrac{y'_t}{x'_t}=\dfrac{\dfrac{1}{1+t^2}}{\dfrac{1}{\sqrt{1+t^2}}\cdot\dfrac{2t}{2\sqrt{1+t^2}}}=\dfrac{1}{t}$,

$$\dfrac{\mathrm{d}^2 y}{\mathrm{d}x^2}=\dfrac{\mathrm{d}}{\mathrm{d}x}(\dfrac{1}{t})=\dfrac{\mathrm{d}}{\mathrm{d}t}(\dfrac{1}{t})\dfrac{\mathrm{d}t}{\mathrm{d}x}=\dfrac{-\dfrac{1}{t^2}}{\dfrac{1}{\sqrt{1+t^2}}\cdot\dfrac{1}{2\sqrt{1+t^2}}\cdot 2t}=-\dfrac{1+t^2}{t^3}.$$

习题 2.2

1. 求下列函数的导数:

(1) $y=2\cos x+3x^3+3^x-\sqrt{\pi}$;　　　　(2) $y=\log_2 x+x^2+\arctan x$;

(3) $y=\dfrac{x^3-x+\sqrt{x}-2\pi}{x^2}$;　　　　(4) $y=\sin x\cos x$;

(5) $y=2\sqrt{x}\sin x$;　　　　(6) $y=\dfrac{1+\sin t}{1-\cos t}$;

(7) $y=\dfrac{x-\sqrt{x}}{x+\sqrt{x}}$;　　　　(8) $y=\dfrac{\arctan x}{1+x^2}$;

2. 求下列函数的导数 $\dfrac{\mathrm{d}y}{\mathrm{d}x}$:

(1) $y=4(x+1)^2+(3x+1)^3$;　　　　(2) $y=\cos(4-3x)$;

(3) $y=\arcsin(1-2x)$;　　　　(4) $y=\mathrm{e}^{-2x}\sin 3x$;

(5) $y=\ln(\sqrt{x^2+4}-x)$;　　　　(6) $y=\ln\sqrt{\dfrac{1-\sin x}{1+\sin x}}$;

(7) $\sin(xy)=x+y$;　　　　(8) $x^y=y^x\ (x>0,y>0)$.

3. 求 $y=\left[\dfrac{(x+1)(x+2)(x+3)}{x^3(x+4)}\right]^{\frac{2}{3}}$ 的导数.

4. 求函数 $y=\mathrm{e}^{\sin^2(1-x)}$ 的导数.

5. 求下列隐函数的导数 $\dfrac{\mathrm{d}y}{\mathrm{d}x}$:

(1) $x=\cos(xy)$;　　　　(2) $x+y-\mathrm{e}^{2x}+\mathrm{e}^y=0$.

6. 设 $f(x)=\ln(1+x)$, $y=f(f(x))$, 求 $\dfrac{\mathrm{d}y}{\mathrm{d}x}$.

7. 设 $f(x)=x^{\mathrm{e}^x}$, 求 $f'(x)$.

8. 求由下列参数方程所确定的函数的导数 $\dfrac{\mathrm{d}y}{\mathrm{d}x}$:

(1) $\begin{cases}x=t^3,\\ y=4t;\end{cases}$　　　　(2) $\begin{cases}x=a(t-\sin t),\\ y=a(1-\cos t).\end{cases}$

2.3　高阶导数

简单地说,高阶导数就是导函数的导数.如:变速直线运动的瞬时速度 $v(t)$ 是位移函数 $s(t)$ 对时间 t 的变化率,即导数

$$v = \frac{\mathrm{d}s}{\mathrm{d}t} \text{ 或 } v = s',$$

而其加速度 a 是速度 v 对时间 t 的变化率:

$$a = \frac{\mathrm{d}v}{\mathrm{d}t} = \frac{\mathrm{d}}{\mathrm{d}t}\left(\frac{\mathrm{d}s}{\mathrm{d}t}\right) \text{ 或 } a = (s')'.$$

我们称这种导数的导数 $\dfrac{\mathrm{d}}{\mathrm{d}t}\left(\dfrac{\mathrm{d}s}{\mathrm{d}t}\right)$ 或 $(s')'$ 为 s 对 t 的二阶导数.

一般地,如果函数 $y = f(x)$ 的导数 $y' = f'(x)$ 仍是 x 的可导函数,则称 $f'(x)$ 的导数为 $y = f(x)$ 的**二阶导数**,记为 $f''(x)$ 或 y'' 或 $\dfrac{\mathrm{d}^2 y}{\mathrm{d}x^2}$,即

$$f''(x) = [f'(x)]' \text{ 或 } y'' = (y')' \quad \text{或} \quad \frac{\mathrm{d}^2 y}{\mathrm{d}x^2} = \frac{\mathrm{d}}{\mathrm{d}x}\left(\frac{\mathrm{d}y}{\mathrm{d}x}\right).$$

同样,我们将 $f''(x)$ 的导数称为 $y = f(x)$ 的**三阶导数**,记为 $f'''(x)$ 或 y''' 或 $\dfrac{\mathrm{d}^3 y}{\mathrm{d}x^3}$,即

$$f'''(x) = [f''(x)]' \text{ 或 } y''' = (y'')' \quad \text{或} \quad \frac{\mathrm{d}^3 y}{\mathrm{d}x^3} = \frac{\mathrm{d}}{\mathrm{d}x}\left(\frac{\mathrm{d}^2 y}{\mathrm{d}x^2}\right).$$

类似地,有四阶导数

$$f^{(4)}(x) = [f'''(x)]' \text{ 或 } y^{(4)} = (y''')' \quad \text{或} \quad \frac{\mathrm{d}^4 y}{\mathrm{d}x^4} = \frac{\mathrm{d}}{\mathrm{d}x}\left(\frac{\mathrm{d}^3 y}{\mathrm{d}x^3}\right).$$

一般地,函数 $y = f(x)$ 的 $n-1$ 阶导数的导数叫作函数 $y = f(x)$ 的 n **阶导数**,即

$$f^{(n)}(x) = [f^{(n-1)}(x)]' \text{ 或 } y^{(n)} = [y^{(n-1)}]' \quad \text{或} \quad \frac{\mathrm{d}^n y}{\mathrm{d}x^n} = \frac{\mathrm{d}}{\mathrm{d}x}\left(\frac{\mathrm{d}^{n-1} y}{\mathrm{d}x^{n-1}}\right).$$

二阶及二阶以上的导数统称为**高阶导数**.

由此可见,求函数的高阶导数只是对函数进行逐次求导,在方法上并未增加新内容.所以,仍可用前面的求导方法来求得函数的高阶导数.

例 1　求 $y = \ln(x + \sqrt{x^2+1})$ 的二阶导数.

解　$y' = \dfrac{(x + \sqrt{x^2+1})'}{x + \sqrt{x^2+1}} = \dfrac{1 + \dfrac{(x^2+1)'}{2\sqrt{x^2+1}}}{x + \sqrt{x^2+1}} = \dfrac{1}{\sqrt{x^2+1}},$

$\quad\quad y'' = (y')' = \left(\dfrac{1}{\sqrt{x^2+1}}\right)' = [(x^2+1)^{-\frac{1}{2}}]'$

$\quad\quad\quad = -\dfrac{1}{2} \times (x^2+1)^{-\frac{3}{2}}(2x) = -\dfrac{x}{(x^2+1)^{3/2}}.$

例 2　求 $y = 3x^3 + 2x^2 + x + 1$ 的各阶导数.

解　$y' = (3x^3 + 2x^2 + x + 1)' = 9x^2 + 4x + 1$,

$y'' = (9x^2 + 4x + 1)' = 18x + 4$,

$y''' = (18x + 4)' = 18$,

$y^{(4)} = (y''')' = (18)' = 0$,

且
$$y^{(n)} = 0 (n \geqslant 5).$$

容易证明,对 n 次多项式
$$y = a_0 x^n + a_1 x^{n-1} + \cdots + a_{n-1} x + a_n,$$

有

$y' = a_0 n x^{n-1} + a_1 (n-1) x^{n-2} + \cdots + a_{n-1}$,

$y'' = a_0 n(n-1) x^{n-2} + a_1 (n-1)(n-2) x^{n-3} + \cdots + 2a_{n-2}$,

……

$y^{(n)} = a_0 n!$,

$y^{(k)} = 0 (k > n)$.

例 3　求 $y = \sin x$ 的 n 阶导数.

解　$y = \sin x$,

$$y' = \cos x = \sin(x + \frac{\pi}{2}),$$

$$y'' = \cos(x + \frac{\pi}{2}) = \sin(x + \frac{\pi}{2} + \frac{\pi}{2}) = \sin(x + 2 \cdot \frac{\pi}{2}),$$

$$y''' = \cos(x + 2 \cdot \frac{\pi}{2}) = \sin(x + 2 \cdot \frac{\pi}{2} + \frac{\pi}{2}) = \sin(x + 3 \cdot \frac{\pi}{2}).$$

一般地,$y^{(n)} = \sin(x + n \cdot \frac{\pi}{2})$,即

$$(\sin x)^{(n)} = \sin(x + n \cdot \frac{\pi}{2}).$$

类似地,可以求得

$$(\cos x)^{(n)} = \cos(x + n \cdot \frac{\pi}{2}).$$

习题 2.3

1. 求下列函数的二阶导数:

(1) $y = 2x^2 + \ln x$;

(2) $y = x \cdot e^{x^2}$;

(3) $y = e^{-t} \sin t$;

(4) $y = x \arcsin x$;

(5) $y = (1 + x^2) \arctan x$;

(6) $y = 2^x \cdot x^2$.

2. 已知 $f(x) = e^{2x} \sin \frac{x}{2}$,求 $f''(\pi)$.

3. 设 $y = x^2 \ln x$,求 $f'''(2)$.

4. 已知 $y = x\cos x$，求 $y^{(4)}$.

5. 求下列函数的 n 阶导数：

(1) $y = a^x (a > 0, a \neq 1)$；　　　　(2) $y = x\mathrm{e}^x$；

(3) $y = x\ln x$；　　　　(4) $y = \sin^2 x$.

2.4　微　分

对微分概念的研究起源于求函数增量的近似表达式.在很多实际问题中,我们需要了解当自变量在 x_0 处有增量 Δx 时,相应的函数增量 Δy 如何表达.这里,

$$\Delta y = f(x_0 + \Delta x) - f(x_0).$$

从上式可以看出,Δy 的表达式似乎不难求得.但在实际问题中,计算 $f(x_0)$ 很难,计算 $f(x_0 + \Delta x)$ 就更难了.能否找到一种简便的方法计算或近似地计算 Δy 呢？ 需要什么条件？

事实上,若 $f(x)$ 在 x_0 处可导,则 $\lim\limits_{\Delta x \to 0} \dfrac{\Delta y}{\Delta x} = f'(x_0)$,从而

$$\frac{\Delta y}{\Delta x} = f'(x_0) + \alpha \ (\alpha \text{ 为 } \Delta x \to 0 \text{ 时的无穷小量}),$$

即

$$\Delta y = f'(x_0)\Delta x + \alpha \Delta x,$$

可见,Δy 由两部分组成：

(1) $f'(x_0)\Delta x$:它是 Δx 的线性表达式,称为 Δy 的线性主要部分；

(2) $\alpha \Delta x$:它是 Δx 的高阶无穷小,在 $\Delta x \to 0$ 时可以忽略不计.

显然,我们感兴趣的是 Δy 的线性主要部分 $f'(x_0)\Delta x$,它在 Δx 充分小时可以近似地代替 Δy,我们称之为 $f(x)$ 的微分.

2.4.1　微分的概念与几何意义

1. 微分的概念

定义 2.3　设 $y = f(x)$ 在点 x_0 处可导,称导数 $f'(x_0)$ 与自变量增量 Δx 之积 $f'(x_0)\Delta x$ 为函数 $f(x)$ 在点 x_0 处的**微分**,记为

$$\mathrm{d}y = f'(x_0)\Delta x \quad \text{或者} \quad \mathrm{d}y\big|_{x = x_0} = f'(x)\Delta x.$$

如果 $f(x)$ 在点 x_0 处有微分,则称函数 $f(x)$ 在点 x_0 处**可微**.如果 $f(x)$ 在区间 I 内的每一个点处都可微,则称函数 **$f(x)$ 在区间 I 内可微**,记为

$$\mathrm{d}y = f'(x)\Delta x, x \in I.$$

例如,$y = x^2$ 在点 x_0 处的微分是

$$\mathrm{d}y = f'(x_0)\Delta x = (x^2)'\big|_{x = x_0}\Delta x = 2x_0\Delta x.$$

因此,x^2 在点 x_0 处可微；显然 x^2 在 $(-\infty, +\infty)$ 内可微,$\mathrm{d}y = 2x\Delta x$.

可见,函数的微分是 Δx 的线性表达式,它与函数的增量是不同的概念.函数的微分是函

数增量的近似表达式,它与函数的增量一般不相等,只有在特殊情况下才相等.

例1 求函数 $y = x$ 的微分,并证明对自变量 x 而言,$dx = \Delta x$.

解 根据定义2.3,$dy = y'_x \Delta x = (x)' \Delta x = \Delta x$,由于 $y = x$,故 $dy = dx$,而 $dy = \Delta x$,所以 $dx = \Delta x$.

这表明自变量的增量等于自变量的微分.因此,微分也可表示为

$$dy = f'(x)dx.$$

若将上式改写为 $\dfrac{dy}{dx} = f'(x)$,函数的导数就是函数的微分 dy 与自变量微分 dx 的商,故导数又称为**微商**.

由定义2.3知,可导的函数一定可微;反之亦然.

例2 求函数 $y = x^3$ 在 $x_0 = 1$,$\Delta x = 0.03$ 处的改变量和微分.

解 $\Delta y = f(x_0 + \Delta x) - f(x_0) = (x_0 + \Delta x)^3 - x_0^3 = (1 + 0.03)^3 - 1^3 = 0.092727$,
而

$$f'(x) = 3x^2 \quad 即 \quad f'(1) = 3,$$

则

$$dy \big|_{x=1} = f'(1) \cdot \Delta x = 3 \times 0.03 = 0.09,$$

比较 Δy 与 dy 知,$\Delta y - dy = 0.092727 - 0.09 = 0.002727$.

2. 微分的几何意义

为了对微分有比较直观的了解,我们说明一下微分的几何意义.

设函数 $y = f(x)$ 的图形如图2-5所示.在点 x_0 处,曲线上对应点 $M(x_0, y_0)$.当自变量 x 有微小增量 Δx 时,就得到曲线上另一个点 $N(x_0 + \Delta x, y_0 + \Delta y)$.

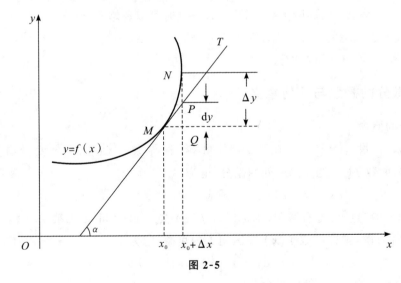

图 2-5

从图2-5可知,$MQ = \Delta x$,$QN = \Delta y$,过点 M 做曲线的切线 MT,其倾角为 α,则

$$QP = MQ \cdot \tan\alpha = \Delta x \cdot f'(x_0),$$

即

$$\mathrm{d}y = QP.$$

所以,当 Δy 是曲线上的点的纵坐标的增量时,$\mathrm{d}y$ 就是曲线的切线上的点的纵坐标的增量,这就是微分的几何意义.

可见,当 $|\Delta x|$ 很小时,$|\Delta y - \mathrm{d}y|$ 比 $|\Delta x|$ 小得多.因此在点 x_0 的附近,我们可用切线段来近似地代替曲线段.换言之,在一定条件下我们可用直线来近似地代替曲线.

2.4.2　微分的运算

从函数的微分表达式可知,计算函数的微分实际上是计算函数的导数,再乘以自变量的微分.因此,由基本初等函数的导数公式与运算法则,立即可得基本初等函数的微分公式与运算法则.

1. 基本初等函数的微分公式

(1)$\mathrm{d}c = 0$;

(2)$\mathrm{d}x^a = ax^{a-1}\mathrm{d}x$;

(3)$\mathrm{d}(\sin x) = \cos x\,\mathrm{d}x$;

(4)$\mathrm{d}(\cos x) = -\sin x\,\mathrm{d}x$;

(5)$\mathrm{d}(\tan x) = \sec^2 x\,\mathrm{d}x$;

(6)$\mathrm{d}(\cot x) = -\csc^2 x\,\mathrm{d}x$;

(7)$\mathrm{d}(\sec x) = \tan x\,\sec x\,\mathrm{d}x$;

(8)$\mathrm{d}(\csc x) = -\cot x\,\csc x\,\mathrm{d}x$;

(9)$\mathrm{d}(a^x) = a^x \ln a\,\mathrm{d}x\,(a > 0,$ 且 $a \neq 1)$;

(10)$\mathrm{d}(\mathrm{e}^x) = \mathrm{e}^x\,\mathrm{d}x$;

(11)$\mathrm{d}(\log_a x) = \dfrac{1}{x \ln a}\mathrm{d}x$;

(12)$\mathrm{d}(\ln x) = \dfrac{1}{x}\mathrm{d}x$;

(13)$\mathrm{d}(\arcsin x) = \dfrac{1}{\sqrt{1-x^2}}\mathrm{d}x$;

(14)$\mathrm{d}(\arccos x) = -\dfrac{1}{\sqrt{1-x^2}}\mathrm{d}x$;

(15)$\mathrm{d}(\arctan x) = \dfrac{1}{1+x^2}\mathrm{d}x$;

(16)$\mathrm{d}(\mathrm{arccot} x) = -\dfrac{1}{1+x^2}\mathrm{d}x$.

2. 微分的运算法则

设函数 $u = u(x)$ 及 $v = v(x)$ 都可导,则

(1)$\mathrm{d}[u(x) \pm v(x)] = \mathrm{d}u(x) \pm \mathrm{d}v(x)$;

(2)$\mathrm{d}[u(x) \cdot v(x)] = \mathrm{d}u(x) \cdot v(x) + u(x) \cdot \mathrm{d}v(x)$;

(3)$\mathrm{d}[Cu(x)] = C\mathrm{d}u(x)\,(C$ 是常数$)$;

(4)$\mathrm{d}\left[\dfrac{u(x)}{v(x)}\right] = \dfrac{\mathrm{d}u(x) \cdot v(x) - u(x) \cdot \mathrm{d}v(x)}{[v(x)]^2}\,(v(x) \neq 0)$;

(5)$\mathrm{d}\left[\dfrac{C}{v(x)}\right] = -\dfrac{C\mathrm{d}v(x)}{v^2(x)}\,(v(x) \neq 0,C$ 是常数$)$.

3. 复合函数的微分法则

设函数 $y = f(u)$,根据微分的定义,当 u 是自变量时,函数 $y = f(u)$ 的微分是

$$\mathrm{d}y = f'(u)\mathrm{d}u.$$

如果 u 不是自变量,而是 x 的可导函数 $u = \varphi(x)$,则复合函数 $y = f[\varphi(x)]$ 的导数为

$$y' = f'(u)\varphi'(x),$$

于是,复合函数 $y = f[\varphi(x)]$ 的微分为

$$\mathrm{d}y = f'(u)\varphi'(x)\mathrm{d}x,$$

由于
$$\varphi'(x)dx = du,$$
所以
$$dy = f'(u)du.$$

由此可见,不论 u 是自变量还是函数(中间变量),函数 $y = f(u)$ 的微分总保持同一形式 $dy = f'(u)du$,这一性质称为**一阶微分形式不变性**.有时,利用这一性质求复合函数的微分比较方便.

例 3   设 $y = \cos\sqrt{x}$,求 dy.

解法 1   用公式 $dy = f'(x)dx$,得
$$dy = (\cos\sqrt{x})'dx = -\frac{1}{2\sqrt{x}}\sin\sqrt{x}\,dx.$$

解法 2   用一阶微分形式不变性,得
$$dy = d(\cos\sqrt{x}) = -\sin\sqrt{x}\,d\sqrt{x}$$
$$= -\sin\sqrt{x}\cdot\frac{1}{2\sqrt{x}}dx = -\frac{1}{2\sqrt{x}}\sin\sqrt{x}\,dx.$$

例 4   设 $y = e^{\sin x}$,求 dy.

解法 1   用公式 $dy = f'(x)dx$,得
$$dy = (e^{\sin x})'dx = e^{\sin x}\cos x\,dx.$$

解法 2   用一阶微分形式不变性,得
$$dy = de^{\sin x} = e^{\sin x}d(\sin x) = e^{\sin x}\cos x\,dx.$$

例 5   求方程 $x^2 + 2xy - y^2 = a^2$ 确定的隐函数 $y = f(x)$ 的微分 dy 及导数 $\dfrac{dy}{dx}$.

解   对方程两边求微分,得
$$2x\,dx + 2(y\,dx + x\,dy) - 2y\,dy = 0,$$
即
$$(x + y)dx = (y - x)dy,$$
所以有
$$dy = \frac{y + x}{y - x}dx,$$
$$\frac{dy}{dx} = \frac{y + x}{y - x}.$$

2.4.3   微分在近似计算中的应用

在实际问题中,经常利用微分做近似计算.

前面说过,当函数 $y = f(x)$ 在 x_0 处可导($f'(x_0) \neq 0$)且 $|\Delta x|$ 很小时,我们有近似公式
$$\Delta y = f(x_0 + \Delta x) - f(x_0) \approx f'(x_0)\Delta x, \tag{2-4}$$
或

$$f(x_0 + \Delta x) \approx f(x_0) + f'(x_0)\Delta x, \tag{2-5}$$

上式中令 $x_0 + \Delta x = x$，则

$$f(x) \approx f(x_0) + f'(x_0)(x - x_0), \tag{2-6}$$

特别地，当 $x_0 = 0$，$|\Delta x|$ 很小时，有

$$f(x) \approx f(0) + f'(0)x. \tag{2-7}$$

这里，(2-4) 式可以用于求函数增量的近似值，而(2-5) 式、(2-6) 式、(2-7) 式可用来求函数的近似值.

应用(2-7)式可以推得一些**常用的近似公式**.当 $|\Delta x|$ 很小时，有

(1) $\sqrt[n]{1+x} \approx 1 + \dfrac{1}{n}x$；

(2) $e^x \approx 1 + x$；

(3) $\ln(1+x) \approx x$；

(4) $\sin x \approx x$（x 用弧度做单位）；

(5) $\tan x \approx x$（x 用弧度做单位）.

证　(1) 取 $f(x) = \sqrt[n]{1+x}$，于是 $f(0) = 1$，

$$f'(0) = \frac{1}{n}(1+x)^{\frac{1}{n}-1}\Big|_{x=0} = \frac{1}{n},$$

代入 $f(x) \approx f(0) + f'(0)x$ 中，得

$$\sqrt[n]{1+x} \approx 1 + \frac{1}{n}x.$$

(2) 取 $f(x) = e^x$，于是 $f(0) = 1$，

$$f'(0) = (e^x)'\big|_{x=0} = 1,$$

代入 $f(x) \approx f(0) + f'(0)x$ 中，得

$$e^x \approx 1 + x.$$

其他几个公式也可用类似的方法证明.

例 6　计算 $\arctan 1.05$ 的近似值.

解　设 $f(x) = \arctan x$，由 $f(x_0 + \Delta x) \approx f(x_0) + f'(x_0)\Delta x$，有

$$\arctan(x_0 + \Delta x) \approx \arctan x_0 + \frac{1}{1 + x_0^2}\Delta x,$$

取 $x_0 = 1, \Delta x = 0.05$，有

$$\arctan 1.05 = \arctan(1 + 0.05) \approx \arctan 1 + \frac{1}{1 + 1^2} \times 0.05$$

$$= \frac{\pi}{4} + \frac{0.05}{2} \approx 0.810.$$

例 7　某球体的体积从 972π cm³ 增加到 973π cm³，试求其半径的改变量的近似值.

解　设球的半径为 r，体积 $V = \dfrac{4}{3}\pi r^3$，则 $r = \sqrt[3]{\dfrac{3V}{4\pi}}$，

$$\Delta r \approx \mathrm{d}r = \frac{1}{3}\sqrt[3]{\frac{3}{4\pi}}\frac{1}{\sqrt[3]{V^2}}\mathrm{d}V = \sqrt[3]{\frac{1}{36\pi}}\frac{1}{\sqrt[3]{V^2}}\mathrm{d}V,$$

取 $v=972\pi\ \mathrm{cm}^3,\Delta v=973\pi-972\pi=\pi(\mathrm{cm}^3)$,所以

$$\Delta r\approx \mathrm{d}r=\sqrt[3]{\frac{1}{36\pi\times(972\pi)^2}}\cdot\pi=\sqrt[3]{\frac{1}{36\times972^2}}\approx 0.003(\mathrm{cm}).$$

即半径约增加 $0.003\ \mathrm{cm}$.

例 8 计算 $\sqrt[3]{65}$ 的近似值.

解 因为 $\sqrt[3]{65}=\sqrt[3]{64+1}=\sqrt[3]{64(1+\frac{1}{64})}=4\sqrt[3]{1+\frac{1}{64}}$,由近似公式(2-4),得

$$\sqrt[3]{65}=4\cdot\sqrt[3]{1+\frac{1}{64}}\approx 4\times(1+\frac{1}{3}\times\frac{1}{64})=4+\frac{1}{48}\approx 4.021.$$

习题 2.4

1. 若函数 $y=\ln x$ 的自变量 x 由 1 到 100,则 x 的增量 $\Delta x=$ _____,所对应的函数的增量 $\Delta y=$ _____.

2. 将适当的函数填入下列括号内,使等式成立:

(1)$\mathrm{d}($ ___ $)=5x\,\mathrm{d}x$;　　　(2)$\mathrm{d}($ ___ $)=\sin\omega x\,\mathrm{d}x$;　　　(3)$\mathrm{d}($ ___ $)=\dfrac{1}{2+x}\mathrm{d}x$;

(4)$\mathrm{d}($ ___ $)=\mathrm{e}^{-2x}\,\mathrm{d}x$;　　　(5)$\mathrm{d}($ ___ $)=\dfrac{1}{\sqrt{x}}\mathrm{d}x$;　　　(6)$\mathrm{d}($ ___ $)=\sec^2 2x\,\mathrm{d}x$.

3. 求函数 $y=x\sin x$ 在 $x=\pi,\Delta x=0.01$ 时的微分.

4. 求下列函数的微分:

(1)$y=\ln\sin\dfrac{x}{2}$;　　　　　(2)$y=\mathrm{e}^{\sin^2 x}$;　　　　　(3)$y=\mathrm{e}^{-x}\cos(3-x)$;

(4)$y=\arctan\dfrac{1+x}{1-x}$;　　　(5)$y=\dfrac{\mathrm{e}^{2x}}{x^2}$;　　　　　(6)$\mathrm{e}^{\frac{x}{y}}-xy=0$.

5. 利用微分求近似值:

(1)$\arctan 1.02$;　　　(2)$\sin 30°30'$;　　　(3)$\ln 1.01$;　　　(4)$\sqrt[6]{65}$.

总习题 2

一、填空题

1. 已知函数 $y=f(x)$ 在 $x=2$ 处的切线的倾斜角为 $150°$,则 $f'(2)=$ _____.

2. 若函数 $y=f(x)$ 在点 x_0 处的导数 $f'(x_0)=0$,则曲线 $y=f(x)$ 在点 $(x_0,f(x_0))$ 处有 _____ 切线;若 $f'(x_0)=\infty$,则曲线在点 $(x_0,f(x_0))$ 处有 _____ 切线.

3. 曲线 $y=f(x)$ 由方程 $y=x+\ln y$ 所确定,那么曲线 $y=f(x)$ 在点 $(e-1,e)$ 处的切线方程为 _____.

4. 若 $y=3\mathrm{e}^x+\mathrm{e}^{-x}$,则当 $y'=0$ 时,$x=$ _____.

5. 函数 $y=\mathrm{e}^{-x}$ 在 $x=1$ 处的切线方程为 _____.

6. 已知 $f'(0)=1$，则 $\lim\limits_{x\to 0}\dfrac{f(2x)-f(0)}{x}=$ _____.

7. 设 $y=2^{-x}$，则 $y^{(10)}=$ _____.

8. 已知 $y=\sin 3x$，则 $y'(\pi)=$ _____.

9. 已知 $y=x^{2}\sin x$，则 $y'(x)=$ _____.

10. 设函数 $y=x\arctan x$，则 $y''=$ _____.

二、判断题

1. $y=x^{3}+\cos\dfrac{\pi}{3}$ 的导数为 $y'=3x^{2}-\sin\dfrac{\pi}{3}$. （　　）

2. 函数 $y=f(x)$ 在点 x_{0} 处可导，则它在 x_{0} 点必连续；但函数 $y=f(x)$ 在点 x_{0} 处连续，则它在 x_{0} 点不一定可导. （　　）

3. 函数 $y=f(x)$ 在点 x_{0} 处可导，不一定在点 x_{0} 处可微. （　　）

4. 如果函数 $f(x)$ 和 $g(x)$ 的导数相同，那么 $f(x)$ 和 $g(x)$ 有同一切线. （　　）

5. 路程函数 $s=f(t)$ 的二阶导数是加速度，即 $a=f''(t)$. （　　）

三、选择题

1. 函数 $f(x)$ 在 $x=x_{0}$ 处连续是 $f(x)$ 在 $x=x_{0}$ 处可微的（　　）.

A. 充分条件　　　　　　　　　　B. 必要条件

C. 充分必要条件　　　　　　　　D. 既非充分也非必要条件

2. 函数 $f(x)$ 在 $x=x_{0}$ 处可导是 $f^{2}(x)$ 在 $x=x_{0}$ 处可导的（　　）.

A. 充分条件　　　　　　　　　　B. 必要条件

C. 充分必要条件　　　　　　　　D. 既非充分也非必要条件

3. 设 $f(x)$ 在 $x=x_{0}$ 处可导，则下列（　　）中的极限值不是 $f'(x_{0})$.

A. $\lim\limits_{n\to\infty}n\left[f(x_{0}+\dfrac{1}{n})-f(x_{0})\right]$　　　B. $\lim\limits_{n\to\infty}n\left[f(x_{0}-\dfrac{1}{n})-f(x_{0})\right]$

C. $\lim\limits_{h\to 0}\dfrac{f(x_{0}+h)-f(x_{0}-h)}{2h}$　　　D. $\lim\limits_{h\to 0}\dfrac{f(x_{0}+2h)-f(x_{0}+h)}{h}$

4. 设 $\dfrac{\mathrm{d}f(x)}{\mathrm{d}x}=g(x)$，则 $\dfrac{\mathrm{d}f(x^{2})}{\mathrm{d}x}=$（　　）.

A. $g(x^{2})$　　　　B. $x^{2}g(x^{2})$　　　　C. $2xg(x^{2})$　　　　D. $2xg(x)$

5. 设 $\dfrac{\mathrm{d}f(x)}{\mathrm{d}x}=g(x)$，则 $f'(x^{2})=$（　　）.

A. $g(x^{2})$　　　　B. $x^{2}g(x^{2})$　　　　C. $2xg(x^{2})$　　　　D. $2xg(x)$

6. 函数 $y=f(x)$ 的切线斜率为 $\dfrac{x}{2}$，通过 $(2,2)$，则曲线方程为（　　）.

A. $y=\dfrac{1}{4}x^{2}+3$　　B. $y=\dfrac{1}{2}x^{2}+1$　　C. $y=\dfrac{1}{2}x^{2}+3$　　D. $y=\dfrac{1}{4}x^{2}+1$

7. 已知函数 $f(x)$ 在点 x_{0} 处可导，且 $f'(x_{0})=3$，则 $\lim\limits_{h\to 0}\dfrac{f(x_{0}+5h)-f(x_{0})}{h}$ 等于（　　）.

A. 6　　　　　　　　B. 0　　　　　　　　C. 15　　　　　　　　D. 10

8. 设 $y = f(x)$ 可导,则 $[f(\mathrm{e}^{-x})]' = ($ $)$.

A. $f'(\mathrm{e}^{-x})$ B. $-f'(\mathrm{e}^{-x})$ C. $\mathrm{e}^{-x}f'(\mathrm{e}^{-x})$ D. $-\mathrm{e}^{-x}f'(\mathrm{e}^{-x})$

9. 函数 $f(x)$ 在点 x_0 处可导,则函数 $|f(x)|$ 在 x_0 处(   ).

A. 必定可导   B. 必定不可导   C. 必定连续   D. 必定不连续

10. 已知 $y = \mathrm{e}^{-2x}\sin(3+5x)$,则微分 $\mathrm{d}y = ($ $)$.

A. $\mathrm{e}^{-2x}[-5\cos(3+5x) - 2\sin(3+5x)]\mathrm{d}x$

B. $\mathrm{e}^{-2x}[5\cos(3+5x) + 2\sin(3+5x)]\mathrm{d}x$

C. $\mathrm{e}^{-2x}[-5\cos(3+5x) + 2\sin(3+5x)]\mathrm{d}x$

D. $\mathrm{e}^{-2x}[5\cos(3+5x) - 2\sin(3+5x)]\mathrm{d}x$

四、解答题

1. 利用导数的定义,求函数 $y = \mathrm{e}^{-x}$ 的导数.

2. 求下列函数的导数与微分:

(1) $y = (x^3 - 2x)^6$;   (2) $y = x^{-3}\ln x$;

(3) $y = \arccos(\mathrm{e}^x)$;   (4) $y = 2^{-x}\ln(1+x)$;

(5) $y = \dfrac{1}{2a}\ln\dfrac{x-a}{x+a}$;   (6) $y = \arctan\dfrac{x}{a} - \dfrac{a}{2}\ln(x^2+a^2)$;

(7) $y = x\ln(1+x^2) - 2x + 2\arctan x$;

(8) $y = \dfrac{1}{2}\ln(1+\mathrm{e}^{2x}) - x + \mathrm{e}^{-x}\arctan\mathrm{e}^x$.

3. 求下列隐函数的导数 $\dfrac{\mathrm{d}y}{\mathrm{d}x}$:

(1) $y^2 = x\mathrm{e}^y + x$;   (2) $x\sin y + y\sin x = x$;

(3) $y = (2x)^{\frac{1}{x}}$;   (4) $y^x = xy$.

4. 求下列参数方程所确定的函数的导数:

(1) $\begin{cases} x = t^2 + 1, \\ y = t^3 + t; \end{cases}$ (2) $\begin{cases} x = \mathrm{e}^t\cos t, \\ y = \mathrm{e}^t\sin t. \end{cases}$

5. 设 $\begin{cases} x = \dfrac{t^2}{2}, \\ y = 1 - t, \end{cases}$ 求 $\dfrac{\mathrm{d}^2y}{\mathrm{d}x^2}$.

6. 设 $f(x) = (1+x)(1+2x)(1+3x)\cdots(1+nx)$,求 $f'(0)$.

7. 求下列函数的 n 阶导数:

(1) $y = x\mathrm{e}^{2x}$;   (2) $y = \ln(x^2+3x+2)$.

8. 已知 $f(x) = \begin{cases} \sqrt{1-x}, & x \leqslant 0, \\ a(x-1)+b, & x > 0 \end{cases}$ 在 $x = 0$ 处可导,求 a, b.

9. 过点 $M_0(-2, 2)$ 作曲线 $x^2 - xy = 2y^2$ 的切线,求此切线方程.

10. 设 $y = f(x^2)$,求 $\dfrac{\mathrm{d}y}{\mathrm{d}x}, \dfrac{\mathrm{d}^2y}{\mathrm{d}x^2}$.

11. 利用微分求近似值:

(1) $\sqrt[3]{1.02}$;   (2) $\sin 29°$.

12. 半径为 $2\ \mathrm{mm}$ 的球镀铬后体积增加了约 $8\pi\ \mathrm{mm}^3$,问它的半径约增加了多少?

第3章　微分中值定理与导数的应用

前一章已经介绍了导数与微分的概念及计算方法,解决了运动物体的瞬时速度、加速度、曲线的切线方程和法线方程及近似求值等问题;导数是我们解决许多实际问题的有力工具.本章将介绍微分中值定理,并利用这些定理进一步讲述导数的应用.

3.1　微分中值定理

微分中值定理在微积分理论中占有十分重要的地位,它为导数的应用中提供了有力的理论依据,其中拉格朗日(Lagrange)中值定理应用十分广泛.由特例到一般包括三种情况:分别为罗尔(Rolle)定理、拉格朗日中值定理、柯西(Cauchy)中值定理,它们有着十分密切的相互依存关系.

3.1.1　罗尔定理

首先,观察图 3-1.设曲线弧 $\overgroup{AB}$ 是函数 $y = f(x)(x \in [a,b])$ 的图形.

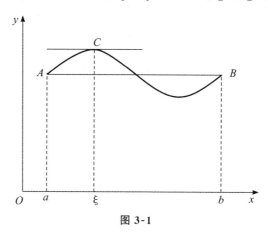

图 3-1

这是一条连续的曲线弧,除端点外处处具有不垂直于 x 轴的切线,且两个端点的纵坐标相等,即 $f(a) = f(b)$.可以发现曲线的最高点或最低点处,有水平的切线.如果记 C 点的横坐标为 ξ,那么就有 $f'(\xi) = 0$.现在用分析语言把这个几何现象描述出来,就是下面的罗尔定理.为了应用方便,先介绍费马(Fermat)引理.

费马引理　设函数 $f(x)$ 在点 x_0 的某邻域 $U(x_0)$ 内有定义,并且在 x_0 处可导,如果对任意的 $x \in U(x_0)$,有

$$f(x) \leqslant f(x_0)(或 f(x) \geqslant f(x_0)),$$

那么 $f'(x_0) = 0$.

证 不妨设 $x \in U(x_0)$ 时,$f(x) \leqslant f(x_0)$(如果 $f(x) \geqslant f(x_0)$,可以类似地证明). 于是,对于 $x_0 + \Delta x \in U(x_0)$,有 $f(x_0 + \Delta x) \leqslant f(x_0)$,从而

当 $\Delta x > 0$ 时,

$$\frac{f(x_0 + \Delta x) - f(x_0)}{\Delta x} \leqslant 0;$$

当 $\Delta x < 0$ 时,

$$\frac{f(x_0 + \Delta x) - f(x_0)}{\Delta x} \geqslant 0.$$

根据函数 $f(x)$ 在 x_0 处可导的条件及极限的保号性,便得到

$$f'(x_0) = f'_+(x_0) = \lim_{\Delta x \to 0^+} \frac{f(x_0 + \Delta x) - f(x_0)}{\Delta x} \leqslant 0,$$

$$f'(x_0) = f'_-(x_0) = \lim_{\Delta x \to 0^-} \frac{f(x_0 + \Delta x) - f(x_0)}{\Delta x} \geqslant 0.$$

所以,$f'(x_0) = 0$.

通常称导数等于零的点为函数的驻点(或稳定点、临界点).

定理 3.1 (罗尔定理)如果函数 $f(x)$ 满足:

(1) 在闭区间 $[a,b]$ 上连续;

(2) 在开区间 (a,b) 内可导;

(3) 在区间端点的函数值相等,即 $f(a) = f(b)$,

那么在 (a,b) 内至少有一点 $\xi(a < \xi < b)$,使得 $f'(\xi) = 0$.

证 由于 $f(x)$ 在闭区间 $[a,b]$ 上连续,根据闭区间上连续函数的最大值和最小值定理,$f(x)$ 在闭区间 $[a,b]$ 上必定取得它的最大值 M 和最小值 m.这样,只有两种可能情形:

(1) $M = m$.这时 $f(x)$ 在区间 $[a,b]$ 上必然取相同的数值 $M:f(x) = M$.由此,$\forall x \in (a,b)$,有 $f'(x) = 0$.因此,任取 $\xi \in (a,b)$,有 $f'(\xi) = 0$.

(2) $M > m$.因为 $f(a) = f(b)$,所以 M 和 m 这两个数中至少有一个不等于 $f(x)$ 在区间 $[a,b]$ 的端点处的函数值.为确定起见,不妨设 $M \neq f(a)$(如果设 $m \neq f(a)$,证法完全类似).那么必定在开区间 (a,b) 内有一点 ξ 使 $f(\xi) = M$.因此,$\forall x \in [a,b]$,有 $f(x) \leqslant f(\xi)$,从而由费马引理可知 $f'(\xi) = 0$.

注:证明方程有根,一是用零点定理,二是用罗尔定理.

例 1 函数 $f(x) = x\sqrt{3-x}$ 在区间 $[0,3]$ 上是否满足罗尔定理的所有条件?如满足,请求出满足定理的数值 ξ.

解 因为 $f(x) = x\sqrt{3-x}$ 在 $[0,3]$ 上连续,在 $(0,3)$ 内可导,且 $f(0) = f(3) = 0$,所以 $f(x) = x\sqrt{3-x}$ 在 $[0,3]$ 上满足罗尔定理的条件.

令 $f'(\xi) = \sqrt{3-\xi} - \dfrac{\xi}{2\sqrt{3-\xi}} = 0$,得 $\xi = 2 \in (0,3)$ 即为所求.

例 2　证明方程 $x^5 + x - 1 = 0$ 只有一个正根.

解　令 $f(x) = x^5 + x - 1$,因为 $f(x)$ 在 $[0,1]$ 上连续,且 $f(1) = 1 > 0, f(0) = -1 < 0$,所以由零点定理知,至少有一点 $\xi \in (0,1)$,使得 $f(\xi) = \xi^5 + \xi - 1 = 0$.

假设 $x^5 + x - 1 = 0$ 有两个正根,分别设为 $\xi_1, \xi_2 (\xi_1 < \xi_2)$,则 $f(x)$ 在 $[\xi_1, \xi_2]$ 上连续,在 (ξ_1, ξ_2) 内可导,且 $f(\xi_1) = f(\xi_2) = 0$,从而由罗尔定理知,至少有一点 $\xi \in (\xi_1, \xi_2)$,使得 $f'(\xi) = 5\xi^4 + 1 = 0$,显然这不可能.所以方程 $x^5 + x - 1 = 0$ 只有一个正根.

例 3　不求导数,判断函数 $f(x) = (x-1)(x-2)(x-3)$ 的导数有几个零点,以及零点所在范围.

解　函数 $f(x) = (x-1)(x-2)(x-3)$ 在 $[1,2]$ 上连续,在 $(1,2)$ 内可导,且 $f(1) = f(2) = 0$,即满足罗尔定理的三个条件,因此,在 $(1,2)$ 内至少存在一点 ξ_1,使得 $f'(\xi_1) = 0$,即 ξ_1 是 $f'(x)$ 的一个零点.同理,$f(x)$ 在 $[2,3]$ 上也满足罗尔定理的三个条件,因此,在 $(2,3)$ 内至少存在一点 ξ_2,使 $f'(\xi_2) = 0$,ξ_2 也是 $f'(x)$ 的一个零点.

因为 $f(x)$ 为三次多项式,所以 $f'(x)$ 为二次多项式,最多只能有两个零点.因此,$f'(x)$ 有且只有两个零点,分别在开区间 $(1,2)$ 和 $(2,3)$ 内.

例 4　设 $f(x)$ 在 $[0,1]$ 上连续,在 $(0,1)$ 内可导,且 $f(1) = 0$.求证:存在 $\xi \in (0,1)$,使 $f'(\xi) = -\dfrac{f(\xi)}{\xi}$.

证　构造辅助函数 $F(x) = xf(x), F'(x) = f(x) + xf'(x)$.根据题意 $F(x) = xf(x)$ 在 $[0,1]$ 上连续,在 $(0,1)$ 内可导,且 $F(1) = 1 \cdot f(1) = 0, F(0) = 0 \cdot f(0) = 0$,从而由罗尔定理得:存在 $\xi \in (0,1)$,使 $F'(\xi) = f'(\xi)\xi + f(\xi) = 0$,即 $f'(\xi) = -\dfrac{f(\xi)}{\xi}$.

3.1.2　拉格朗日中值定理

罗尔定理中 $f(a) = f(b)$ 这个条件是相当特殊的,它使罗尔定理的应用受到限制.如果把 $f(a) = f(b)$ 这个条件取消,但仍保留其余两个条件,并相应地改变结论,那么就得到微分学中十分重要的拉格朗日中值定理.

定理 3.2　(拉格朗日中值定理) 如果函数 $f(x)$ 满足:

(1) 在闭区间 $[a,b]$ 上连续;

(2) 在开区间 (a,b) 内可导,

那么在 (a,b) 内至少有一点 $\xi (a < \xi < b)$,使等式

$$f(b) - f(a) = f'(\xi)(b-a) \tag{3-1}$$

成立.

在证明之前,先看一下定理的几何意义.如果把 $(3-1)$ 式改写成

$$\frac{f(b) - f(a)}{b-a} = f'(\xi),$$

由图 3-2 可看出,$\dfrac{f(b) - f(a)}{b-a}$ 为弦 AB 的斜率,而 $f'(\xi)$ 为曲线在点 C 处的切线的斜率.因此拉格朗日中值定理的几何意义是:如果连续曲线 $y = f(x)$ 的弦 AB 上除端点外处处具有

不垂直于 x 轴的切线,那么这弧上至少有一点 C,使曲线在 C 点处的切线平行于弦 AB.

从罗尔定理的几何意义(图 3-1)看出,由于 $f(a)=f(b)$,弦 AB 是平行于 x 轴的,因此点 C 处的切线实际上也平行于弦 AB.由此可见,罗尔定理是拉格朗日中值定理的特殊情形.

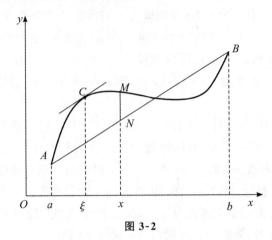

图 3-2

从上述拉格朗日中值定理与罗尔定理的关系,自然想到利用罗尔定理来证明拉格朗日中值定理.但在拉格朗日中值定理中,函数 $f(x)$ 不一定具备 $f(a)=f(b)$ 这个条件,为此我们设想构造一个与 $f(x)$ 有密切联系的函数 $\varphi(x)$(称为辅助函数),使 $\varphi(x)$ 满足条件 $\varphi(a)=\varphi(b)$.然后对 $\varphi(x)$ 应用罗尔定理,再把对 $\varphi(x)$ 所得的结论转化到 $f(x)$ 上,证得所要的结果.我们从拉格朗日中值定理的几何解释中来寻找辅助函数,从图 3-2 中看到,有向线段 NM 的值是 x 的函数,把它表示为 $\varphi(x)$,它与 $f(x)$ 有密切的联系,且当 $x=a$ 及 $x=b$ 时,点 M 与点 N 重合,即有 $\varphi(a)=\varphi(b)=0$.为求得函数 $\varphi(x)$ 的表达式,设直线 AB 的方程为 $y=L(x)$,则

$$L(x)=f(a)+\frac{f(b)-f(a)}{b-a}(x-a),$$

由于点 M,N 的纵坐标依次为 $f(x),L(x)$,故表示有向线段 NM 的值的函数为

$$\varphi(x)=f(x)-L(x)=f(x)-f(a)-\frac{f(b)-f(a)}{b-a}(x-a).$$

下面就利用这个辅助函数来证明拉格朗日中值定理.

定理的证明　引进辅助函数 $\varphi(x)=f(x)-f(a)-\dfrac{f(b)-f(a)}{b-a}(x-a)$.

容易验证函数 $\varphi(x)$ 适合罗尔定理的条件:$\varphi(a)=\varphi(b)=0$;$\varphi(x)$ 在闭区间 $[a,b]$ 上连续,在开区间 (a,b) 内可导,且

$$\varphi'(x)=f'(x)-\frac{f(b)-f(a)}{b-a}.$$

根据罗尔定理,可知在 (a,b) 内至少有一点 ξ,使 $\varphi'(\xi)=0$,即

$$f'(\xi)-\frac{f(b)-f(a)}{b-a}=0.$$

由此得 $\dfrac{f(b)-f(a)}{b-a}=f'(\xi)$,即 $f(b)-f(a)=f'(\xi)(b-a)$.定理证毕.

显然,公式(3-1)对于 $b < a$ 也成立.(3-1)式叫作拉格朗日中值公式.

设 x 为区间$[a,b]$内一点,$x + \Delta x$ 为这区间内的另一点($\Delta x > 0$ 或 $\Delta x < 0$),则公式(3-1)在区间$[x, x + \Delta x]$(当 $\Delta x > 0$ 时)或在区间$[x + \Delta x, x]$(当 $\Delta x < 0$ 时)上就成为

$$f(x + \Delta x) - f(x) = f'(x + \theta \Delta x) \cdot \Delta x \, (0 < \theta < 1). \tag{3-2}$$

这里数值 θ 在 0 与 1 之间,所以 $x + \theta x$ 在 x 与 $x + \Delta x$ 之间.

如果记 $f(x)$ 为 y,则(3-2)式又可写成

$$\Delta y = f'(x + \Delta x) \cdot \Delta x \, (0 < \theta < 1). \tag{3-3}$$

我们知道,函数的微分 $\mathrm{d}y = f'(x) \cdot \Delta x$ 是函数的增量 Δy 的近似表达式,一般说来,以 $\mathrm{d}y$ 近似代替 Δy 时所产生的误差只有当 $\Delta x \to 0$ 时才趋于零;而(3-3)式却给出了自变量取得有限增量 Δx($|\Delta x|$ 不一定很小)时函数增量 Δy 的准确表达式.因此,这个定理也叫作有限增量定理,(3-3)式称为有限增量公式.拉格朗日中值定理在微分学中占有重要地位,有时也叫作微分中值定理,它精确地表达了函数在一个区间上的增量与函数在这区间内某点处的导数之间的关系.在某些问题中,当自变量 x 取得有限增量 Δx 而需要函数增量 Δy 的准确表达式时,拉格朗日中值定理就显现出它的价值.

作为拉格朗日中值定理的一个应用,我们来导出以后讲积分学时很有用的两个推论.我们知道,如果函数 $f(x)$ 在某一区间上是一个常数,那么 $f(x)$ 在该区间上的导数恒为零.它的逆命题也是成立的.这就是:

推论 1   如果函数 $f(x)$ 在区间 I 上的导数恒为零,那么 $f(x)$ 在区间 I 上是一个常数.

证   在区间 I 上任取两点 $x_1, x_2 (x_1 < x_2)$,应用(3-1)式可得

$$f(x_2) - f(x_1) = f'(\xi)(x_2 - x_1)(x_1 < \xi < x_2).$$

由条件知 $f'(\xi) = 0$,所以 $f(x_2) - f(x_1) = 0$,即 $f(x_2) = f(x_1)$.

因为 x_1, x_2 是 I 上任意两点,所以上面的等式表明:$f(x)$ 在 I 上的函数值总是相等的.这就是说,$f(x)$ 在区间 I 上是一个常数.

推论 2   如果函数 $f(x)$ 与 $g(x)$ 在区间(a, b)内满足条件 $f'(x) = g'(x)$,则这两个函数至多相差一个常数,即 $f(x) = g(x) + c$.

例 5   证明当 $x > 0$ 时,$\dfrac{x}{1+x} < \ln(1+x) < x$.

证   设 $f(t) = \ln(1+t)$,显然 $f(t)$ 在区间$[0, x]$上满足拉格朗日中值定理的条件,根据定理有

$$f(x) - f(0) = f'(\xi)(x - 0)(0 < \xi < x).$$

由于 $f(0) = 0, f'(t) = \dfrac{1}{1+t}$,因此上式即为 $\ln(1+x) = \dfrac{x}{1+\xi}$.

因为 $0 < \xi < x$,于是有 $\dfrac{x}{1+x} < \dfrac{x}{1+\xi} < x$,从而有 $\dfrac{x}{1+x} < \ln(1+x) < x$.

注:利用拉格朗日中值定理证明不等式时,选择与所要证明的问题相近的函数与区间,再利用拉格朗日中值定理即得结论.如证明:$|\arctan a - \arctan b| \leqslant |a - b|$,则选 $f(x) = \arctan x$,区间为$[a, b]$.

例 6　求证：$\arctan x + \operatorname{arccot} x = \dfrac{\pi}{2}(x \in \mathbf{R})$.

证　构造辅助函数 $f(x) = \arctan x + \operatorname{arccot} x$. 因为 $f'(x) = \dfrac{1}{1+x^2} - \dfrac{1}{1+x^2} = 0$，由拉格朗日中值定理的推论 1 得，$f(x) = \arctan x + \operatorname{arccot} x = C$（$C$ 为常数，$x \in \mathbf{R}$）.

取 $x = 1$，则 $C = \dfrac{\pi}{4} + \dfrac{\pi}{4} = \dfrac{\pi}{2}$，因此，$\arctan x + \operatorname{arccot} x = \dfrac{\pi}{2}(x \in \mathbf{R})$.

3.1.3　柯西中值定理

上面已经指出，如果连续曲线弧 $\overset{\frown}{AB}$ 上除端点外处处具有不垂直于横轴的切线，那么这段弧上至少有一点 C，使曲线在点 C 处的切线平行于弦 AB. 设 AB 由参数方程

$$\begin{cases} X = F(x), \\ Y = f(x), \end{cases} \quad (a \leqslant x \leqslant b)$$

表示（图 3-3），其中 x 为参数. 那么曲线上点 (X, Y) 处的切线的斜率为 $\dfrac{\mathrm{d}Y}{\mathrm{d}X} = \dfrac{f'(x)}{F'(x)}$. 弦 AB 的斜率为 $\dfrac{f(b) - f(a)}{F(b) - F(a)}$. 假定点 C 对应于参数 $x = \xi$，那么曲线上点 C 处的切线平行于弦 AB，可表示为

$$\frac{f(b) - f(a)}{F(b) - F(a)} = \frac{f'(\xi)}{F'(\xi)}.$$

与这一事实相应的是柯西中值定理.

定理 3.3　（柯西中值定理）如果函数 $f(x)$ 及 $F(x)$ 在闭区间 $[a, b]$ 上连续，在开区间 (a, b) 内可导，且 $F'(x)$ 在 (a, b) 内的每一点处均不为零，那么在 (a, b) 内至少有一点 ξ，使等式

$$\frac{f(b) - f(a)}{F(b) - F(a)} = \frac{f'(\xi)}{F'(\xi)} \tag{3-4}$$

成立.

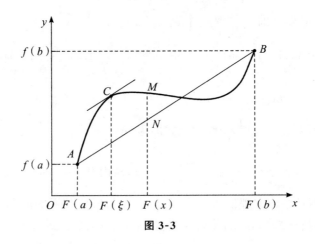

图 3-3

定理的证明　首先注意到 $F(b)-F(a)\neq 0$.这是由于 $F(b)-F(a)=F'(\eta)(b-a)$,其中 $a<\eta<b$,根据假定 $F'(\eta)\neq 0$,又 $b-a\neq 0$,所以 $F(b)-F(a)\neq 0$.

类似拉格朗日中值定理的证明,我们仍然以表示有向线段 NM 的值的函数 $\varphi(x)$(见图 3-3)作为辅助函数.这里,点 M 的纵坐标为 $Y=f(x)$,点 N 的纵坐标为

$$Y=f(a)+\frac{f(b)-f(a)}{F(b)-F(a)}[F(x)-F(a)],$$

于是 $\varphi(x)=f(x)-f(a)-\dfrac{f(b)-f(a)}{F(b)-F(a)}[F(x)-F(a)].$

容易验证,这个辅助函数 $\varphi(x)$ 适合罗尔定理的条件:$\varphi(a)=\varphi(b)$;$\varphi(x)$ 在闭区间 $[a,b]$ 上连续,在开区间 (a,b) 内可导且

$$\varphi'(x)=f'(x)-\frac{f(b)-f(a)}{F(b)-F(a)}\cdot F'(x).$$

根据罗尔定理,可知在 (a,b) 内必定有一点 ξ 使得 $\varphi'(\xi)=0$,即 $f'(\xi)-\dfrac{f(b)-f(a)}{F(b)-F(a)}\cdot F'(\xi)=0$,由此得 $\dfrac{f(b)-f(a)}{F(b)-F(a)}=\dfrac{f'(\xi)}{F'(\xi)}$.定理证毕.

很明显,如果取 $F(x)=x$,那么 $F(b)-F(a)=b-a$,$F'(x)=1$,因而公式(3-4)就可以写成:$f(b)-f(a)=f'(\xi)(b-a)(a<\xi<b)$.这样就变成拉格朗日中值定理了.

例 7　验证函数 $f(x)=\sin x$ 和 $g(x)=\cos x$ 在区间 $[0,\frac{\pi}{2}]$ 上满足柯西中值定理的条件,并求 ξ 的值.

解　因为初等函数 $f(x)=\sin x$ 和 $g(x)=\cos x$ 在其定义域 $(-\infty,+\infty)$ 上都连续,因此在区间 $[0,\frac{\pi}{2}]$ 上连续,且在区间 $(0,\frac{\pi}{2})$ 内有 $f'(x)=\cos x$,$g'(x)=-\sin x\neq 0$,满足柯西中值定理的条件,因而有 $\dfrac{f'(\xi)}{g'(\xi)}=\dfrac{f(\frac{\pi}{2})-f(0)}{g(\frac{\pi}{2})-g(0)}(0<\xi<\frac{\pi}{2})$,即 $\dfrac{\cos\xi}{-\sin\xi}=\dfrac{1-0}{0-1}$,得 $\xi=\dfrac{\pi}{4}$.

例 8　设函数 $y=f(x)$ 在 $x=0$ 的某个邻域内具有 n 阶导数,且 $f(0)=f'(0)=\cdots=f^{(n-1)}(0)=0$,试用柯西中值定理证明:$\dfrac{f(x)}{x^n}=\dfrac{f^{(n)}(\theta x)}{n!}(0<\theta<1)$.

证　因为 $f(x)$,$g(x)=x^n$ 及其各阶导数在 $[0,x]$ 上连续,在 $(0,x)$ 上可导,且在 $(0,x)$ 每一点处,$g^{(n-1)}(x)=n!x\neq 0$,又 $f(0)=f'(0)=\cdots=f^{(n-1)}(0)=0$,所以连续使用 n 次柯西中值定理得:

$$\frac{f(x)}{x^n}=\frac{f(x)-f(0)}{x^n-g(0)}=\frac{f'(\xi_1)}{n\xi_1^{n-1}}=\frac{f'(\xi_1)-f'(0)}{n\xi_1^{n-1}-g'(0)}=\cdots=\frac{f^{(n-1)}(\xi_{n-1})-f^{(n-1)}(0)}{n!\ \xi_{n-1}-g^{(n-1)}(0)}$$

$$=\frac{f^{(n)}(\theta x)}{n!}(0<\theta<1),$$

从而结论成立.

习题 3.1

1. 验证下列各题,确定 ξ 的值:

(1) 对函数 $y = \sin x$ 在区间 $\left[\dfrac{\pi}{6}, \dfrac{5\pi}{6}\right]$ 上验证罗尔定理;

(2) 对函数 $y = 4x^3 - 6x^2 - 2$ 在区间 $[0,1]$ 上验证拉格朗日中值定理;

(3) 对函数 $f(x) = x^3$ 及 $g(x) = x^2 + 1$ 在区间 $[0,1]$ 上验证柯西中值定理.

2. 证明下列不等式:

(1) 当 $a > b > 0$ 时,$3b^2(a-b) < a^3 - b^3 < 3a^2(a-b)$;

(2) 当 $a > b > 0$ 时,$\dfrac{a-b}{a} < \ln \dfrac{a}{b} < \dfrac{a-b}{b}$;

(3) $|\arctan a - \arctan b| \leqslant |a - b|$;

(4) 当 $x > 1$ 时,$e^x > xe$.

3. 证明恒等式:$\arcsin x + \arccos x = \dfrac{\pi}{2}(-1 < x < 1)$.

4. 证明方程 $x^3 + x - 1 = 0$ 有且只有一个正实根.

5. 不用求出函数 $f(x) = x(x-1)(x-2)(x-3)$ 的导数,试判断方程 $f'(x) = 0$ 的根的个数.

6. 若函数 $f(x)$ 在 $(-\infty, +\infty)$ 内满足关系式 $f'(x) = f(x)$ 且 $f(0) = 1$,证明:$f(x) = e^x$.

7. 设 $f(x)$ 在 $[a,b]$ 上连续,在 (a,b) 内具有二阶导数,连接两点 $A(a, f(a))$ 和 $B(b, f(b))$ 的直线段 AB 与曲线 $y = f(x)$ 交于点 $C(c, f(c))(a < c < b)$.证明:在 (a,b) 内至少存在一点 ξ,使 $f''(\xi) = 0$.

8. 设 $f(x)$ 在 $[0,1]$ 上连续,$(0,1)$ 内可导,且 $f(0) = f(1) = 0$,$f\left(\dfrac{1}{2}\right) = 1$,试证:至少存在一点 $\xi \in (0,1)$,使 $f'(\xi) = 1$.

3.2 洛必达法则

在第一章求极限时,我们遇到过无穷小量之比或无穷大量之比的极限.这类极限可能存在,可能不存在,通常分别把上述这两种极限叫作 $\dfrac{0}{0}$ 型未定式或 $\dfrac{\infty}{\infty}$ 型未定式.例如:

$\lim\limits_{x \to a} \dfrac{\sin x - \sin a}{x - a}$ 和 $\lim\limits_{x \to \infty} \dfrac{\dfrac{\pi}{2} - \arctan x}{\dfrac{1}{x}}$ 都是 $\dfrac{0}{0}$ 型未定式;

$\lim\limits_{x \to \infty} \dfrac{\ln(1 + x^2)}{x}$ 和 $\lim\limits_{x \to \frac{\pi}{2}} \dfrac{\tan x}{\tan 3x}$ 都是 $\dfrac{\infty}{\infty}$ 型未定式.

对于这类极限,即使极限值存在也不能用"商的极限等于极限的商"来求得.下面介绍的洛必达(L'Hospital)法则是求未定式极限的一种简单、有效的方法.

3.2.1　$\dfrac{0}{0}$ 型

定理 3.4　（洛必达法则）设函数 $f(x)$ 与 $g(x)$ 满足下列条件：

(1) $\lim\limits_{x \to a} f(x) = 0$，$\lim\limits_{x \to a} g(x) = 0$；

(2) 在点 a 的某一去心邻域内，$f'(x)$，$g'(x)$ 存在，且 $g'(x) \neq 0$；

(3) $\lim\limits_{x \to a} \dfrac{f'(x)}{g'(x)} = A$（或 ∞）；

则有

$$\lim_{x \to a} \frac{f(x)}{g(x)} = \lim_{x \to a} \frac{f'(x)}{g'(x)} = A \,(\text{或} \,\infty).$$

若 $\lim\limits_{x \to x_0} \dfrac{f'(x)}{g'(x)} \left(\text{或} \lim\limits_{x \to \infty} \dfrac{f'(x)}{g'(x)}\right)$ 又是 $\dfrac{0}{0}$ 型且 $f'(x)$，$g'(x)$ 满足上述条件，则可以继续使用洛必达法则，即 $\lim\limits_{x \to x_0} \dfrac{f(x)}{g(x)} = \lim\limits_{x \to x_0} \dfrac{f'(x)}{g'(x)} = \lim\limits_{x \to x_0} \dfrac{f''(x)}{g''(x)}$.

证　在点 $x = a$ 处补充定义，令 $f(a) = g(a) = 0$（因为当 $x = a$ 时，$f(x)$，$g(x)$ 可能没有定义.假若 $f(x)$，$g(x)$ 在点 $x = a$ 处有定义，其函数值不为零时，就改变 $f(x)$，$g(x)$ 在点 $x = a$ 处的值，使其为零），则 $f(x)$，$g(x)$ 在点 $x = a$ 处连续.所以，对于点 a 的邻域内的任意点 $x\,(x \neq a)$，$f(x)$ 与 $g(x)$ 在区间 (x, a) 或者 (a, x) 上满足柯西中值定理的条件，故存在 $\xi \in (x, a)$ 或者 $\xi \in (a, x)$，使得 $\dfrac{f(x)}{g(x)} = \dfrac{f(x) - f(a)}{g(x) - g(a)} = \dfrac{f'(\xi)}{g'(\xi)}$.

当 $x \to a$ 时，有 $\xi \to a$.因此，有 $\lim\limits_{x \to a} \dfrac{f(x)}{g(x)} = \lim\limits_{\xi \to a} \dfrac{f'(\xi)}{g'(\xi)} = \lim\limits_{x \to a} \dfrac{f'(x)}{g'(x)} = A$.

注意：以上法则当 $x \to \infty$ 时，同样成立.

例 1　求 $\lim\limits_{x \to 1} \dfrac{x^3 - 3x + 2}{x^3 - x^2 - x + 1}$.

解　此题是 $\dfrac{0}{0}$ 型的未定式极限.

$$\lim_{x \to 1} \frac{x^3 - 3x + 2}{x^3 - x^2 - x + 1} = \lim_{x \to 1} \frac{3x^2 - 3}{3x^2 - 2x - 1} = \lim_{x \to 1} \frac{6x}{6x - 2} = \frac{3}{2}.$$

例 2　求 $\lim\limits_{x \to 0} \dfrac{e^x - e^{-x} - 2x}{x - \sin x}$.

解　此题是 $\dfrac{0}{0}$ 型的未定式极限.

$$\lim_{x \to 0} \frac{e^x - e^{-x} - 2x}{x - \sin x} = \lim_{x \to 0} \frac{e^x + e^{-x} - 2}{1 - \cos x} = \lim_{x \to 0} \frac{e^x - e^{-x}}{\sin x} = \lim_{x \to 0} \frac{e^x + e^{-x}}{\cos x} = 2.$$

注意：本题连续用了三次洛必达法则，得到的 $\lim\limits_{x \to 0} \dfrac{e^x + e^{-x}}{\cos x}$ 已不再是 $\dfrac{0}{0}$ 型的未定式极限，

利用已学过的知识解之即可.

例 3　求 $\lim\limits_{x\to 0}\dfrac{x^3\cos x}{x-\sin x}$.

解　此题是 $\dfrac{0}{0}$ 型的未定式极限.

$$\lim_{x\to 0}\frac{x^3}{x-\sin x}=\lim_{x\to 0}\frac{3x^2}{1-\cos x}=\lim_{x\to 0}\frac{6x}{\sin x}=6,\lim_{x\to 0}\cos x=1,$$

所以, $\lim\limits_{x\to 0}\dfrac{x^3\cos x}{x-\sin x}=\lim\limits_{x\to 0}\cos x\cdot\lim\limits_{x\to 0}\dfrac{x^3}{x-\sin x}=6.$

例 4　求 $\lim\limits_{x\to+\infty}\dfrac{\dfrac{\pi}{2}-\arctan x}{\dfrac{1}{x}}$.

解　此题是 $\dfrac{0}{0}$ 型的未定式极限.

$$\lim_{x\to+\infty}\frac{\dfrac{\pi}{2}-\arctan x}{\dfrac{1}{x}}\xlongequal{\frac{0}{0}}\lim_{x\to+\infty}\frac{-\dfrac{1}{1+x^2}}{-\dfrac{1}{x^2}}=\lim_{x\to+\infty}\frac{x^2}{1+x^2}=1.$$

利用洛必达法则求未定式的极限是一种非常有效的方法,但是,要与其他求极限的方法结合使用,才可以使计算更加简便.

例 5　求极限 $\lim\limits_{x\to 0}\dfrac{\tan x-x}{x^2\sin x}$.

解　此极限是 $\dfrac{0}{0}$ 型,可以利用洛必达法则计算,但是,分母的导数较复杂.如果结合利用等价无穷小求极限,则简便得多.

$$\lim_{x\to 0}\frac{\tan x-x}{x^2\sin x}=\lim_{x\to 0}\frac{\tan x-x}{x^3}=\lim_{x\to 0}\frac{\sec^2 x-1}{3x^2}=\lim_{x\to 0}\frac{\tan^2 x}{3x^2}=\lim_{x\to 0}\frac{x^2}{3x^2}=\frac{1}{3}.$$

3.2.2　$\dfrac{\infty}{\infty}$ 型

定理 3.5　(洛必达法则)设函数 $f(x)$ 与 $g(x)$ 满足下列条件:

(1) $\lim\limits_{x\to a}f(x)=\infty,\lim\limits_{x\to a}g(x)=\infty$;

(2) 在点 a 的某一去心邻域内, $f'(x),g'(x)$ 存在,且 $g'(x)\neq 0$;

(3) $\lim\limits_{x\to a}\dfrac{f'(x)}{g'(x)}$ 存在(或无穷大);

则有

$$\lim_{x\to a}\frac{f(x)}{g(x)}=\lim_{x\to a}\frac{f'(x)}{g'(x)}.$$

证明略.

注意: 当 $x \to \infty$ 时, 以上法则同样成立.

例 6　求 $\lim\limits_{x \to +\infty} \dfrac{\ln x}{x^n} (n \in \mathbf{N})$.

解　此题是 $\dfrac{\infty}{\infty}$ 型的未定式极限.

$$\lim_{x \to +\infty} \frac{\ln x}{x^n} \overset{\frac{\infty}{\infty}}{=\!=\!=} \lim_{x \to +\infty} \frac{\dfrac{1}{x}}{n x^{n-1}} = \lim_{x \to +\infty} \frac{1}{n x^n} = 0.$$

例 7　求 $\lim\limits_{x \to \frac{\pi}{2}} \dfrac{\tan x}{\tan 3x}$.

解　此题是 $\dfrac{\infty}{\infty}$ 型的未定式极限.

$$\lim_{x \to \frac{\pi}{2}} \frac{\tan x}{\tan 3x} = \lim_{x \to \frac{\pi}{2}} \frac{\sec^2 x}{3 \sec^2 3x} = \lim_{x \to \frac{\pi}{2}} \frac{\cos^2 3x}{3 \cos^2 x} = \lim_{x \to \frac{\pi}{2}} \frac{-6 \cos 3x \sin 3x}{-6 \cos x \sin x} = \lim_{x \to \frac{\pi}{2}} \frac{\sin 6x}{\sin 2x}$$

$$= \lim_{x \to \frac{\pi}{2}} \frac{6 \cos 6x}{2 \cos 2x} = 3.$$

例 8　求 $\lim\limits_{x \to +\infty} \dfrac{x^n}{\mathrm{e}^x}$.

解　此题是 $\dfrac{\infty}{\infty}$ 型的未定式极限.

$$\lim_{x \to +\infty} \frac{x^n}{\mathrm{e}^x} \overset{\frac{\infty}{\infty}}{=\!=\!=} \lim_{x \to +\infty} \frac{n x^{n-1}}{\mathrm{e}^x} \overset{\frac{\infty}{\infty}}{=\!=\!=} \lim_{x \to +\infty} \frac{n(n-1) x^{n-2}}{\mathrm{e}^x} \overset{\frac{\infty}{\infty}}{=\!=\!=} \cdots \overset{\frac{\infty}{\infty}}{=\!=\!=} \lim_{x \to +\infty} \frac{n!}{\mathrm{e}^x} = 0 \left[这里 (x^n)^{(n)} = n! \right].$$

3.2.3　可化为 $\dfrac{0}{0}$ 型或 $\dfrac{\infty}{\infty}$ 型的极限

除 $\dfrac{0}{0}$ 型 $\dfrac{\infty}{\infty}$ 型的未定式之外, 还有 $\infty - \infty, 0 \cdot \infty, 1^\infty, 0^0, \infty^0$ 型等未定式, 需将极限式子经过适当变换化为 $\dfrac{0}{0}, \dfrac{\infty}{\infty}$ 型的未定式, 从而求解.

（1）若当 $x \to a$（或 $x \to \infty$）时, $f(x) \to 0, g(x) \to \infty$, 则称 $\lim\limits_{\substack{x \to a \\ (或 x \to \infty)}} f(x) \cdot g(x)$ 为 $0 \cdot \infty$ 型未定式, 这类极限可化为

$$\lim_{\substack{x \to a \\ (或 x \to \infty)}} \frac{f(x)}{\dfrac{1}{g(x)}} \left(\frac{0}{0} \text{ 型} \right) \quad 或 \quad \lim_{\substack{x \to a \\ (或 x \to \infty)}} \frac{g(x)}{\dfrac{1}{f(x)}} \left(\frac{\infty}{\infty} \text{ 型} \right).$$

例 9　求 $\lim\limits_{x \to 0} x \cot x$.

解　这是 $0 \cdot \infty$ 型未定式, 化为 $\dfrac{0}{0}$ 型未定式计算.

$$\lim_{x \to 0} x \cot x \overset{0 \cdot \infty}{=\!=\!=} \lim_{x \to 0} \frac{x}{\tan x} \overset{\frac{0}{0}}{=\!=\!=} \lim_{x \to 0} \frac{1}{\sec^2 x} = 1.$$

例 10　求 $\lim\limits_{x \to +\infty} x\left(\dfrac{\pi}{2} - \arctan x\right)$.

解　这是 $\infty \cdot 0$ 型未定式,化为 $\dfrac{0}{0}$ 型未定式计算.

$$\lim_{x \to +\infty} x\left(\frac{\pi}{2} - \arctan x\right) \overset{\infty \cdot 0}{=\!=} \lim_{x \to +\infty} \frac{\dfrac{\pi}{2} - \arctan x}{\dfrac{1}{x}} \overset{\frac{0}{0}}{=\!=} \lim_{x \to +\infty} \frac{-\dfrac{1}{1 + x^2}}{-\dfrac{1}{x^2}} = \lim_{x \to +\infty} \frac{x^2}{1 + x^2} = 1.$$

例 11　求 $\lim\limits_{x \to 0^+} x^\mu \ln x \,(\mu > 0)$.

解　这是 $0 \cdot \infty$ 型未定式,化为 $\dfrac{\infty}{\infty}$ 型未定式计算.

$$\lim_{x \to 0^+} x^\mu \ln x \overset{0 \cdot \infty}{=\!=} \lim_{x \to 0^+} \frac{\ln x}{\dfrac{1}{x^\mu}} \overset{\frac{\infty}{\infty}}{=\!=} \lim_{x \to 0^+} \frac{\dfrac{1}{x}}{-\mu x^{-\mu - 1}} = -\lim_{x \to 0^+} \frac{x^\mu}{\mu} = 0.$$

注意:若化为 $\dfrac{0}{0}$ 型未定式来计算将无法得到结果,由此可见,$0 \cdot \infty$ 型未定式究竟是化为 $\dfrac{0}{0}$ 型未定式还是化为 $\dfrac{\infty}{\infty}$ 型未定式来计算才能解决问题,只能通过尝试灵活掌握.

(2)若当 $x \to a$(或 $x \to \infty$)时,$f(x) \to \infty$,$g(x) \to \infty$,则称 $\lim\limits_{\substack{x \to a \\ (\text{或} x \to \infty)}} [f(x) - g(x)]$ 为 $\infty - \infty$ 型未定式,这类极限一般先通分,然后再求极限.

例 12　求 $\lim\limits_{x \to 0}\left(\dfrac{1}{x} - \dfrac{1}{e^x - 1}\right)$.

解　这是 $\infty - \infty$ 型未定式,化为 $\dfrac{0}{0}$ 型未定式计算.

$$\lim_{x \to 0}\left(\frac{1}{x} - \frac{1}{e^x - 1}\right) \overset{\infty - \infty}{=\!=} \lim_{x \to 0} = \lim_{x \to 0} \frac{e^x - 1 - x}{x(e^x - 1)} \overset{\frac{0}{0}}{=\!=} \lim_{x \to 0} \frac{e^x - 1}{e^x - 1 + x e^x} \overset{\frac{0}{0}}{=\!=} \lim_{x \to 0} \frac{e^x}{e^x + e^x + x e^x} = \frac{1}{2}.$$

例 13　求 $\lim\limits_{x \to 1}\left(\dfrac{x}{x - 1} - \dfrac{1}{\ln x}\right)$.

解　$\lim\limits_{x \to 1}\left(\dfrac{x}{x - 1} - \dfrac{1}{\ln x}\right) = \lim\limits_{x \to 1} \dfrac{x \ln x - x + 1}{(x - 1)\ln x} = \lim\limits_{x \to 1} \dfrac{\ln x + 1 - 1}{\ln x + 1 - \dfrac{1}{x}} = \lim\limits_{x \to 1} \dfrac{x \ln x}{x \ln x + x - 1}$

$$= \lim_{x \to 1} \frac{\ln x + 1}{\ln x + 1 + 1} = \frac{1}{2}.$$

(3)当 $x \to a$(或 $x \to \infty$)时,称 $\lim\limits_{\substack{x \to a \\ (\text{或} x \to \infty)}} [f(x)]^{g(x)}$ 为:

①$0^0$ 型未定式,若 $f(x) \to 0^+$,$g(x) \to 0$;

②$1^\infty$ 型未定式,若 $f(x) \to 1$,$g(x) \to \infty$;

③∞^0 型未定式,若 $f(x) \to +\infty$,$g(x) \to 0$.

对于这类极限,利用对数恒等式 $N = e^{\ln N}$,有

$$y = e^{g(x)\ln f(x)}.$$

然后计算下列 $0 \cdot \infty$ 型未定式：

若 $\lim\limits_{\substack{x \to a \\ (或 x \to \infty)}} g(x)\ln f(x) = A$（$A$ 为有限数或无穷大），则

$$\lim\limits_{\substack{x \to a \\ (或 x \to \infty)}} [f(x)]^{g(x)} = e^A.$$

例 14　求 $\lim\limits_{x \to 1} x^{\frac{1}{x^2-1}}$.

解　这是 1^∞ 型未定式，由于 $x^{\frac{1}{x^2-1}} = e^{\ln x^{\frac{1}{x^2-1}}}$.

$$\lim\limits_{x \to 1} x^{\frac{1}{x^2-1}} = \lim\limits_{x \to 1} e^{\frac{1}{x^2-1}\ln x} = \lim\limits_{x \to 1} e^{\frac{\ln x}{x^2-1}} = e^{\lim\limits_{x \to 1}\frac{\ln x}{x^2-1}} = e^{\lim\limits_{x \to 1}\frac{\frac{1}{x}}{2x}} = e^{\lim\limits_{x \to 1}\frac{1}{2x^2}} = e^{\frac{1}{2}}.$$

例 15　求 $\lim\limits_{x \to 0+} x^{\sin x}$.

解　这是 0^0 型未定式.

$$\lim\limits_{x \to 0+} x^{\sin x} \overset{0^0}{=} \lim\limits_{x \to 0+} e^{\ln x \sin x} = e^{\lim\limits_{x \to 0+}\sin x \ln x} \overset{0 \cdot \infty}{=} e^{\lim\limits_{x \to 0}\frac{\ln x}{\frac{1}{\sin x}}} = e^{\lim\limits_{x \to 0}\frac{\frac{1}{x}}{-\frac{\cos x}{\sin^2 x}}}$$

$$= e^{-\lim\limits_{x \to 0}\frac{\sin^2 x}{x \cos x}} = e^{-\lim\limits_{x \to 0}\frac{2\sin x \cos x}{\cos x - x \sin x}} = e^{-0} = 1$$

例 16　求 $\lim\limits_{x \to +\infty} (1+x)^{\frac{1}{x}}$.

解　这是 ∞^0 型未定式.

$$\lim\limits_{x \to +\infty} (1+x)^{\frac{1}{x}} = e^{\lim\limits_{x \to +\infty}\frac{1}{x}\ln(1+x)} = e^{\lim\limits_{x \to +\infty}\frac{\frac{1}{1+x}}{2\sqrt{x}}} = e^{\lim\limits_{x \to +\infty}\frac{2\sqrt{x}}{1+x}} = e^0 = 1.$$

小结：利用洛必达法则求极限应注意以下几点：

(1) 每次使用法则之前，都要检查是否属于未定式，若不是未定式，就不能使用洛必达法则，不然将得到错误结果.

(2) 在计算过程中，若有公因子可先约去，若有非零极限值的因子可提取出去，若遇到可以应用等价无穷小的代换和重要极限时应尽量应用，以便简化计算.

(3) 用洛必达法则求未定式的极限并不是绝对有效的，因为定理条件是充分的而不是必要的，当 $\lim\limits_{\substack{x \to x_0 \\ (或 x \to \infty)}} \dfrac{f'(x)}{g'(x)}$ 不存在时（等于 ∞ 的情况除外），$\lim\limits_{\substack{x \to x_0 \\ (或 x \to \infty)}} \dfrac{f(x)}{g(x)}$ 可能存在，这时法则失效，应改用其他方法求极限.

如求 $\lim\limits_{x \to 0} \dfrac{x^2\sin\frac{1}{x}}{\sin x} \overset{\frac{0}{0}}{=} \lim\limits_{x \to 0} \dfrac{2x\sin\frac{1}{x} - \cos\frac{1}{x}}{\cos x}$ 不存在，不能断言原极限不存在，这时洛必达法则失效.正确解法是：

$$\lim\limits_{x \to 0} \dfrac{x^2\sin\frac{1}{x}}{\sin x} \overset{\frac{0}{0}}{=} \lim\limits_{x \to 0} \dfrac{x^2\sin\frac{1}{x}}{x} = \lim\limits_{x \to 0} x\sin\frac{1}{x} = 0.$$

例 17　求 $\lim\limits_{x \to \infty} \dfrac{x+\cos x}{x}$.

解 若用洛必达法则,则有 $\lim\limits_{x\to\infty}\dfrac{x+\cos x}{x}=\lim\limits_{x\to\infty}\dfrac{1-\sin x}{1}=\lim\limits_{x\to\infty}(1-\sin x)$ 不存在.

但是,$\lim\limits_{x\to\infty}\dfrac{x+\cos x}{x}=\lim\limits_{x\to\infty}(1+\dfrac{1}{x}\cos x)=1.$

例 18 求 $\lim\limits_{x\to+\infty}\dfrac{e^x-e^{-x}}{e^x+e^{-x}}.$

解 用 $\dfrac{\infty}{\infty}$ 型的洛必达法则,有 $\lim\limits_{x\to+\infty}\dfrac{e^x-e^{-x}}{e^x+e^{-x}}=\lim\limits_{x\to+\infty}\dfrac{e^x+e^{-x}}{e^x-e^{-x}}=\lim\limits_{x\to+\infty}\dfrac{e^x-e^{-x}}{e^x+e^{-x}}=\cdots$ 出现循环,洛必达法则失效.改用其他方法,有

$$\lim\limits_{x\to+\infty}\dfrac{e^x-e^{-x}}{e^x+e^{-x}}=\lim\limits_{x\to+\infty}\dfrac{1-e^{-2x}}{1+e^{-2x}}=\dfrac{1-0}{1+0}=1.$$

注意:洛必达法则失效,不能判定该函数无极限,需改用其他方法.

归纳:

(1)$0\cdot\infty$ 型:常用求解方法是先将函数恒等变形,化为 $\dfrac{0}{0}$ 型或 $\dfrac{\infty}{\infty}$ 型,再用洛必达法则.

(2)$\infty-\infty$ 型:常用求解方法是先将函数恒等变形,化为 $\dfrac{0}{0}$ 型或 $\dfrac{\infty}{\infty}$ 型,再用洛必达法则.

(3)0^0,1^∞,∞^0 型:常用求解方法是先将原函数取对数,化成 $0\cdot\infty$ 型,然后转化成 $\dfrac{0}{0}$ 型或 $\dfrac{\infty}{\infty}$ 型,再用洛必达法则.

习题 3.2

1. 用洛必达法则求下列极限:

(1)$\lim\limits_{x\to\frac{\pi}{2}}\dfrac{\ln\sin x}{(\pi-2x)^2}$;

(2)$\lim\limits_{x\to+\infty}\dfrac{\ln(1+\dfrac{1}{x})}{\arctan x}$;

(3)$\lim\limits_{x\to0}x\cot 2x$;

(4)$\lim\limits_{x\to1}(\dfrac{2}{x^2-1}-\dfrac{1}{x-1})$;

(5)$\lim\limits_{x\to0^+}x^{\sin x}$;

(6)$\lim\limits_{x\to0^+}(\dfrac{1}{x})^{\tan x}$;

(7)$\lim\limits_{x\to+\infty}(\dfrac{2}{\pi}\arctan x)^x$;

(8)$\lim\limits_{x\to\frac{\pi}{2}}\dfrac{\tan x}{\tan 5x}$;

(9)$\lim\limits_{x\to+\infty}\dfrac{\ln(1+\dfrac{2}{x})}{\text{arccot}x}$;

(10)$\lim\limits_{x\to0}\dfrac{\ln(1+x^2)}{\sec x-\cos x}$;

(11)$\lim\limits_{x\to0}x\cot 3x$;

(12)$\lim\limits_{x\to0}x^2 e^{\frac{1}{x^2}}$;

(13)$\lim\limits_{x\to1}\left(\dfrac{2}{x^2-1}-\dfrac{1}{x-1}\right)$;

(14)$\lim\limits_{x\to\infty}\left(1+\dfrac{3}{x}\right)^x$;

(15) $\lim\limits_{x \to 0^+} x^{\tan x}$;

(16) $\lim\limits_{x \to 0^+} \left(\dfrac{1}{x}\right)^{\sin x}$.

2. 验证极限 $\lim\limits_{x \to \infty} \dfrac{x + \sin x}{x - \sin x}$ 存在,但不能用洛必达法则求出.

3. 验证极限 $\lim\limits_{x \to \infty} \dfrac{\sqrt{1 + x^2}}{x}$ 存在,但不能用洛必达法则求出.

4. 讨论函数 $f(x) = \begin{cases} \left[\dfrac{(1+x)^{\frac{1}{x}}}{e}\right]^{\frac{1}{x}}, & x > 0, \\ e^{-\frac{1}{2}}, & x \leqslant 0 \end{cases}$ 在点 $x = 0$ 处的连续性.

3.3　泰勒公式

对于一些较复杂的函数,为了便于研究,往往希望用一些简单的函数来近似表达.由于用多项式表示的函数,只要对自变量进行有限次加、减、乘三种算术运算,便能求出它的函数值来,因此我们经常用多项式来近似表达函数.

3.3.1　泰勒公式

在微分的应用中已经知道,当 $|x|$ 很小时,有如下的近似等式:
$$e^x \approx 1 + x, \ln(1 + x) \approx x.$$
这些都是用一次多项式来近似表达函数的例子.显然,在 $x = 0$ 处这些一次多项式及其一阶导数的值,分别等于被近似表达的函数及其导数的相应值.

但是这种近似表达式还存在着不足之处:首先是精确度不高,它所产生的误差仅是关于 x 的高阶无穷小;其次是用它来做近似计算时,不能具体估算出误差大小.因此,对于精确度要求较高且需要估计误差的时候,就必须用高次多项式来近似表达函数,同时给出误差公式.

于是提出如下的问题:设函数 $f(x)$ 在含有 x_0 的开区间内具有直到 $(n+1)$ 阶导数,试找出一个关于 $(x - x_0)$ 的 n 次多项式
$$p_n(x) = a_0 + a_1(x - x_0) + a_2(x - x_0)^2 + \cdots + a_n(x - x_0)^n \tag{3-5}$$
来近似表达 $f(x)$,要求 $p_n(x)$ 与 $f(x)$ 之差是比 $(x - x_0)^n$ 高阶的无穷小,并给出误差 $|f(x) - p_n(x)|$ 的具体表达式.

下面我们来讨论这个问题.假设 $p_n(x)$ 在 x_0 处的函数值及它的直到 n 阶导数在 x_0 处的值依次与 $f(x_0), f'(x_0), \cdots, f^{(n)}(x_0)$ 相等,即满足
$$p_n(x_0) = f(x_0), p'_n(x_0) = f'(x_0),$$
$$p''_n(x_0) = f''(x_0), \cdots, p_n^{(n)} = f^{(n)}(x_0),$$
按这些等式来确定多项式(3-5)的系数 $a_0, a_1, a_2, \cdots, a_n$.为此,对(3-5)式求各阶导数,然后分别代入以上等式,得
$$a_0 = f(x_0), 1 \cdot a_1 = f'(x_0), 2! a_2 = f''(x_0), \cdots, n! a_n = f^{(n)}(x_0),$$

即得 $a_0 = f(x_0), a_1 = f'(x_0), a_2 = \dfrac{1}{2!} f''(x_0), \cdots, a_n = \dfrac{1}{n!} f^{(n)}(x_0).$

将求得的系数 $a_0, a_1, a_2, \cdots, a_n$ 代入(3-5)式,有

$$p_n(x) = f(x_0) + f'(x_0)(x - x_0) + \frac{f''(x_0)}{2!}(x - x_0)^2 + \cdots + \frac{f^{(n)}(x_0)}{n!}(x - x_0)^n.$$

$$(3\text{-}6)$$

下面的定理表明,多项式(3-6)的确是所要找的 n 次多项式.

定理 3.6 [泰勒(Taylor)中值定理]如果函数 $f(x)$ 在含有 x_0 的某个开区间 (a,b) 内具有直到 $(n+1)$ 阶的导数,则对任一 $x \in (a,b)$,有

$$f(x) = f(x_0) + f'(x_0)(x - x_0) + \frac{f''(x_0)}{2!}(x - x_0)^2 + \cdots +$$

$$\frac{f^{(n)}(x_0)}{n!}(x - x_0)^n + R_n(x),$$

$$(3\text{-}7)$$

其中

$$R_n(x) = \frac{f^{(n+1)}(\xi)}{(n+1)!}(x - x_0)^{n+1}, \qquad (3\text{-}8)$$

这里 ξ 是 x_0 与 x 之间的某个值.

证 已知 $R_n(x) = f(x) - p_n(x)$. 只需证明

$$R_n(x) = \frac{f^{(n+1)}(\xi)}{(n+1)!}(x - x_0)^{n+1} (\xi \text{ 在 } x_0 \text{ 与 } x \text{ 之间}).$$

由假设可知,$R_n(x)$ 在 (a,b) 内具有直到 $(n+1)$ 阶导数,且

$$R_n(x_0) = R'_n(x_0) = R''_n(x_0) = \cdots = R_n^{(n)}(x_0) = 0.$$

对两个函数 $R_n(x)$ 及 $(x - x_0)^{n+1}$ 在以 x_0 及 x 为端点的区间上应用柯西中值定理(显然,这两个函数满足柯西中值定理的条件),得

$$\frac{R_n(x)}{(x - x_0)^{n+1}} = \frac{R_n(x) - R_n(x_0)}{(x - x_0)^{n+1} - 0} = \frac{R'_n(\xi_1)}{(n+1)(\xi_1 - x_0)^n} (\xi \text{ 在 } x_0 \text{ 与 } x \text{ 之间}),$$

再对两个函数 $R'_n(x)$ 与 $(n+1)(x - x_0)^n$ 在以 x_0 及 ξ_1 为端点的区间上应用柯西中值定理,得

$$\frac{R'_n(\xi_1)}{(n+1)(\xi_1 - x_0)^n} = \frac{R'_n(\xi_1) - R'_n(x_0)}{(n+1)(\xi_1 - x_0)^n - 0} = \frac{R''_n(\xi_2)}{n(n+1)(\xi_2 - x_0)^{n-1}}$$

$$(\xi_2 \text{ 在 } x_0 \text{ 与 } \xi_1 \text{ 之间}).$$

照此方法继续做下去,经过 $(n+1)$ 次后,得

$$\frac{R_n(x)}{(x - x_0)^{n+1}} = \frac{R_n^{(n+1)}(\xi)}{(n+1)!} (\xi \text{ 在 } x_0 \text{ 与 } \xi_n \text{ 之间,因而也在 } x_0 \text{ 与 } x \text{ 之间}).$$

注意到 $R_n^{(n+1)}(x) = f^{(n+1)}(x)$(因 $p_n^{(n+1)}(x) = 0$),则由上式得

$$R_n(x) = \frac{f^{(n+1)}(\xi)}{(n+1)!}(x - x_0)^{n+1} (\xi \text{ 在 } x_0 \text{ 与 } x \text{ 之间}).$$

定理证毕.

多项式(3-6)称为函数 $f(x)$ 按 $(x - x_0)$ 的幂展开的 n 次近似多项式,公式(3-7)称为 $f(x)$ 按 $(x - x_0)$ 的幂展开的带有拉格朗日型余项的 n 阶泰勒公式,而 $R_n(x)$ 的表达式

（3-8）称为拉格朗日型余项.

当 $n=0$ 时,泰勒公式变成拉格朗日中值公式：

$$f(x) = f(x_0) + f'(\xi)(x - x_0) \quad (\xi \text{ 在 } x_0 \text{ 与 } x \text{ 之间}).$$

因此,泰勒中值定理是拉格朗日中值定理的推广.

由泰勒中值定理可知,以多项式 $p_n(x)$ 近似表达函数 $f(x)$ 时,其误差为 $|R_n(x)|$. 如果对于某个固定的 n,当 $x \in (a, b)$ 时, $|f^{(n+1)}(x)| \leqslant M$,则有估计式：

$$|R_n(x)| = \left| \frac{f^{(n+1)}(\xi)}{(n+1)!}(x - x_0)^{n+1} \right| \leqslant \frac{M}{(n+1)!} |x - x_0|^{n+1}$$

及 $\lim\limits_{x \to x_0} \dfrac{R_n(x)}{(x - x_0)^n} = 0$.

由此可见,当 $x \to x_0$ 时,误差 $|R_n(x)|$ 是比 $(x - x_0)^n$ 高阶的无穷小,即

$$R_n(x) = o[(x - x_0)^n]. \tag{3-9}$$

这样,我们提出的问题完满地得到解决.

在不需要余项的精确表达式时, n 阶泰勒公式也可写成

$$f(x) = f(x_0) + f'(x_0)(x - x_0) + \cdots + \frac{f^{(n)}(x_0)}{n!}(x - x_0)^n + o[(x - x_0)^n] \tag{3-10}$$

$R_n(x)$ 的表达式（3-9）称为佩亚诺（Peano）型余项,公式（3-10）称为 $f(x)$ 按 $(x - x_0)$ 的幂展开的带有佩亚诺型余项的 n 阶泰勒公式.

在泰勒公式（3-7）中,如果取 $x_0 = 0$,则 ξ 在 0 与 x 之间.因此可令 $\xi = \theta x \, (0 < \theta < 1)$,从而泰勒公式变成较简单的形式,即所谓麦克劳林（Maclaurin）公式

$$f(x) = f(0) + f'(0)x + \frac{f''(0)}{2!}x^2 + \cdots + \frac{f^{(n)}(0)}{n!}x^n + \frac{f^{(n+1)}(\theta x)}{(n+1)!}x^{n+1} \, (0 < \theta < 1) \tag{3-11}$$

在泰勒公式（3-10）中,如果取 $x_0 = 0$,则有带有佩亚诺型余项的麦克劳林公式

$$f(x) = f(0) + f'(0)x + \cdots + \frac{f^{(n)}(0)}{n!}x^n + o(x^n). \tag{3-12}$$

由（3-11）式或（3-12）式可得近似公式：

$$f(x) \approx f(0) + f'(0)x + \cdots + \frac{f^{(n)}(0)}{n!}x^n,$$

误差估计式（3-9）相应地变成

$$|R_n(x)| \leqslant \frac{M}{(n+1)!} |x|^{n+1}. \tag{3-13}$$

3.3.2　几个常用函数的展开式

例 1　写出函数 $f(x) = e^x$ 的带有拉格朗日型余项的 n 阶麦克劳林公式.

解　因为 $f'(x) = f''(x) = \cdots = f^{(n)}(x) = e^x$,所以

$$f(0) = f'(0) = f''(0) = \cdots = f^{(n)}(0) = 1.$$

把这些值代入公式(3-11),并注意到 $f^{(n+1)}(\theta x)=\mathrm{e}^{\theta x}$,便得

$$\mathrm{e}^x=1+x+\frac{x^2}{2!}+\cdots+\frac{x^n}{n!}+\frac{\mathrm{e}^{\theta x}}{(n+1)!}x^{n+1}(0<\theta<1).$$

由这个公式可知,若把 e^x 用它的 n 次近似多项式表达为

$$\mathrm{e}^x\approx1+x+\frac{x^2}{2!}+\cdots+\frac{x^n}{n!},$$

这时所产生的误差为

$$|R_n(x)|=\left|\frac{\mathrm{e}^{\theta x}}{(n+1)!}x^{n+1}\right|<\frac{\mathrm{e}^{|x|}}{(n+1)!}|x|^{n+1}(0<\theta<1).$$

如果取 $x=1$,则得无理数 e 的近似式为 $\mathrm{e}\approx1+1+\frac{1}{2!}+\cdots+\frac{1}{n!}$,其误差 $|R_n|<$

$\dfrac{\mathrm{e}}{(n+1)!}<\dfrac{3}{(n+1)!}$.

当 $n=10$ 时,可算出 $\mathrm{e}\approx2.718282$,其误差不超过 10^{-6}.

例 2　求 $f(x)=\sin x$ 的带有拉格朗日型余项的 n 阶麦克劳林公式.

解　因为

$$f'(x)=\cos x,f''(x)=-\sin x,f'''(x)=-\cos x,f^{(4)}(x)=\sin x,\cdots,f^{(n)}(x)=\sin\left(x+\frac{n\pi}{2}\right),$$

所以 $f(0)=0,f'(0)=1,f''(0)=0,f'''(0)=-1,f^{(4)}(0)=0$ 等.它们循环地取四个数 $0,1$,
$0,-1$,于是按麦克劳林公式(3-11)得(令 $n=2m$)

$$\sin x=x-\frac{x^3}{3!}+\frac{x^5}{5!}-\cdots+(-1)^{m-1}\frac{x^{2m-1}}{(2m-1)!}+R_{2m}(x),$$

其中

$$R_{2m}(x)=\frac{\sin\left[\theta x+(2m+1)\dfrac{\pi}{2}\right]}{(2m+1)!}x^{2m+1}(0<\theta<1).$$

如果取 $m=1$,则得近似公式

$$\sin x\approx x,$$

这时误差为 $|R_2|=\left|\dfrac{\sin\left(\theta x+\dfrac{3}{2}\pi\right)}{3!}x^3\right|\leqslant\dfrac{|x|^3}{6}(0<\theta<1).$

如果 m 分别取 2 和 3,则可得 $\sin x$ 的 3 次和 5 次近似多项式

$$\sin x\approx x-\frac{1}{3!}x^3\text{ 和 }\sin x\approx x-\frac{1}{3!}x^3+\frac{1}{5!}x^5,$$

其误差的绝对值依次不超过 $\dfrac{1}{5!}|x|^5$ 和 $\dfrac{1}{7!}|x|^7$.以上三个近似多项式及正弦函数的图形

都画在图 3-4 中,以便于比较.

类似地,还可以得到

$$\cos x=1-\frac{1}{2!}x^2+\frac{1}{4!}x^4-\cdots+(-1)^m\frac{1}{(2m)!}x^{2m}+R_{2m+1}(x),$$

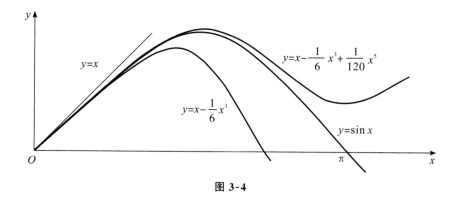

图 3-4

其中 $R_{2m+1}(x) = \dfrac{\cos[\theta x + (m+1)\pi]}{(2m+2)!} x^{2m+2} (0 < \theta < 1)$.

$$\ln(1+x) = x - \frac{1}{2}x^2 + \frac{1}{3}x^3 - \cdots + (-1)^{n-1}\frac{1}{n}x^n + R_n(x),$$

其中 $R_n(x) = \dfrac{(-1)^n}{(n+1)(1+\theta x)^{n+1}} x^{n+1} (0 < \theta < 1)$.

$$(1+x)^\alpha = 1 + \alpha x + \frac{\alpha(\alpha-1)}{2!}x^2 + \cdots + \frac{\alpha(\alpha-1)\cdots(\alpha-n+1)}{n!}x^n + R_n(x),$$

其中 $R_n(x) = \dfrac{\alpha(\alpha-1)\cdots(\alpha-n+1)(\alpha-n)}{(n+1)!}(1+\theta x)^{\alpha-n+1}x^{n+1} (0 < \theta < 1)$.

$$\frac{1}{1-x} = 1 + x + x^2 + \cdots + x^n + R_n(x),$$

其中 $R_n(x) = \dfrac{x^{n+1}}{(1-\theta x)^{n+2}} (0 < \theta < 1, x < 1)$.

由以上带有拉格朗日型余项的麦克劳林公式,易知相应的带有佩亚诺型余项的麦克劳林公式.

$(1) e^x = 1 + x + \dfrac{x^2}{2!} + \cdots + \dfrac{x^n}{n!} + o(x^n)$;

$(2) \sin x = x - \dfrac{x^3}{3!} + \dfrac{x^5}{5!} + \cdots + (-1)^{m-1}\dfrac{x^{2m-1}}{(2m-1)!} + o(x^{2m})$;

$(3) \cos x = 1 - \dfrac{x^2}{2!} + \dfrac{x^4}{4!} + \cdots + (-1)^m\dfrac{x^{2m}}{(2m)!} + o(x^{2m+1})$;

$(4) \ln(1+x) = x - \dfrac{x^2}{2} + \dfrac{x^3}{3} + \cdots + (-1)^{n-1}\dfrac{x^n}{n} + o(x^n)$;

$(5) (1+x)^\alpha = 1 + \alpha x + \dfrac{\alpha(\alpha-1)}{2!}x^2 + \cdots + \dfrac{\alpha(\alpha-1)\cdots(\alpha-n+1)}{n!}x^n + o(x^n)$;

$(6) \dfrac{1}{1-x} = 1 + x + x^2 + \cdots + x^n + o(x^n)$.

利用上述麦克劳林公式,可间接求得其他一些函数的麦克劳林公式或泰勒公式,还可用来求某种类型的极限.

例 3 写出 $f(x)=e^{-\frac{x^2}{2}}$ 的麦克劳林公式,并求 $f^{(98)}(0)$ 与 $f^{(99)}(0)$.

解 用 $(-\frac{x^2}{2})$ 替换上述例 2 公式(1) 中的 x,便得

$$e^{-\frac{x^2}{2}}=1-\frac{x^2}{2}+\frac{x^4}{2^2\cdot 2!}+\cdots(-1)^n\cdot\frac{x^{2n}}{2^n n!}+o(x^{2n}).$$

上式即为所求的麦克劳林公式.

由泰勒公式系数的定义,在上述 $f(x)$ 的麦克劳林公式中,x^{98},x^{99} 的系数分别为

$$\frac{1}{98!}f^{(98)}(0)=(-1)^{49}\frac{1}{2^{49}\cdot 49!},\frac{1}{99!}f^{(99)}(0)=0.$$

由此得到 $f^{(98)}(0)=-\frac{98!}{2^{49}\cdot 49!}$,$f^{(99)}(0)=0$.

例 4 求 $\ln x$ 在 $x=2$ 处的泰勒公式.

解 由于 $\ln x=\ln[2+(x-2)]=\ln 2+\ln(1+\frac{x-2}{2})$,因此

$$\ln x=\ln 2+\frac{1}{2}(x-2)-\frac{1}{2\cdot 2^2}(x-2)^2+\cdots+(-2)^{n-1}\frac{1}{n\cdot 2^n}(x-2)^n+o((x-2)^n).$$

上式即为所求的泰勒公式.

3.3.3 泰勒公式的应用

1. 近似计算

利用泰勒公式近似计算函数值较之微分精确度更高,适用范围更广,并且可以估计误差.

例 5 (1) 计算 e 的值,使其误差不超过 10^{-6};(2) 证明 e 为无理数.

解 (1) 由例 1 公式,当 $x=1$ 时有

$$e=1+1+\frac{1}{2!}+\frac{1}{3!}+\cdots+\frac{1}{n!}+\frac{e^\theta}{(n+1)!}(0<\theta<1). \tag{3-14}$$

故 $R_n(1)=\frac{e^\theta}{(n+1)!}<\frac{3}{(n+1)!}$,当 $n=9$ 时,便有

$$R_9(1)<\frac{3}{10!}=\frac{3}{3628800}<10^{-6}.$$

从而略去 $R_9(1)$ 而求得 e 的近似值为

$$e\approx 1+1+\frac{1}{2!}+\frac{1}{3!}+\cdots+\frac{1}{9!}\approx 2.718285.$$

(2) 由(3-14) 式得

$$n!e-(n!+n!+3\cdot 4\cdots n+\cdots+n+1)=\frac{e^\theta}{n+1}. \tag{3-15}$$

倘若 $e=\frac{p}{q}$(p,q 为正整数),则当 $n>q$ 时,$n!e$ 为正整数,从而(3-15)式左边为整数.因为 $\frac{e^\theta}{n+1}<\frac{e}{n+1}<\frac{3}{n+1}$,所以 $n\geqslant 2$ 时,右边为非整数,矛盾.所以 e 只能是无理数.

例 6　用泰勒多项式逼近正弦函数 $\sin x$（例 2 中的公式），要求误差不超过 10^{-3}．试以 $m=1$ 和 $m=2$ 两种情形分别讨论 x 的取值范围．

解　（1）$m=1$ 时，$\sin x \approx x$，使其误差满足

$$|R_2(x)| = \left| \frac{\cos\theta x}{3!} x^3 \right| \leqslant \frac{|x|^3}{6} < 10^{-3}.$$

只需 $|x| < 0.1817$（弧度），即大约在原点左右 $10°24'40''$ 范围内以 x 近似 $\sin x$，其误差不超过 10^{-3}．

（2）$m=2$ 时，$\sin x \approx x - \dfrac{x^3}{6}$，使其误差满足：

$$|R_4(x)| = \left| \frac{\cos\theta x}{5!} x^5 \right| \leqslant \frac{|x|^5}{5!} < 10^{-3}.$$

只需 $|x| < 0.6543$（弧度），即大约在原点左右 $37°29'38''$ 范围内，上述三次多项式逼近的误差不超过 10^{-3}．

如果进一步用更高次的多项式来逼近 $\sin x$，x 能在更大范围内满足同一误差．

2. 计算未定式的极限

除了洛必达法则之外，泰勒公式也是极限计算的重要方法．

例 7　利用带有佩亚诺型余项的麦克劳林公式，求极限 $\lim\limits_{x \to 0} \dfrac{\sin x - x\cos x}{\sin^3 x}$．

解　由于分式的分母 $\sin^3 x \sim x^3 (x \to 0)$，只需将分子中的 $\sin x$ 和 $x\cos x$ 分别用带有佩亚诺型余项的三阶麦克劳林公式表示，即

$$\sin x = x - \frac{x^3}{3!} + o(x^3), \quad x\cos x = x - \frac{x^3}{2!} + o(x^3),$$

于是

$$\sin x - x\cos x = x - \frac{x^3}{3!} + o(x^3) - x + \frac{x^3}{2!} - o(x^3) = \frac{1}{3}x^3 + o(x^3),$$

对上式做运算时，把两个比 x^3 高阶的无穷小的代数和记为 $o(x^3)$，故

$$\lim_{x \to 0} \frac{\sin x - x\cos x}{\sin^3 x} = \lim_{x \to 0} \frac{\frac{1}{3}x^3 + o(x^3)}{x^3} = \frac{1}{3}.$$

注：本例解法就是用泰勒公式求极限的方法，这种方法的关键是确定展开的函数（如本例中的 $\sin x$ 和 $\cos x$）及展开的阶数（如本例中的 3 阶）．

3. 证明不等式

例 8　设 $\lim\limits_{x \to 0} \dfrac{f(x)}{x} = 1$ 且 $f''(x) > 0$，证明：$f(x) \geqslant x$．

证　因为 $\lim\limits_{x \to 0} \dfrac{f(x)}{x} = 1$，所以 $f(0) = 0$，$f'(0) = 1$．而 $f(x)$ 在 $x = 0$ 点处的一阶泰勒公式为 $f(x) = f(0) + f'(0)x + \dfrac{f''(\xi)}{2!}x^2$，即 $f(x) = x + \dfrac{f''(\xi)}{2!}x^2$，又由于 $f''(x) > 0$，故 $f(x) \geqslant x$．

习题 3.3

1. 按 $(x-4)$ 的幂展开多项式 $f(x)=x^4-5x^3+x^2-3x+4$.

2. 求函数在给定点处带佩亚诺型余项的 n 阶泰勒公式：

(1) $y=\ln(1+x)$，$x_0=1$；

(2) $y=\dfrac{1}{x}$，$x_0=-1$；

(3) $y=\sqrt{x}$，$x_0=4$；

(4) $y=x\,\mathrm{e}^x$，$x_0=0$.

3. 应用 3 阶泰勒公式求下列各数的近似值，并估计误差.

(1) $\sqrt[3]{30}$；

(2) $\sqrt{\mathrm{e}}$.

4. 利用泰勒公式求下列极限：

(1) $\lim\limits_{x\to 0}\dfrac{\sqrt{3x+4}+\sqrt{4-3x}-4}{x^2}$；

(2) $\lim\limits_{x\to 0}\dfrac{\cos x-\mathrm{e}^{-\frac{x^2}{2}}}{x^3[x+\ln(1-x)]}$.

3.4 函数的单调性与曲线的凹凸性

3.4.1 函数单调性的判定法

第一章第一节中已经介绍了函数在区间上单调的概念.下面利用导数来对函数的单调性进行研究.

如果函数 $y=f(x)$ 在 $[a,b]$ 上单调增加（单调减少），那么它的图形是一条沿 x 轴正向上升（下降）的曲线.这时，如图 3-5，曲线上各点处的切线斜率是非负的（是非正的），即 $y'=f'(x)\geqslant 0$（$y'=f'(x)\leqslant 0$）.由此可见，函数的单调性与导数的符号有着密切的联系.

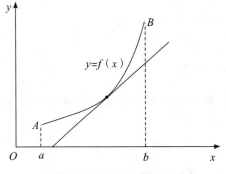

（a）函数图形上升时切线斜率非负

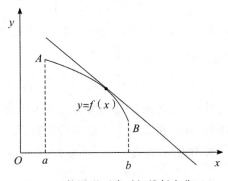

(b)函数图形下降时切线斜率非正

图 3-5

反过来，能否用导数的符号来判定函数的单调性呢？

下面我们利用拉格朗日中值定理来进行讨论.

设函数 $f(x)$ 在 $[a,b]$ 上连续，在 (a,b) 内可导，在 $[a,b]$ 上任取两点 $x_1,x_2(x_1<x_2)$，

应用拉格朗日中值定理,得到
$$f(x_2)-f(x_1)=f'(\xi)(x_2-x_1) \quad (x_1<\xi<x_2).$$

由于在上式中,$x_2-x_1>0$,因此,如果在(a,b)内导数$f'(x)$保持正号,即$f'(x)>0$,那么也有$f'(\xi)>0$.于是
$$f(x_2)-f(x_1)=f'(\xi)(x_2-x_1)>0,$$

即
$$f(x_1)<f(x_2),$$

表明函数$y=f(x)$在$[a,b]$上单调增加.同理,如果在(a,b)内导数$f'(x)$保持负号,即$f'(x)<0$,那么$f'(\xi)<0$,于是$f(x_2)-f(x_1)<0$,即$f(x_1)>f(x_2)$,表明函数$y=f(x)$在$[a,b]$上单调减少.

归纳以上讨论,即得函数单调性的判定法.

定理 3.7　设函数$y=f(x)$在$[a,b]$上连续,在(a,b)内可导.

(1) 如果在(a,b)内$f'(x)\geqslant 0$,且等号仅在有限多个点处成立,那么函数$y=f(x)$在$[a,b]$上单调增加;

(2) 如果在(a,b)内$f'(x)\leqslant 0$,且等号仅在有限多个点处成立,那么函数$y=f(x)$在$[a,b]$上单调减少.

如果把这个判定法中的闭区间换成其他各种区间(包括无穷区间),那么结论也成立.

例 1　讨论函数$y=e^x-x-1$的单调性.

解　函数$y=e^x-x-1$的定义域为$(-\infty,+\infty)$,并且$y'=e^x-1$. 因为在$(-\infty,0)$内$y'<0$,所以函数$y=e^x-x-1$在$(-\infty,0]$上单调减少.因为在$(0,+\infty)$内$y'>0$,所以函数$y=e^x-x-1$在$[0,+\infty)$上单调增加.

例 2　讨论函数$y=\sqrt[3]{x^2}$的单调性.

解　这函数的定义域为$(-\infty,+\infty)$.当$x\neq 0$时,这函数的导数为$y'=\dfrac{2}{3\sqrt[3]{x}}$;当$x=0$时,函数的导数不存在.

在$(-\infty,0)$内,$y'<0$,因此函数$y=\sqrt[3]{x^2}$在$(-\infty,0]$上单调减少.在$(0,+\infty)$内,$y'>0$,因此函数$y=\sqrt[3]{x^2}$在$[0,+\infty)$上单调增加.函数的图形如图 3-6 所示.

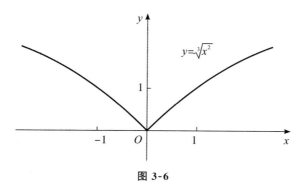

图 3-6

我们注意到,在例1中,$x=0$ 是函数 $y=e^x-x-1$ 的单调减少区间 $(-\infty,0]$ 与单调增加区间 $[0,+\infty)$ 的分界点,而在该点处 $y'=0$.在例2中,$x=0$ 是函数 $y=\sqrt[3]{x^2}$ 的单调减少区间 $(-\infty,0]$ 与单调增加区间 $[0,+\infty)$ 的分界点,而在该点处导数不存在.

从例1中看出,有些函数在它的定义区间上不是单调的,但是当我们用导数等于零的点来划分函数的定义区间以后,就可以使函数在各个部分区间上单调.这个结论对于在定义区间上具有连续导数的函数都是成立的.从例2中可看出,如果函数在某些点处不可导,则划分函数的定义区间的分点,还应包括这些导数不存在的点.综合上述两种情形,我们有如下结论:

如果函数在定义区间上连续,除去有限个导数不存在的点外导数存在且连续,那么只要用方程 $f'(x)=0$ 的根及 $f'(x)$ 不存在的点来划分函数 $f(x)$ 的定义区间,就能保证 $f'(x)$ 在各个部分区间内保持固定符号,因而函数 $f(x)$ 在每个部分区间上单调.

例3 讨论函数 $f(x)=\dfrac{3}{8}x^{\frac{8}{3}}-\dfrac{3}{2}x^{\frac{2}{3}}$ 的单调性.

解 此函数的定义域为 $(-\infty,+\infty)$,

$$f'(x)=x^{\frac{5}{3}}-x^{-\frac{1}{3}}=x^{-\frac{1}{3}}(x^2-1)=\frac{(x+1)(x-1)}{\sqrt[3]{x}}.$$

令 $f'(x)=0$,可得 $x=-1,x=1$.$x=0$ 时函数的导数不存在.

这三点把定义域 $(-\infty,+\infty)$ 分成了 $(-\infty,-1),(-1,0),(0,1),(1,+\infty)$ 四个小区间,如表3-1所示:

表 3-1

x	$(-\infty,-1)$	-1	$(-1,0)$	0	$(0,1)$	1	$(1,+\infty)$
$f'(x)$	$-$	0	$+$	不存在	$-$	0	$+$
$f(x)$	↘	↗		↘		↗	

由上表可知,所给函数为严格单调增加的区间是 $(-1,0),(1,+\infty)$;严格单调减少的区间是 $(-\infty,-1),(0,1)$.

利用函数的单调性可以证明不等式,证明的关键在于构造合适的辅助函数,并与区间的端点值进行比较.

例4 当 $0<x<\dfrac{\pi}{2}$ 时,试证:

(1)$\tan x>x$;

(2)$\tan x>x+\dfrac{x^3}{3}$.

证 (1) 令 $f(x)=\tan x-x$,当 $0<x<\dfrac{\pi}{2}$ 时,有 $f'(x)=\sec^2 x-1=\tan^2 x>0$,由此推出 $f(x)$ 在 $0<x<\dfrac{\pi}{2}$ 时为严格单调增加函数,则当 $0<x<\dfrac{\pi}{2}$ 时,有 $f(x)=\tan x-x>f(0)=0$,即 $\tan x>x$.

(2) 令 $f(x)=\tan x-x-\dfrac{x^3}{3}$,当 $0<x<\dfrac{\pi}{2}$ 时,有

$$f'(x)=\sec^2 x-1-x^2=\tan^2 x-x^2=(\tan x-x)(\tan x+x)>0,$$

由此推出 $f(x)$ 在 $0<x<\dfrac{\pi}{2}$ 内为严格单调增加函数,而 $f(0)=0$,则当 $0<x<\dfrac{\pi}{2}$

时,$f(x)=\tan x-x-\dfrac{x^3}{3}>0$,即 $\tan x>x+\dfrac{x^3}{3}$.

例 5　证明:方程 $x=\cos x$ 在 $\left(0,\dfrac{\pi}{2}\right)$ 内有唯一实根.

证　令 $f(x)=x-\cos x,x\in\left[0,\dfrac{\pi}{2}\right]$.

(1) 因为 $f(x)$ 在闭区间 $\left[0,\dfrac{\pi}{2}\right]$ 上连续,$f(0)f\left(\dfrac{\pi}{2}\right)=-1\cdot\dfrac{\pi}{2}<0$,所以函数 $f(x)$ 在开区间 $\left(0,\dfrac{\pi}{2}\right)$ 内至少有一个零点.

(2) 因为 $f(x)$ 在 $\left(0,\dfrac{\pi}{2}\right)$ 内可导,且导数 $f'(x)=1+\sin x>0$,所以函数 $f(x)$ 在 $\left(0,\dfrac{\pi}{2}\right)$ 内单调增加,最多有一个零点.

综合(1)和(2)可知,$f(x)=x-\cos x$ 在 $\left(0,\dfrac{\pi}{2}\right)$ 内有且只有一个零点,即方程 $x=\cos x$ 在 $\left(0,\dfrac{\pi}{2}\right)$ 内有唯一实根.

3.4.2　曲线的凹凸与拐点

在上一小节中,我们研究了函数单调性的判定法.函数的单调性反映在图形上,就是曲线的上升或下降.但是,曲线在上升或下降的过程中,还有一个弯曲方向的问题.例如,图 3-7 中有两条曲线弧,虽然它们都是上升的,但图形有显著的不同,$\overset{\frown}{ACB}$ 是向上凸的曲线弧,而 $\overset{\frown}{ADB}$ 是向上凹的曲线弧,它们的凹凸性不同.下面我们就来研究曲线的凹凸性及其判定法.

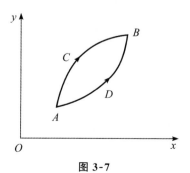

图 3-7

我们从几何上看到,在有的曲线弧上,如果任取两点,则连接这两点间的弦总位于这两点间的弧段的上方[图 3-8 (a)],而有的曲线弧则正好相反[图 3-8 (b)],曲线的这种性质就是曲线的凹凸性.因此曲线的凹凸性可以用连接曲线弧上任意两点的弦的中点与曲线弧上相应点(即具有相同横坐标的点)的位置关系来描述.下面给出曲线凹凸性的定义.

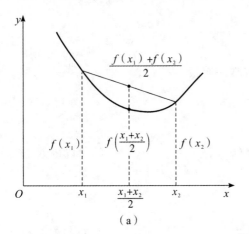 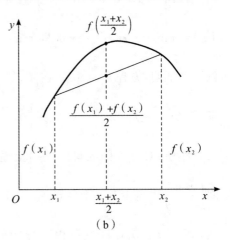

图 3-8

定义 3.1 设 $f(x)$ 在区间 I 上连续,如果对 I 上任意两点 x_1,x_2,恒有

$$f\left(\frac{x_1+x_2}{2}\right)<\frac{f(x_1)+f(x_2)}{2},$$

那么称 $f(x)$ 在 I 上的图形是(向上)凹的(或凹弧);如果恒有

$$f\left(\frac{x_1+x_2}{2}\right)>\frac{f(x_1)+f(x_2)}{2},$$

那么称 $f(x)$ 在 I 上的图形是(向上)凸的(或凸弧).

如果函数 $f(x)$ 在 I 内具有二阶导数,那么可以利用二阶导数的符号来判定曲线的凹凸性,这就是下面的曲线凹凸性的判定定理.我们仅就 I 为闭区间的情形来叙述定理,当 I 不是闭区间时,定理类同.

定理 3.8 设 $f(x)$ 在 $[a,b]$ 上连续,在 (a,b) 内具有一阶和二阶导数,那么

(1) 若在 (a,b) 内 $f''(x)>0$,则 $f(x)$ 在 $[a,b]$ 上的图形是凹的;

(2) 若在 (a,b) 内 $f''(x)<0$,则 $f(x)$ 在 $[a,b]$ 上的图形是凸的.

证明 对情形(1),设 x_1 和 x_2 为 $[a,b]$ 内任意两点,且 $x_1<x_2$,记 $\frac{x_1+x_2}{2}=x_0$,并记 $x_2-x_0=x_0-x_1=h$,则 $x_1=x_0-h$,$x_2=x_0+h$,由拉格朗日中值公式,得

$$f(x_0+h)-f(x_0)=f'(x_0+\theta_1 h)h,$$
$$f(x_0)-f(x_0-h)=f'(x_0-\theta_2 h)h,$$

其中 $0<\theta_1<1,0<\theta_2<1$. 两式相减,即得

$$f(x_0+h)+f(x_0-h)-2f(x_0)=[f'(x_0+\theta_1 h)-f'(x_0-\theta_2 h)]h.$$

对 $f'(x)$ 在区间 $[x_0-\theta_2 h,x_0+\theta_1 h]$ 上再利用拉格朗日中值公式,得

$$[f'(x_0+\theta_1 h)-f'(x_0-\theta_2 h)]h=f''(\xi)(\theta_1+\theta_2)h^2.$$

其中 $x_0 - \theta_2 h < \xi < x_0 + \theta_1 h$. 按 (1) 假设，$f''(\xi) > 0$，故有

$$f(x_0 + h) + f(x_0 - h) - 2f(x_0) > 0,$$

即

$$\frac{f(x_0 + h) + f(x_0 - h)}{2} > f(x_0),$$

亦即

$$\frac{f(x_1) + f(x_2)}{2} > f\left(\frac{x_1 + x_2}{2}\right),$$

所以 $f(x)$ 在 $[a, b]$ 上的图形是凹的.

类似地可证明情形 (2).

例 6　求曲线 $y = \sqrt[3]{x}$ 的拐点.

解　函数在 $(-\infty, +\infty)$ 内连续，当 $x \neq 0$ 时，

$$y' = \frac{1}{3\sqrt[3]{x^2}}, \quad y'' = -\frac{2}{9x\sqrt[3]{x^5}}.$$

当 $x = 0$ 时，y'，y'' 都不存在. 故二阶导数在 $(-\infty, +\infty)$ 内不连续且不具有零点. 但 $x = 0$ 是 y'' 不存在的点，它把 $(-\infty, +\infty)$ 分成两个部分区间：$(-\infty, 0]$ 和 $[0, +\infty)$.

在 $(-\infty, 0)$ 内，$y'' > 0$，因此曲线在 $(-\infty, 0]$ 上是凹的. 在 $(0, +\infty)$ 内，$y'' < 0$，因此曲线在 $[0, +\infty)$ 上是凸的.

$x = 0$ 时，$y = 0$，点 $(0, 0)$ 是曲线的一个拐点.

例 7　讨论函数 $y = x^3 - 3x^2 + x + 2$ 的凹凸性.

解　所给函数为多项式函数，因此，该函数连续且可导，

$$y' = 3x^2 - 6x + 1, \quad y'' = 6x - 6 = 6(x - 1).$$

当 $x > 1$ 时，$y'' > 0$；当 $x < 1$ 时，$y'' < 0$. 由定理 3.8 知，当 $x > 1$ 时，曲线弧 $y = x^3 - 3x^2 + x + 2$ 为凹的；当 $x < 1$ 时，曲线弧为凸的.

一般地，设 $y = f(x)$ 在区间 I 上连续，x_0 是 I 内的点. 如果曲线 $y = f(x)$ 在经过点 $(x_0, f(x_0))$ 时凹凸性改变了，那么就称点 $(x_0, f(x_0))$ 为该曲线的拐点.

如何来寻找曲线 $y = f(x)$ 的拐点呢？

从上面的定理知道，由 $f''(x)$ 的符号可以判定曲线的凹凸性. 因此，如果 $f''(x)$ 在 x_0 的左、右两侧邻近异号，那么点 $(x_0, f(x_0))$ 就是一个拐点. 所以，要寻找拐点，只要找出 $f''(x)$ 符号发生变化的分界点即可. 如果 $f(x)$ 在区间 (a, b) 内具有二阶导数，那么在这样的分界点处必然有 $f''(x) = 0$；除此以外，$f(x)$ 的二阶导数不存在的点，也有可能是 $f''(x)$ 的符号发生变化的分界点. 因此，可以按下列步骤来判定区间 I 上的连续曲线 $y = f(x)$ 的拐点：

(1) 求 $f''(x)$；

(2) 令 $f''(x) = 0$，解出该方程在区间 I 内的实根，并求出在区间 I 内 $f''(x)$ 不存在的点；

(3) 对于 (2) 中求出的每一个实根或二阶导数不存在的点 x_0，检查 $f''(x)$ 在 x_0 左、右两侧邻近的符号. 当两侧的符号相反时，点 $(x_0, f(x_0))$ 是拐点；当两侧的符号相同时，点 $(x_0, f(x_0))$ 不是拐点.

例 8 讨论曲线弧 $y = x^4 - 6x^3 + 12x^2 - 10$ 的凹凸性,并求其拐点.

解 所给函数在实数集 $(-\infty, +\infty)$ 内连续,且

$$y' = 4x^3 - 18x^2 + 24x, \quad y'' = 12x^2 - 36x + 24 = 12(x-1)(x-2),$$

令 $y'' = 0$,得 $x_1 = 1, x_2 = 2$,将自变量所在的区间、二阶导函数对应的符号、函数对应的凹凸性列于表 3-2 中.

表 3-2

x	$(-\infty, 1)$	1	$(1, 2)$	2	$(2, +\infty)$
y''	+	0	−	0	+
y	凹	−3	凸	6	凹

从表中可知,曲线弧 $y = x^4 - 6x^3 + 12x^2 - 10$ 在 $(-\infty, 1), (2, +\infty)$ 内是凹的,在 $(1, 2)$ 内为凸的,拐点有 $(1, -3), (2, 6)$ 两个.

利用曲线的凹凸性可以证明某些不等式.

例 9 证明:当 $x > 0, y > 0$ 且 $x \neq y$ 时,$\ln \dfrac{x+y}{2} > \dfrac{\ln x + \ln y}{2}$.

证 令函数 $z = \ln t, t > 0$. 因为

$$z' = \frac{1}{t}, \quad z'' = -\frac{1}{t^2} < 0,$$

所以当 $t > 0$ 时,曲线 $z = \ln t$ 是凸的,由定义可知,当 $x > 0, y > 0$ 且 $x \neq y$ 时,

$$\ln \frac{x+y}{2} > \frac{\ln x + \ln y}{2}.$$

习题 3.4

1. 确定下列函数的单调区间:

(1) $y = \dfrac{1}{2}(e^x - e^{-x})\ (-1 < x < 1)$; （2）$y = 2 + x - x^2$;

(3) $y = \dfrac{\sqrt{x}}{x + 100}\ (x \geqslant 0)$; （4）$y = \sqrt[3]{(2x - x^2)^2}$;

(5) $y = x^2 e^x$; （6）$y = \sqrt[3]{(2x - a)(a - x)^2}\ (a > 0)$.

2. 用函数的单调性证明下列不等式:

(1) 当 $x > 0$ 时,有 $x - \dfrac{x^2}{2} < \ln(1 + x) < x$;

(2) 当 $0 < x < \dfrac{\pi}{2}$ 时,有 $\dfrac{2}{\pi}x < \sin x < x$;

(3) 当 $x > 1$ 时,有 $2\sqrt{x} > 3 - \dfrac{1}{x}$.

3. 利用函数的凹凸性,证明不等式:$\dfrac{e^x + e^y}{2} > e^{\frac{x+y}{2}}\ (x \neq y)$.

4. 讨论下列函数的凹凸性,并求出曲线的拐点:

(1) $y = x^2 \ln x$;　　　　　　　(2) $y = 3x^5 + 5x^4 + 3x - 5$;

(3) $y = x \arctan x$;　　　　　　(4) $y = \ln(1 + x^3)$.

5. 讨论方程 $\ln x = ax (a > 0)$ 有几个实根.

6. 已知函数曲线 $y = ax^3 + bx^2$ 有一个拐点 $(1,3)$,求 a, b 的值.

7. 解下列各题:

(1) 试证明曲线 $y = \dfrac{x-1}{x^2+1}$ 有 3 个拐点位于同一直线上.

(2) 试决定 $y = k(x^2 - 3)^2$ 中 k 的值,使曲线的拐点处的法线通过原点.

3.5　函数的极值与最值

3.5.1　函数的极值及其求法

函数的极值反映了函数在某一点附近的大小情况,刻画的是函数的局部性质.

定义 3.2　设函数 $f(x)$ 在点 x_0 的某邻域 $U(x_0)$ 内有定义,如果对于去心邻域 $\overset{\circ}{U}(x_0)$ 内的任一点 x,$f(x) < f(x_0)$(或 $f(x) > f(x_0)$)均成立,就称 $f(x_0)$ 是函数 $f(x)$ 的一个极大值(或极小值).

函数的极大值与极小值统称为函数的极值,使函数取得极值的点称为极值点.

函数的极大值和极小值概念是局部性的.如果 $f(x_0)$ 是函数 $f(x)$ 的一个极大值,那只是就 x_0 附近的一个局部范围来说,$f(x_0)$ 是 $f(x)$ 的一个最大值;如果就 $f(x)$ 的整个定义域来说,$f(x_0)$ 不见得是最大值.关于极小值也类似.

在图 3-9 中,函数 $f(x)$ 有两个极大值 $f(x_2), f(x_5)$,三个极小值 $f(x_1), f(x_4)$,$f(x_6)$,其中极大值 $f(x_2)$ 比极小值 $f(x_6)$ 还小.就整个区间 $[a, b]$ 来说,只有一个极小值 $f(x_1)$ 同时也是最小值,而没有一个极大值是最大值.

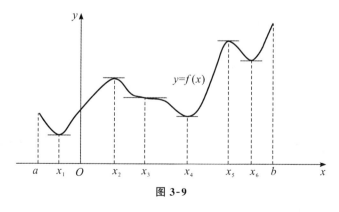

图 3-9

从图中还可看到,在函数取得极值处,曲线上的切线是水平的.但曲线上有水平切线的地方,函数不一定取得极值.例如图中 $x = x_3$ 处,曲线上有水平切线,但 $f(x_3)$ 不是极值.

由本章第一节中费马引理可知,如果函数 $f(x)$ 在 x_0 处可导,且 $f(x)$ 在 x_0 处取得极

值,那么 $f'(x_0)=0$,这就是取得极值的必要条件,现将此结论叙述成如下定理:

定理 3.9 (必要条件)设函数 $f(x)$ 在点 x_0 处可导,且在 x_0 处取得极值,那么 $f'(x_0)=0$.

定理 3.9 就是说:可导函数 $f(x)$ 的极值点必定是它的驻点.但反过来,函数的驻点却不一定是极值点.例如,$f(x)=x^3$ 的导数 $f'(x)=3x^2$,$f'(0)=0$,因此 $x=0$ 是这可导函数的驻点,但 $x=0$ 不是这函数的极值点.因此,当我们求出了函数的驻点后,还需要判定求得的驻点是不是极值点,如果是的话,还要判定函数在该点究竟取得极大值还是极小值.由函数单调性的判定法可以知道,如果在驻点的左侧邻近和右侧邻近,函数的导数分别保持一定的符号,那么刚才提出的问题是容易解决的.下面的定理实质上就是利用函数的单调性来判定函数的极值的.

定理 3.10 (第一充分条件)设函数 $f(x)$ 在点 x_0 处连续,且在 x_0 的某去心邻域 $\overset{\circ}{U}(x_0,\delta)$ 内可导.

(1) 如果当 $x \in (x_0-\delta,x_0)$ 时,$f'(x)>0$,而当 $x \in (x_0,x_0+\delta)$ 时,$f'(x)<0$,那么函数 $f(x)$ 在 x_0 处取得极大值;

(2) 如果当 $x \in (x_0-\delta,x_0)$ 时,$f'(x)<0$,而当 $x \in (x_0,x_0+\delta)$ 时,$f'(x)>0$,那么函数 $f(x)$ 在 x_0 处取得极小值;

(3) 如果当 $x \in \overset{\circ}{U}(x_0,\delta)$ 时,$f'(x)$ 的符号保持不变,那么 $f(x)$ 在 x_0 处没有极值.

证 事实上,就情形(1)来说,根据函数单调性的判定法,函数 $f(x)$ 在 $(x_0-\delta,x_0)$ 内单调增加,在 $(x_0,x_0+\delta)$ 内单调减少,又由于函数 $f(x)$ 在 x_0 处是连续的,故当 $x \in \overset{\circ}{U}(x_0,\delta)$ 时,总有 $f(x)<f(x_0)$,因此,$f(x_0)$ 是 $f(x)$ 的一个极大值[图 3-10(a)].

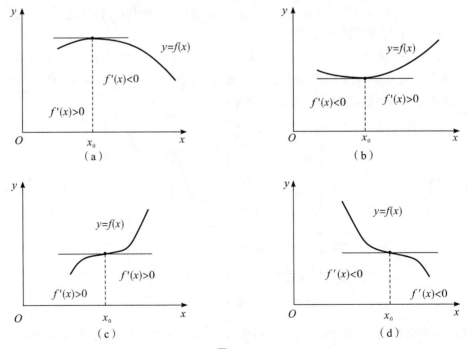

图 3-10

类似地可论证情形(2)[图 3-10 (b)]及情形(3)[图 3-10(c)、(d)].

定理 3.10 也可简单地这样说:当 x 在 x_0 的邻近渐增地经过 x_0 时,如果 $f'(x)$ 的符号由正变负,那么 $f(x)$ 在 x_0 处取得极大值;如果 $f'(x)$ 的符号由负变正,那么 $f(x)$ 在 x_0 处取得极小值;如果 $f'(x)$ 的符号并不改变,那么 $f(x)$ 在 x_0 处没有极值.

根据上面的两个定理,如果函数 $f(x)$ 在所讨论的区间内各点处都具有导数,我们就可以按下列步骤来求 $f(x)$ 的极值点和极值:

(1) 求出导数 $f'(x)$;

(2) 求出 $f(x)$ 的全部驻点(即求出方程 $f'(x)=0$ 在所讨论的区间内的全部实根)与不可导点;

(3) 考察 $f'(x)$ 的符号在每个驻点或不可导点的左、右邻近的情形,以便确定该点是否是极值点,如果是极值点,还要按定理 3.10 确定对应的函数值是极大值还是极小值;

(4) 求出各极值点处的函数值,就得函数 $f(x)$ 的全部极值.

例 1 求函数 $f(x)=(x-4)\sqrt[3]{(x+1)^2}$ 的极值.

解 (1)$f(x)$ 在 $(-\infty,+\infty)$ 内连续,除 $x=-1$ 外处处可导,且

$$f'(x)=\frac{5(x-1)}{3\sqrt[3]{x+1}}.$$

(2) 令 $f'(x)=0$,求得驻点 $x=1$,$x=-1$ 为 $f(x)$ 的不可导点.

(3) 在 $(-\infty,-1)$ 内,$f'(x)>0$;在 $(-1,1)$ 内,$f'(x)<0$,故不可导点 $x=-1$ 是一个极大值点;又在 $(1,+\infty)$ 内,$f'(x)>0$,故驻点 $x=1$ 是一个极小值点.

可列表 3-3 讨论:

表 3-3

x	$(-\infty,-1)$	-1	$(-1,1)$	1	$(1,+\infty)$
$f'(x)$	$+$	0	$-$	0	$+$
$f(x)$	↗	极大值	↘	极小值	↗

(4) 极大值为 $f(-1)=0$,极小值为 $f(1)=-3\sqrt[3]{4}$.

当函数 $f(x)$ 在驻点处的二阶导数存在且不为零时,也可以利用下列定理来判定 $f(x)$ 在驻点处是取得极大值还是极小值.

定理 3.11 (第二充分条件)设函数 $f(x)$ 在点 x_0 处具有二阶导数且 $f'(x_0)=0$,$f''(x_0)\neq 0$,那么

(1) 当 $f''(x_0)<0$ 时,函数 $f(x)$ 在 x_0 处取得极大值;

(2) 当 $f''(x_0)>0$ 时,函数 $f(x)$ 在 x_0 处取得极小值.

证 对情形(1),由于 $f''(x_0)<0$,按二阶导数的定义有

$$f''(x_0)=\lim_{x\to x_0}\frac{f'(x)-f'(x_0)}{x-x_0}<0.$$

根据函数极限的局部保号性,当 x 在 x_0 的足够小的去心邻域内时,

$$\frac{f'(x)-f(x_0)}{x-x_0}<0.$$

但 $f'(x_0)=0$，所以上式即 $\dfrac{f'(x)}{x-x_0}<0$.

从而知道，对于这去心邻域内的 x 来说，$f'(x)$ 与 $x-x_0$ 符号相反.因此,当 $x-x_0<0$ 时,即 $x<x_0$ 时,$f'(x)>0$;当 $x-x_0>0$ 时,即 $x>x_0$ 时,$f'(x)<0$.于是根据定理 3.10 知道,$f(x)$ 在点 x_0 处取得极大值.

类似地可以证明情形(2).

定理 3.11 表明,如果函数 $f(x)$ 在驻点 x_0 处的二阶导数 $f''(x_0)\neq 0$,那么该驻点 x_0 一定是极值点,并且可以按二阶导数 $f''(x_0)$ 的符号来判定 $f(x_0)$ 是极大值还是极小值.但如果 $f''(x_0)=0$,定理 3.11 就不能应用.事实上,当 $f'(x_0)=0$,$f''(x_0)=0$ 时,$f(x)$ 在 x_0 处可能有极大值,也可能有极小值,也可能没有极值.例如,$f_1(x)=-x^4$,$f_2(x)=x^4$,$f_3(x)=x^3$ 这三个函数在 $x=0$ 处就分别属于这三种情况.因此,如果函数在驻点处的二阶导数为零,那么还得用一阶导数在驻点左右邻近的符号来判别.

例 2　求函数 $f(x)=(x^2-1)^3+1$ 的极值.

解　$f'(x)=6x(x^2-1)^2$.

令 $f'(x)=0$,求得驻点 $x_1=-1$,$x_2=0$,$x_3=1$.
$$f''(x)=6(x^2-1)(5x^2-1).$$

因 $f''(0)=6>0$,故 $f(x)$ 在 $x=0$ 处取得极小值,极小值为 $f(0)=0$.

因 $f''(-1)=f''(1)=0$,用定理 3.11 无法判别.考察一阶导数 $f'(x)$ 在驻点 $x_1=-1$ 及 $x_3=1$ 左右邻近的符号:当 x 取 -1 左侧邻近的值时,$f'(x)<0$,当 x 取 -1 右侧邻近的值时,$f'(x)<0$,因为 $f'(x)$ 的符号没有改变,所以 $f(x)$ 在 $x=-1$ 处没有极值.同理,$f(x)$ 在 $x=1$ 处也没有极值(图 3-11).

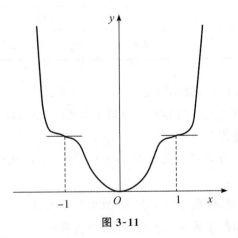

图 3-11

以上讨论函数的极值时,假定函数在所讨论的区间内可导.在此条件下,由定理 3.9 知,函数的极值点一定是驻点,因此求出全部驻点后,再逐一考察各个驻点是否为极值点就行了.但如果函数在个别点处不可导,那么上述条件就不满足,这时便不能肯定极值点一定是驻点.事实上,在导数不存在的点处,函数也可能取得极值.

注:第一充分条件可以用来判断一阶导数等于零的点和导数不存在的点是否为极值点,第二充分条件只能用来判断一阶导数等于零的点是否为极值点.

3.5.2　最大值和最小值问题

在工农业生产、工程技术及科学实验中,常常会遇到这样一类问题:在一定条件下,怎样使"产品最多""效率最高""用料最省""成本最低" 等问题,这类问题在数学上有时可归结为求某一函数(通常称为目标函数)的最大值或最小值问题.

假定函数 $f(x)$ 在闭区间 $[a,b]$ 上连续,在开区间 (a,b) 内可导,且至多在有限个点处导数为零.在上述条件下,我们来讨论 $f(x)$ 在 $[a,b]$ 上的最大值和最小值的求法.

首先,由闭区间上连续函数的性质,可知 $f(x)$ 在 $[a,b]$ 上的最大值和最小值一定存在.

其次,如果最大值(或最小值) $f(x_0)$ 在开区间 (a,b) 内的点 x_0 处取得,那么,按 $f(x)$ 在开区间内除有限个点外可导且至多有有限个驻点的假定,可知 $f(x_0)$ 一定也是 $f(x)$ 的极大值(或极小值),从而 x_0 一定是 $f(x)$ 的驻点或不可导点,又 $f(x)$ 的最大值和最小值也可能在区间的端点处取得.因此,可用如下方法求 $f(x)$ 在 $[a,b]$ 上的最大值和最小值.

(1) 求出 $f(x)$ 在 (a,b) 内的驻点为 $x_1,x_2,\cdots,x_m$ 及不可导点 $x'_1,x'_2,\cdots,x'_n$;

(2) 计算出 $f(x_i)(i=1,2,\cdots,m),f(x'_j)(j=1,2,\cdots,n)$ 及 $f(a),f(b)$;

(3) 比较(2)中诸值的大小,其中最大的便是 $f(x)$ 在 $[a,b]$ 上的最大值,最小的便是 $f(x)$ 在 $[a,b]$ 上的最小值.

例 3　求函数 $f(x)=|x^2-3x+2|$ 在 $[-3,4]$ 上的最大值与最小值.

解
$$f(x)=\begin{cases} x^2-3x+2, & x\in[-3,1]\bigcup[2,4],\\ -x^2+3x-2, & x\in(1,2). \end{cases}$$
$$f'(x)=\begin{cases} 2x-3, & x\in(-3,1)\bigcup(2,4),\\ -2x+3, & x\in(1,2). \end{cases}$$

在 $(-3,4)$ 内,$f(x)$ 的驻点为 $x=\dfrac{3}{2}$;不可导点为 $x=1,2$.

由于 $f(-3)=20,f(1)=0,f\left(\dfrac{3}{2}\right)=\dfrac{1}{4},f(2)=0,f(4)=6$,比较可得 $f(x)$ 在 $x=-3$ 处取得它在 $[-3,4]$ 上的最大值 20,在 $x=1$ 和 $x=2$ 处取得它在 $[-3,4]$ 上的最小值 0.

例 4　求函数 $f(x)=x^{\frac{1}{3}}(1-x)^{\frac{2}{3}}$ 在 $[-1,2]$ 上的最大值和最小值.

解　所给函数在 $[-1,2]$ 上是连续的,且
$$f'(x)=\frac{1}{3}x^{-\frac{2}{3}}(1-x)^{\frac{2}{3}}-\frac{2}{3}x^{\frac{1}{3}}(1-x)^{-\frac{1}{3}}=\frac{1-3x}{3\sqrt[3]{x^2(1-x)}}.$$

令 $f'(x)=0$ 得驻点为 $x_1=\dfrac{1}{3}$,不可导点为 $x_2=0,x_3=1$.

又 $f\left(\dfrac{1}{3}\right)=\dfrac{\sqrt[3]{4}}{3},f(0)=f(1)=0,f(-1)=-\sqrt[3]{4},f(2)=\sqrt[3]{2}$,所以函数的最大值

为 $f\left(\dfrac{1}{3}\right)=\dfrac{\sqrt[3]{4}}{3}$，最小值为 $f(-1)=-\sqrt[3]{4}$.

在求函数的最大值(或最小值)时，特别值得指出的是下述情形：$f(x)$ 在一个区间(有限或无限,开或闭)内可导且只有一个驻点 x_0，并且这个驻点 x_0 是函数 $f(x)$ 的极值点，那么，当 $f(x_0)$ 是极大值时，$f(x_0)$ 就是 $f(x)$ 在该区间上的最大值[图 3-12(a)]；当 $f(x_0)$ 是极小值时，$f(x_0)$ 就是 $f(x)$ 在该区间上的最小值[图 3-12 (b)].在应用问题中往往遇到这样的情形.

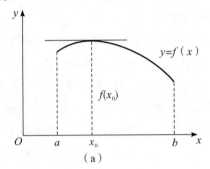 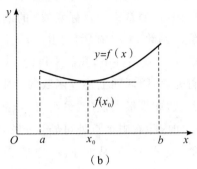

(a)　　　　　　　　　　　　　　　(b)

图 3-12

还要指出,实际问题中,往往根据问题的性质就可以断定可导函数 $f(x)$ 确有最大值或最小值,而且一定在定义区间内取得.这时如果 $f(x)$ 在定义区间内只有一个驻点 x_0，那么不必讨论 $f(x_0)$ 是不是极值,就可以断定 $f(x_0)$ 是最大值或最小值.

例 5　某工厂要做一批容积为 v 的有盖圆柱体桶,求最省料的形状.

解　最省料是指：在体积 v 一定的条件下,使桶的表面积最小.表面积包括侧面积与上、下底的面积.要使表面积最小,就需要选取圆桶的高与底面半径的恰当比例,以达到两部分面积之和最小.

设圆桶的底面半径为 r，高为 h，则表面积为
$$s=2\pi r^2+2\pi rh=2\pi(r^2+rh),$$
由于体积一定,h 和 r 必须满足条件
$$v=\pi r^2 h, \text{即 } h=\dfrac{v}{\pi r^2},$$
代入上式得,$s=2\pi\left(r^2+r\cdot\dfrac{v}{\pi r^2}\right)=2\pi\left(r^2+\dfrac{v}{\pi r}\right)$.

这样就转化为求函数 s 的最小值问题.

令 $s'=2\pi\left(2r-\dfrac{v}{\pi}\cdot\dfrac{1}{r^2}\right)=0$，得 $r_0=\sqrt[3]{\dfrac{v}{2\pi}}$.由表 3-4 可知 $r_0=\sqrt[3]{\dfrac{v}{2\pi}}$ 即为极小值点.

又 $h=\dfrac{v}{\pi r_0^2}=\dfrac{v}{\pi\left(\sqrt[3]{\dfrac{v}{2\pi}}\right)^2}=\dfrac{v}{\pi}\left(\sqrt[3]{\dfrac{2\pi}{v}}\right)^2=2\sqrt[3]{\dfrac{v}{2\pi}}=2r_0$.

由此可知,圆桶的高与底面直径相等时最省料.

表 3-4

r	$(0, r_0)$	r_0	$(r_0, +\infty)$
s'	$-$	$\sqrt[3]{\dfrac{v}{2\pi}}$	$+$
s	↘	极小值	↗

大家日常见到的有盖茶缸、汽油桶、罐头盒都是这种形状的.

例 6　把一根直径为 d 的圆木锯成截面为矩形的梁（图 3-13）.问矩形截面的高 h 和宽 b 应如何选择才能使梁的抗弯截面模量最大？

解　由力学分析知道：矩形梁的抗弯截面模量为 $W = \dfrac{1}{6} bh^2$.

由图 3-13 看出，b 与 h 有下面的关系：$h^2 = d^2 - b^2$，因而 $W = \dfrac{1}{6}(d^2 b - b^3)$.

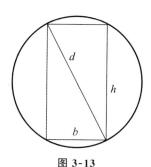

图 3-13

这样，W 就是自变量 b 的函数，b 的变化范围是 $(0, d)$.现在问题转化为：b 等于多少时目标函数 W 取最大值？为此，求 W 对 b 的导数：$W' = \dfrac{1}{6}(d^2 - 3b^2)$.令 $W' = 0$，解得 $b = \sqrt{\dfrac{1}{3}} d$.

由于梁的最大抗弯截面模量一定存在，而且在 $(0, d)$ 内取得，$W' = 0$ 在 $(0, d)$ 内只有一个根 $b = \sqrt{\dfrac{1}{3}} d$，所以，当 $b = \sqrt{\dfrac{1}{3}} d$ 时，W 的值最大.这时，$h^2 = d^2 - b^2 = d^2 - \dfrac{1}{3} d^2 = \dfrac{2}{3} d^2$，即 $h = \sqrt{\dfrac{2}{3}} d$，亦即 $d : h : b = \sqrt{3} : \sqrt{2} : 1$.

例 7　某仓储设备的库存费与生产准备费之和 $P(x)$ 是每批产量 x 的函数，

$$P(x) = \frac{ab}{x} + \frac{c}{2} x \ (x \in (0, a)),$$

其中，a 为年产量，b 为每批次的生产准备费，c 为每件产品的库存费.问在生产能力足够大的条件下，每批生产多少件产品时，$P(x)$ 最小？

解　求导数得

$$P'(x) = -\frac{ab}{x^2} + \frac{c}{2},$$

令导数

$$P'(x) = -\frac{ab}{x^2} + \frac{c}{2} = 0,$$

可得方程 $cx^2 - 2ab = 0$,解得 $x = \pm\sqrt{\frac{2ab}{c}}$.根据问题的实际意义,舍去 $x = -\sqrt{\frac{2ab}{c}}$,可得

$P(x)$ 在 $(0,a)$ 内的唯一驻点 $x = \sqrt{\frac{2ab}{c}}$.又因为 $P''(x) = \frac{2ab}{x^3} > 0$,因此,当 $x = \sqrt{\frac{2ab}{c}}$ 时,

$P(x)$ 有极小值,从而也是最小值,即使一年中库存费与生产准备费之和最小的每批产量为

$\sqrt{\frac{2ab}{c}}$ 件.

在实际应用中,每批产量可能必须是正整数,每批产量还要是年产量的正整数因子,此

时需要对 $\sqrt{\frac{2ab}{c}}$ 适当调整.

例 8 设船航行时单位时间的费用为 $a + kv^3$,其中 a,k 均为大于 0 的常数,v 为航速,且船匀速航行,试求最经济的航速.

解 设总航程为 s,总费用为 y,由题意得总费用

$$y = \frac{s}{v} \cdot (a + kv^3) \quad (v > 0),$$

求导数得

$$y' = s \cdot \frac{2kv^3 - a}{v^2} \quad (v > 0),$$

令 $y' = 0$,解得 $v = \sqrt[3]{\frac{a}{2k}}$.根据问题的实际意义可知,最经济的航速一定存在,而当 $v > 0$ 时,

总费用函数可导且只有唯一驻点,所以这个驻点就是函数的最小值点,即最经济的航速 $v = \sqrt[3]{\frac{a}{2k}}$.

习题 3.5

1. 求下列函数的极值:

(1) $y = 2x^3 - 6x^2 - 18x + 7$;　　　　　(2) $y = x^2\ln x$;

(3) $y = (x-5)^2\sqrt[3]{(x+1)^2}$;　　　　　(4) $y = x^2\mathrm{e}^{-x^2}$;

(5) $y = 2 - (x-1)^{\frac{2}{3}}$;　　　　　(6) $y = \frac{\ln^2 x}{x}$.

2. 求下列函数在给定区间上的最小值:

(1) $y = x^5 - 5x^4 + 5x^3 + 1, x \in [-1, 2]$;

(2) $y = x + \sqrt{1-x}, x \in [-5, 1]$;

(3) $y = 2\tan x - \tan^2 x, x \in \left[0, \frac{\pi}{3}\right]$.

3. 设 $y = 2x^3 + ax + 3$ 在 $x = 1$ 处取得极小值,求 a 的值.

4. 证明:

(1) 如果 $y = ax^3 + bx^2 + cx + d$ 满足条件 $b^2 - 3ac < 0$,则函数无极值;

(2) 设 $f(x)$ 是有连续的二阶导数的偶函数,$f''(x) \neq 0$,则 $x = 0$ 为 $f(x)$ 的极值点.

5. 设有一块边长为 a 的正方形铁皮,从四个角截去相同的小方块,成为一个无盖的方盒子,问小方块的边长为多少才能使盒子容积最大?

6. 欲做一个底面为长方形的带盖的箱子,其体积为 72 cm^3,其底边为 $1 : 2$ 关系,问各边的长为多少时,才能使表面积为最小?

7. 由 $y = x^2, y = 0, x = a(a > 0)$ 围成一曲边三角形 OAB,在曲线弧 $\overset{\frown}{OB}$ 上求一点,使得过此点所作曲线 $y = x^2$ 的切线与 OA, OB 围成的三角形面积最大.

8. 某农机厂生产某种农具,固定成本为 20000 元,每生产一件农具,成本增加 100 元,已知总收益 R 是年产量 Q 的函数

$$R = R(Q) = \begin{cases} 400Q - \dfrac{1}{2}Q^2, & 0 \leqslant Q \leqslant 400, \\ 80000, & Q > 400, \end{cases}$$

问每年生产多少件农具总利润最大? 此时总利润是多少?

3.6   函数图形的描绘

3.6.1   曲线的渐近线

有些函数的图形局限在一定范围之内,而有些函数的图形向无穷远处延伸.这些向无穷远处延伸的曲线会越来越接近某一直线,这一直线就是曲线的渐近线.利用渐近线就能看出该曲线在无穷远处的变化趋势.下面给出渐近线的定义与求法.

定义 3.3   若曲线 $y = f(x)$ 上一动点 P 沿着曲线趋于无穷远时,点 P 与某一直线的距离趋于零,则称这直线为该曲线的**渐近线**,如图 3-14 所示.

一般地说,曲线的渐近线有水平渐近线、铅直渐近线和斜渐近线三种,现在我们分别讨论如下.

1. 水平渐近线

设函数 $y = f(x)$ 的定义域是无穷区间,若

$$\lim_{x \to -\infty} f(x) = b \text{ 或 } \lim_{x \to +\infty} f(x) = b (b \text{ 为常数}),$$

则称直线 $y = b$ 为曲线 $y = f(x)$ 的**水平渐近线**.图 3-15 表示了 $x \to +\infty$ 时的水平渐近线情况.

例 1   求 $y = \arctan x$ 的水平渐近线.

解 $\lim\limits_{x \to -\infty} \arctan x = -\dfrac{\pi}{2}, \lim\limits_{x \to +\infty} \arctan x = \dfrac{\pi}{2},$

所以直线 $y = -\dfrac{\pi}{2}$ 与 $y = \dfrac{\pi}{2}$ 均为曲线 $y = \arctan x$ 的水平渐近线.

例 2　求 $y = \dfrac{1}{x}$ 的水平渐近线.

解　因为 $\lim\limits_{x \to \infty} \dfrac{1}{x} = 0$,所以直线 $y = 0$ 为双曲线 $y = \dfrac{1}{x}$ 的水平渐近线.

2. 铅直渐近线

设函数 $y = f(x)$ 在 $x = c$ 处间断,若

$$\lim\limits_{x \to c^-} f(x) = \infty \text{ 或 } \lim\limits_{x \to c^+} f(x) = \infty,$$

则称直线 $x = c$ 为曲线 $y = f(x)$ 的**铅直渐近线**,如图 3-16 所示.

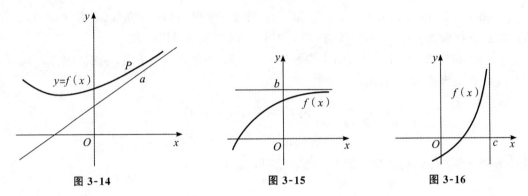

图 3-14　　　　　　　　图 3-15　　　　　　　　图 3-16

例 3　求 $y = \dfrac{\mathrm{e}^x + 1}{\mathrm{e}^x - 1}$ 的渐近线.

解　因为 $\lim\limits_{x \to +\infty} \dfrac{\mathrm{e}^x + 1}{\mathrm{e}^x - 1} = 1$, $\lim\limits_{x \to -\infty} \dfrac{\mathrm{e}^x + 1}{\mathrm{e}^x - 1} = -1$,所以 $y = 1$ 与 $y = -1$ 均为曲线的水平渐近线.

又因为 $\lim\limits_{x \to 0} \dfrac{\mathrm{e}^x + 1}{\mathrm{e}^x - 1} = \infty$,故 $x = 0$ 为曲线的铅直渐近线.

3. 斜渐近线

设函数 $y = f(x)$ 的定义域是无穷区间,若

$$\lim\limits_{x \to -\infty} \left[f(x) - (ax + b)\right] = 0 \text{ 或 } \lim\limits_{x \to +\infty} \left[f(x) - (ax + b)\right] = 0,$$

其中 a 和 b 为常数,且 $a \neq 0$,则称直线 $y = ax + b$ 为曲线 $y = f(x)$ 的**斜渐近线**.如图 3-17 所示.

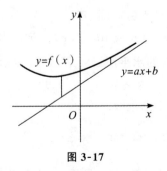

图 3-17

下面讨论计算 a,b 的公式.

由于 $\lim\limits_{x\to\infty}[f(x)-(ax+b)]=0$,有 $\lim\limits_{x\to\infty}\left[\dfrac{f(x)}{x}-a-\dfrac{b}{x}\right]=0$,

又由于 $\lim\limits_{x\to\infty}\dfrac{1}{x}=0$,从而 $\lim\limits_{x\to\infty}\dfrac{b}{x}=0$,故 $\lim\limits_{x\to\infty}\left[\dfrac{f(x)}{x}-a\right]=0$,即 $a=\lim\limits_{x\to\infty}\dfrac{f(x)}{x}$.

求出 a 后,将 a 代入公式 $\lim\limits_{x\to\infty}[f(x)-(ax+b)]=0$,可确定 b,即 $b=\lim\limits_{x\to\infty}[f(x)-ax]$.

由此可见,曲线 $y=f(x)$ 以直线 $y=ax+b$ 为渐近线的充要条件是 $a=\lim\limits_{x\to\infty}\dfrac{f(x)}{x}$ 和 $b=\lim\limits_{x\to\infty}[f(x)-ax]$ 同时成立.

类似可得,$a=\lim\limits_{x\to\infty}\dfrac{f(x)}{x},b=\lim\limits_{x\to\infty}[f(x)-ax]$.

故 $a=\lim\limits_{x\to\infty}\dfrac{f(x)}{x},b=\lim\limits_{x\to\infty}[f(x)-ax]$.

当 $a=0$ 时就是水平渐近线.

例 4　求曲线 $y=\dfrac{x^3}{2(x-1)^2}$ 的斜渐近线.

解　$a=\lim\limits_{x\to\infty}\dfrac{f(x)}{x}=\lim\limits_{x\to\infty}\dfrac{x^2}{2(x-1)^2}=\dfrac{1}{2}$,

$b=\lim\limits_{x\to\infty}[f(x)-ax]=\lim\limits_{x\to\infty}\left[\dfrac{x^3}{2(x-1)^2}-\dfrac{1}{2}x\right]=\lim\limits_{x\to\infty}\dfrac{2x^2-x}{2x^2-4x+2}=1$,

因此 $y=\dfrac{1}{2}x+1$ 是曲线的斜渐近线.

3.6.2　函数图形的描绘

借助于一阶导数的符号,可以确定函数图形在哪个区间上上升,在哪个区间上下降,在什么地方有限值点;借助于二阶导数的符号,可以确定函数图形在哪个区间上为凹,在哪个区间上为凸,在什么地方有拐点.知道了函数图形的升降、凹凸以及极值点和拐点后,也就可以掌握函数的性态,并把函数的图形画得比较准确.

利用导数描绘函数图形的一般步骤如下:

(1) 确定函数 $y=f(x)$ 的定义域及函数所具有的某些特性(如奇偶性、周期性等),并求出函数的一阶导数 $f'(x)$ 和二阶导数 $f''(x)$.

(2) 求出方程 $f'(x)=0$ 和 $f''(x)=0$ 在函数定义域内的全部实根,并求出函数 $f(x)$ 的间断点及 $f'(x)$ 和 $f''(x)$ 不存在的点,用这些点把函数的定义域划分成几个部分区间.

(3) 确定在这些部分区间内 $f'(x)$ 和 $f''(x)$ 的符号,并由此确定函数图形的升降和凹凸,极值点和拐点.

(4) 确定函数图形的水平、铅直渐近线以及其他变化趋势.

(5) 算出 $f'(x)$ 和 $f''(x)$ 的零点以及不存在的点所对应的函数值,定出图形上相应的点;为了把图形描得准确些,有时还需要补充一些点;然后结合(3)、(4)中得到的结果,连接这些点画出函数 $y=f(x)$ 的图形.

例 5 画出函数 $y=x^3-x^2-x+1$ 的图形.

解 (1)所给函数 $y=f(x)$ 的定义域为 $(-\infty,+\infty)$,而
$$f'(x)=3x^2-2x-1=(3x+1)(x-1),$$
$$f''(x)=6x-2=2(3x-1).$$

(2) $f'(x)$ 的零点为 $x=-\dfrac{1}{3}$ 和 1;$f''(x)$ 的零点为 $x=\dfrac{1}{3}$,将点 $x=-\dfrac{1}{3},\dfrac{1}{3},1$ 由小到大排列,依次把定义域 $(-\infty,+\infty)$ 划分成下列四个部分区间:
$$\left(-\infty,-\frac{1}{3}\right],\left[-\frac{1}{3},\frac{1}{3}\right],\left[\frac{1}{3},1\right],[1,+\infty).$$

(3) 在 $\left(-\infty,-\dfrac{1}{3}\right)$ 内,$f'(x)>0,f''(x)<0$,所以在 $\left(-\infty,-\dfrac{1}{3}\right]$ 上的曲线弧上升而且是凸的.

在 $\left(-\dfrac{1}{3},\dfrac{1}{3}\right)$ 内,$f'(x)<0,f''(x)<0$,所以在 $\left[-\dfrac{1}{3},\dfrac{1}{3}\right]$ 上的曲线弧下降而且是凸的.

同样,可以讨论在区间 $\left[\dfrac{1}{3},1\right]$ 上及在区间 $[1,+\infty]$ 上相应的曲线弧的升降和凹凸.为了明确起见,我们把所得的结论列成表 3-5:

表 3-5

x	$\left(-\infty,\frac{1}{3}\right)$	$-\frac{1}{3}$	$\left(-\frac{1}{3},\frac{1}{3}\right)$	$\frac{1}{3}$	$\left(\frac{1}{3},1\right)$	1	$(1,+\infty)$
$f'(x)$	$+$	0	$-$	$-$	$-$	0	$+$
$f''(x)$	$-$	$-$	$-$	0	$+$	$+$	$+$
$y=f(x)$ 的图形	↗	极大	↘	拐点	↘	极大	↗

这里记号 ↗ 表示曲线弧上升而且是凸的,↘ 表示曲线弧下降而且是凸的,↘ 表示曲线弧下降而且是凹的,↗ 表示曲线弧上升而且是凹的.

(4) 当 $x\to\infty$ 时,$y\to+\infty$;当 $x\to-\infty$ 时,$y\to-\infty$.

(5) 算出 $x=-\dfrac{1}{3},\dfrac{1}{3},1$ 处的函数值:
$$\left(-\frac{1}{3},\frac{32}{27}\right),\left(\frac{1}{3},\frac{16}{27}\right),(1,0).$$

适当补充一些点.例如:计算出
$$f(-1)=0,f(0)=1,f\left(\frac{3}{2}\right)=\frac{5}{8},$$

就可补充描出点 $(-1,0)$,点 $(0,1)$ 和点 $\left(\dfrac{3}{2},\dfrac{5}{8}\right)$.结合(3)、(4)中得到的结果,就可以画出 $y=x^3-x^2-x+1$ 的图形(图 3-18).

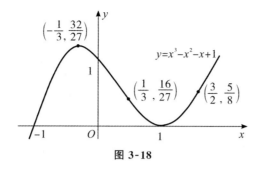

图 3-18

如果所讨论的函数是奇函数或偶函数,那么,描绘函数图形时可以利用函数图形的对称性.

例 6　描绘函数 $y = \dfrac{1}{\sqrt{2\pi}} e^{-\frac{x^2}{2}}$ 的图形.

解　(1) 所给函数 $f(x) = y = \dfrac{1}{\sqrt{2\pi}} e^{-\frac{x^2}{2}}$ 的定义域为 $(-\infty, +\infty)$.

由于 $f(x)$ 是偶函数,它的图形关于 y 轴对称.因此可以只讨论 $[0, +\infty)$ 上该函数的图形.求出

$$f'(x) = y = \frac{1}{\sqrt{2\pi}} e^{-\frac{x^2}{2}} \cdot (-x) = \frac{1}{\sqrt{2\pi}} x e^{-\frac{x^2}{2}},$$

$$f''(x) = -\frac{1}{\sqrt{2\pi}} \left[e^{-\frac{x^2}{2}} + x e^{-\frac{x^2}{2}} \cdot (-x) \right] = \frac{1}{\sqrt{2\pi}} e^{-\frac{x^2}{2}} (x^2 - 1).$$

(2) 在 $[0, +\infty)$ 上,方程 $f'(x) = 0$ 的根为 $x = 0$;方程 $f''(x) = 0$ 的根为 $x = 1$.用点 $x = 1$ 把 $[0, +\infty)$ 划分成两个区间 $[0, 1]$ 和 $[1, +\infty)$.

(3) 在 $(0, 1)$ 内,$f'(x) < 0$,$f''(x) < 0$,所以在 $[0, 1]$ 上的曲线弧下降而且是凸的.结合 $f'(0) = 0$ 以及图形关于 y 轴对称可知,$x = 0$ 处函数 $f(x)$ 有极大值.

在 $(1, +\infty)$ 内,$f'(x) < 0$,$f''(x) > 0$,所以在 $[1, +\infty)$ 上的曲线弧下降而且是凹的.

上述的这些结果可以列成表 3-6:

表 3-6

x	0	$(0,1)$	1	$(1, +\infty)$
$f'(x)$	0	$-$	$-$	$-$
$f''(x)$	$-$	$-$	0	$+$
$y = f(x)$ 的图形	极大	↘	拐点	↘

(4) 由于 $\lim\limits_{x \to \infty} f(x) = 0$,所以图形有一条水平渐近线 $y = 0$.

(5) 算出 $f(0) = \dfrac{1}{\sqrt{2\pi}}$,$f(1) = \dfrac{1}{\sqrt{2\pi e}}$.从而得到函数

$$y = \frac{1}{\sqrt{2\pi}} e^{-\frac{x^2}{2}}$$

图形上的两点 $M_1\left(0,\dfrac{1}{\sqrt{2\pi}}\right)$ 和 $M_2\left(1,\dfrac{1}{\sqrt{2\pi\mathrm{e}}}\right)$. 又由 $f(2)=\dfrac{1}{\sqrt{2\pi}\,\mathrm{e}^2}$, 得 $M_3\left(2,\dfrac{1}{\sqrt{2\pi}\,\mathrm{e}^2}\right)$. 结合(3)、(4)的讨论, 画出函数 $y=\dfrac{1}{\sqrt{2\pi}}\mathrm{e}^{-\frac{x^2}{2}}$ 在 $[0,+\infty)$ 上的图形. 最后, 利用图形的对称性, 便可得到函数在 $(-\infty,0]$ 上的图形(图 3-19). 该曲线称为概率曲线.

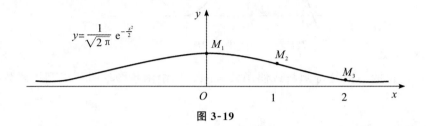

图 3-19

例 7 描绘函数 $f(x)=\dfrac{x}{(1-x^2)^2}$ 的图形.

解 (1) 函数的定义域为 $D=\{x\mid x\neq\pm1\}$, 且函数为奇函数, 其图形关于原点对称.

(2) $\qquad\qquad f'(x)=(3x^2+1)(1-x^2)^{-3}$,

令 $f'(x)=0$, 无实根; 使 $f'(x)$ 不存在的点为 $x_1=-1,x_2=1$.
$$f''(x)=12x(1+x^2)(1-x^2)^{-4},$$
令 $f''(x)=0$, 得 $x_3=0$; 使 $f''(x)$ 不存在的点是 $x_4=-1,x_5=1$.

(3) 这些点把函数的定义域分成几个部分区间. 分析函数在各部分区间上的升降和凹凸性列表如下:

表 3-7

x	$(-\infty,-1)$	-1	$(-1,0)$	0	$(0,1)$	1	$(1,+\infty)$
$f'(x)$	$-$	不存在	$+$	1	$+$	不存在	$-$
$f''(x)$	$-$	不存在	$-$	0	$+$	不存在	$+$
$f(x)$	↘	不存在	↗	0	↗	不存在	↘

(4) 由 $\lim\limits_{x\to-1}f(x)=\lim\limits_{x\to-1}\dfrac{x}{(1-x^2)^2}=-\infty$, $\lim\limits_{x\to1}f(x)=\lim\limits_{x\to1}\dfrac{x}{(1-x^2)^2}=+\infty$, 故 $x=\pm1$ 为曲线的铅直渐近线.

$$\lim\limits_{x\to+\infty}f(x)=\lim\limits_{x\to+\infty}\dfrac{x}{(1-x^2)^2}=\lim\limits_{x\to+\infty}\dfrac{1}{\dfrac{1}{x}-2x+x^3}=0,\ \lim\limits_{x\to-\infty}f(x)=0,\ \text{故函数有水平渐近}$$

线 $y=0$.

因为 $a=\lim\limits_{x\to\infty}\dfrac{f(x)}{x}=\lim\limits_{x\to\infty}\dfrac{x}{x(1-x^2)^2}=0$, 所以函数无斜渐近线.

(5) 描出几个点.

(6) 做出函数图形, 如图 3-20 所示.

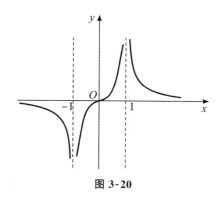

图 3-20

习题 3.6

1. 求下列曲线的渐近线：

$(1) y = \dfrac{1}{x^2 - 4x + 5}$;

$(2) y = \dfrac{1}{(x + 2)^3}$;

$(3) y = \mathrm{e}^{\frac{1}{x}} - 1$;

$(4) y = \dfrac{x^2}{1 + x}$.

2. 画出下列函数的图形：

$(1) y = x^3 - 6x$;

$(2) y = 1 - \mathrm{e}^{-x^2}$;

$(3) y = \dfrac{2x}{1 + x^4}$;

$(4) y = x^2 + \dfrac{1}{x}$;

$(5) y = \dfrac{(x - 1)^2}{x - 2}$.

3.7　曲率与方程的近似解

3.7.1　弧微分

作为曲率的预备知识，先介绍弧微分的概念.

设函数 $f(x)$ 在区间 (a,b) 内具有连续导数. 在曲线 $y = f(x)$ 上取固定点 $M_0(x_0, y_0)$ 作为度量弧长的基点（图 3-21），并规定依 x 增大的方向作为曲线的正向. 对曲线上任一点 $M(x, y)$，规定有向弧段 $\overset{\frown}{M_0 M}$ 的值 s（简称为弧 s）如下：s 的绝对值等于这弧段的长度，当有向弧段 $\overset{\frown}{M_0 M}$ 的方向与曲线的正向一致时 $s > 0$，相反时 $s < 0$. 显然，弧 $s = \overset{\frown}{M_0 M}$ 是 x 的函数，$s = s(x)$，而且 $s(x)$ 是 x 的单调增加函数. 下面来求 $s(x)$ 的导数及

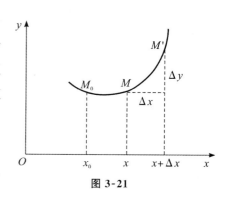

图 3-21

微分.

设 $x, x + \Delta x$ 为 (a, b) 内两个邻近的点.它们在曲线 $y = f(x)$ 上的对应点为 M, M'（图 3-21），并设对应于 x 的增量 Δx，弧 s 的增量为 Δs.那么

$$\Delta s = \widehat{M_0 M'} - \widehat{M_0 M} = \widehat{MM'}.$$

于是

$$\left(\frac{\Delta s}{\Delta x}\right)^2 = \left(\frac{\widehat{MM'}}{\Delta x}\right)^2 = \left(\frac{\widehat{MM'}}{|MM'|}\right)^2 \cdot \frac{|MM'|^2}{(\Delta x)^2}$$

$$= \left(\frac{\widehat{MM'}}{|MM'|}\right)^2 \cdot \frac{(\Delta x)^2 + (\Delta y)^2}{(\Delta x)^2} = \left(\frac{\widehat{MM'}}{|MM'|}\right)^2 \left[1 + \left(\frac{\Delta y}{\Delta x}\right)^2\right],$$

$$\frac{\Delta s}{\Delta x} = \pm \sqrt{\left(\frac{\widehat{MM'}}{|MM'|}\right)^2 \left[1 + \left(\frac{\Delta y}{\Delta x}\right)^2\right]}.$$

令 $\Delta x \to 0$ 取极限，由于 $\Delta x \to 0$ 时，$M' \to M$，这时弧的长度与弦的长度之比的极限等于 1，即

$$\lim_{M' \to M} \frac{|\widehat{MM'}|}{|MM'|} = 1,$$

又

$$\lim_{\Delta x \to 0} \frac{\Delta y}{\Delta x} = y',$$

因此得

$$\frac{\mathrm{d}s}{\mathrm{d}x} = \pm \sqrt{1 + y'^2}.$$

由于 $s = s(x)$ 是单调增加函数，从而根号前应取正号，于是有

$$\mathrm{d}s = \sqrt{1 + y'^2}\, \mathrm{d}x \tag{3-16}$$

这就是弧微分公式.

3.7.2　曲率及其计算公式

凭直觉我们知道：直线不弯曲，半径较小的圆弯曲得比半径较大的圆厉害些，而其他曲线的不同部分有不同的弯曲程度，例如抛物线 $y = x^2$ 在顶点附近弯曲得比远离顶点的部分厉害些.

在工程技术中，有时需要研究曲线的弯曲程度.例如，船体结构中的钢梁，机床的转轴等，它们在荷载作用下要产生弯曲变形，在设计时对它们的弯曲必须有一定的限制，这就要定量地研究它们的弯曲程度.为此首先要讨论如何用数量来描述曲线的弯曲程度.

在图 3-22 中可以看出，弧段 $\widehat{M_1 M_2}$ 比较平直，当动点沿这段弧从 M_1 移动到 M_2 时，切线转过的角度 φ_1 不大，而弧段 $\widehat{M_2 M_3}$，弯曲得比较厉害，角 φ_2 就比较大.

但是，切线转过的角度的大小还不能完全反映曲线弯曲的程度.例如，从图 3-23 中可以看出，两段曲线弧 $\widehat{M_1 M_2}$ 及 $\widehat{N_1 N_2}$ 尽管切线转过的角度都是 φ，然而弯曲程度并不相同，短弧段比长弧段弯曲得厉害些.由此可见，曲线弧的弯曲程度还与弧段的长度有关.

按上面的分析，我们引入描述曲线弯曲程度的曲率概念如下：

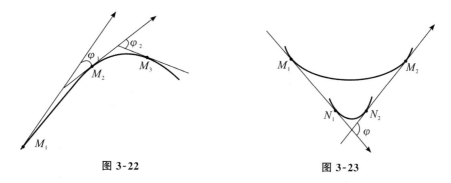

图 3-22　　　　　　　　　　　　　　图 3-23

设曲线 C 是光滑的,在曲线 C 上选定一点 M_0 作为度量弧 s 的基点.设曲线上点 M 对应于弧 s,在点 M 处切线的倾角为 α(这里假定曲线 C 所在的平面上已设立了 xOy 坐标系),曲线上另外一点 M' 对应于弧 $s+\Delta s$,在点 M' 处切线的倾角为 $\alpha+\Delta\alpha$(图 3-24),那么,弧段 $\overset{\frown}{MM'}$ 的长度为 $|\Delta s|$,当动点从 M 移动到 M' 时,切线转过的角度为 $|\Delta\alpha|$.

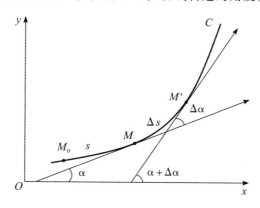

图 3-24

我们用比值 $\dfrac{|\Delta\alpha|}{|\Delta s|}$,即单位弧段上切线转过的角度的大小来表达弧段 $\overset{\frown}{MM'}$ 的平均弯曲程度,把这比值叫作弧段 $\overset{\frown}{MM'}$ 的平均曲率,并记作 $\overline{K}$,即

$$\overline{K}=\left|\frac{\Delta\alpha}{\Delta s}\right|.$$

类似于从平均速度引进瞬时速度的方法,当 $\Delta s\to 0$ 时(即 $M'\to M$ 时),上述平均曲率的极限叫作曲线 C 在点 M 处的曲率,记作 K,即

$$K=\lim_{\Delta s\to 0}\left|\frac{\Delta\alpha}{\Delta s}\right|.$$

在 $\lim\limits_{\Delta s\to 0}=\dfrac{\mathrm{d}\alpha}{\mathrm{d}s}$ 存在的条件下,K 也可以表示为

$$K=\left|\frac{\mathrm{d}\alpha}{\mathrm{d}s}\right|. \tag{3-17}$$

对于直线来说,切线与直线本身重合.当点沿直线移动时,切线的倾角 α 不变(图 3-25),而 $\Delta\alpha=0$,$\dfrac{\Delta\alpha}{\Delta s}=0$,从而 $K=\left|\dfrac{\mathrm{d}\alpha}{\mathrm{d}s}\right|=0$.这就是说,直线上任意点 M 处的曲率都等于零,这与我

们的直觉认识"直线不弯曲"一致.

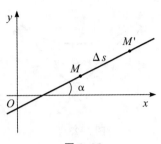

图 3-25

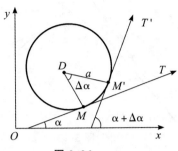

图 3-26

设圆的半径为 a,由图 3-26 可见,在点 M,M' 处圆的切线所夹的角 $\Delta\alpha$ 等于圆心角 $\angle MDM'$.但 $\angle MDM' = \dfrac{\Delta s}{a}$,于是

$$\frac{\Delta\alpha}{\Delta s} = \frac{\dfrac{\Delta s}{a}}{\Delta s} = \frac{1}{a},$$

从而

$$K = \left| \frac{\mathrm{d}\alpha}{\mathrm{d}s} \right| = \frac{1}{a}.$$

因为点 M 是圆上任意取定的一点,上述结论表示圆上各点处的曲率都等于半径 a 的倒数 $\dfrac{1}{a}$,这就是说,圆的弯曲程度到处一样,且半径越小曲率越大,即圆弯曲得越厉害.

在一般情况下,我们根据(3-17)式来导出便于实际计算曲率的公式.

设曲线的直角坐标方程是 $y = f(x)$,且 $f(x)$ 具有二阶导数(这时 $f'(x)$ 连续,从而曲线是光滑的).因为 $\tan\alpha = y'$,所以

$$\sec^2\alpha \, \frac{\mathrm{d}\alpha}{\mathrm{d}x} = y'',$$

$$\frac{\mathrm{d}\alpha}{\mathrm{d}x} = \frac{y''}{1 + \tan^2\alpha} = \frac{y''}{1 + y'^2},$$

于是

$$\mathrm{d}\alpha = \frac{y''}{1 + y'^2}\mathrm{d}x.$$

又由(3-16)式知

$$\mathrm{d}s = \sqrt{1 + y'^2}\,\mathrm{d}x.$$

从而根据曲率 K 的表达式(3-17),有

$$K = \frac{|\,y''\,|}{(1 + y'^2)^{3/2}}. \tag{3-18}$$

设曲线由参数方程

$$\begin{cases} x = \varphi(t), \\ y = \psi(t) \end{cases}$$

给出,则可利用由参数方程所确定的函数的求导法,求出 y'_x 及 y''_x,代入式(3-18)便得

$$K = \frac{\mid \varphi'(t)\psi''(t) - \varphi''(t)\psi'(t) \mid}{[\varphi'^2(t) + \psi'^2(t)]^{3/2}} \tag{3-19}$$

例 1　计算等边双曲线 $xy = 1$ 在点 $(1,1)$ 处的曲率.

解　由 $y = \dfrac{1}{x}$ 得

$$y' = -\frac{1}{x^2}, y'' = \frac{2}{x^3}.$$

因此,$y' \mid_{x=1} = -1, y'' \mid_{x=1} = 2.$

把它们代入公式(3-18),便得曲线 $xy = 1$ 在点 $(1,1)$ 处的曲率为

$$K = \frac{2}{[1 + (-1)^2]^{3/2}} = \frac{\sqrt{2}}{2}.$$

例 2　抛物线 $y = ax^2 + bx + c$ 上哪一点处的曲率最大?

解　由 $y = ax^2 + bx + c$,得

$$y' = 2ax + b, y'' = 2a,$$

代入公式(3-18),得

$$K = \frac{\mid 2a \mid}{[1 + (2ax + b)^2]^{3/2}}.$$

因为 K 的分子是常数 $\mid 2a \mid$,所以只要分母最小,K 就最大.容易看出,当 $2ax + b = 0$,即 $x = -\dfrac{b}{2a}$ 时,K 的分母最小,因而 K 有最大值 $\mid 2a \mid$.而 $x = -\dfrac{b}{2a}$ 所对应的点为抛物线的顶点.因此,抛物线在顶点处的曲率最大.

在有些实际问题中,$\mid y' \mid$ 同 1 相比是很小的(有的工程书上把这种关系记成 $\mid y' \mid \ll 1$),可以忽略不计.这时,由

$$1 + y'^2 \approx 1,$$

而有曲率的近似计算公式

$$K = \frac{\mid y'' \mid}{(1 + y'^2)^{3/2}} \approx \mid y'' \mid.$$

这就是说,当 $\mid y' \mid \ll 1$ 时,曲率 K 近似于 $\mid y'' \mid$.经过这样简化后,一些复杂问题的计算和讨论就方便多了.

3.7.3　曲率圆与曲率半径

设曲线 $y = f(x)$ 在点 $M(x, y)$ 处的曲率为 $K(K \neq 0)$.在点 M 处的曲线的法线上,在凹的一侧取一点 D,使 $\mid DM \mid = \dfrac{1}{K} = \rho$. 以 D 为圆心、ρ 为半径作圆(图 3-27),这个圆叫作曲线在点 M 处的曲率圆,曲率圆的圆心 D 叫作曲线在点 M 处的曲率中心,曲率圆的半径 ρ 叫作曲线在点 M 处的曲率半径.

按上述规定,曲率圆与曲线在点 M 有相同的切线和曲率,且

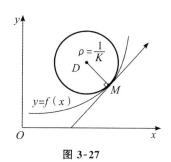

图 3-27

在点 M 邻近有相同的凹向.因此,在实际问题中,常常用曲率圆在点 M 邻近的一段圆弧来近似代替曲线弧,以使问题简化.

按上述规定,曲线在点 M 处的曲率 $K(K \neq 0)$ 与曲线在点 M 处的曲率半径 ρ 有如下关系:

$$\rho = \frac{1}{K}.$$

这就是说:曲线上一点处的曲率半径与曲线在该点处的曲率互为倒数.

例3 设工件内表面的截线为抛物线 $y = 0.4x^2$(图3-28).现在要用砂轮磨削其内表面.问用直径多大的砂轮才比较合适?

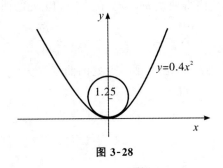

图 3-28

解 为了在磨削时不使砂轮与工件接触处附近的那部分工件磨去太多,砂轮的半径应不大于抛物线上各点处曲率半径中的最小值.由本节例2知道,抛物线在其顶点处的曲率最大,也就是说,抛物线在其顶点处的曲率半径最小.因此,只要求出抛物线 $y = 0.4x^2$ 在顶点 $O(0,0)$ 处的曲率半径.由

$$y' = 0.8x, y'' = 0.8,$$

有

$$y'|_{x=0} = 0, y''|_{x=0} = 0.8.$$

把它们代入公式(3-18),得 $K = 0.8$.因而求得抛物线顶点处的曲率半径 $\rho = \frac{1}{K} = 1.25$.

所以选用砂轮的半径不得超过 1.25 单位长,即直径不超过 2.50 单位长.

当用砂轮磨削一般工件的内表面时,也有类似的结论,即选用的砂轮的半径不应超过工件内表面的截线上各点处曲率半径中的最小值.

3.7.4 方程的近似解

在科学技术问题中,经常会遇到求解高次代数方程或其他类型的方程的问题.要求得这类方程的实根的精确值,往往比较困难,因此就需要寻求方程的近似解.

求方程的近似解可分两步来做.

第一步是确定根的大致范围.具体地说,就是确定一个区间 $[a,b]$,使所求的根是位于这个区间内的唯一实根.这一步工作称为根的隔离,区间 $[a,b]$ 称为所求实根的隔离区间.由于方程 $f(x) = 0$ 的实根在几何上表示曲线 $y = f(x)$ 与 x 轴交点的横坐标,因此为了确定根的隔离区间,可以先较精确地画出 $y = f(x)$ 的图形,然后从图上定出它与 x 轴交点的大概位置.由于作图和读数的误差,这种做法得不出根的高精确度的近似值,但一般已可以确定出根的隔离区间.

第二步是以根的隔离区间的端点作为根的初始近似值,逐步改善根的近似值的精确度,直至求得满足精确度要求的近似解.完成这一步工作有多种方法,这里我们介绍两种常用的方法 —— 二分法和切线法.按照这些方法,编出简单的程序,就可以在计算机上求出方程足够精确的近似解.

1. 二分法

设 $f(x)$ 在区间 $[a,b]$ 上连续,$f(a)f(b)<0$,且方程 $f(x)=0$ 在 (a,b) 内仅有一个实根 ξ,于是 $[a,b]$ 即是这个根的一个隔离区间.

取 $[a,b]$ 的中点 $\xi_1=\dfrac{a+b}{2}$,计算 $f(\xi_1)$.

如果 $f(\xi_1)=0$,那么 $\xi=\xi_1$.

如果 $f(\xi_1)$ 与 $f(a)$ 同号,那么取 $a_1=\xi_1,b_1=b$,由 $f(a_1)f(b_1)<0$,即知 $a_1<\xi<b_1$,且 $b_1-a_1=\dfrac{1}{2}(b-a)$.

如果 $f(\xi_1)$ 与 $f(b)$ 同号,那么取 $a_1=a,b_1=\xi_1$,也有 $a_1<\xi<b_1$ 及 $b_1-a_1=\dfrac{1}{2}(b-a)$.

总之,当 $\xi\neq\xi_1$ 时,可求得 $a_1<\xi<b_1$,且 $b_1-a_1=\dfrac{1}{2}(b-a)$.

以 $[a_1,b_1]$ 作为新的隔离区间,重复上述做法,当 $\xi\neq\xi_2=\dfrac{1}{2}(a_1+b_1)$ 时,可求得 $a_2<\xi<b_2$,且 $b_2-a_2=\dfrac{1}{2^2}(b-a)$.

如此重复 n 次,可求得 $a_n<\xi<b_n$,且 $b_n-a_n=\dfrac{1}{2^n}(b-a)$.由此可知,如果以 a_n 或 b_n 作为 ξ 的近似值,那么其误差小于 $\dfrac{1}{2^n}(b-a)$.

例 4　用二分法求方程 $x^3+1.1x^2+0.9x-1.4=0$ 的实根的近似值,使误差不超过 0.001.

解　令 $f(x)=x^3+1.1x^2+0.9x-1.4$,显然 $f(x)$ 在 $(-\infty,+\infty)$ 内连续.

因为 $f'(x)=3x^2+2.2x+0.9$,$\Delta=-5.96<0$,所以 $f'(x)>0$.

可知 $f(x)$ 在 $(-\infty,+\infty)$ 内单调增加,所以 $f(x)=0$ 至多有一个实根.

因为 $f(0)=-1.4<0$,$f(1)=1.6>0$,所以 $f(x)=0$ 在 $[0,1]$ 内有唯一的实根.

取 $a=0,b=1$,$[0,1]$ 即一个隔离区间.

计算得:

$\xi_1=0.5,f(\xi_1)=-0.55<0$,故 $a_1=0.5,b_1=1$;

$\xi_2=0.75,f(\xi_2)=0.32>0$,故 $a_2=0.5,b_2=0.75$;

$\xi_3=0.625,f(\xi_3)=-0.16<0$,故 $a_3=0.625,b_3=0.75$;

$\xi_4=0.687,f(\xi_4)=0.062<0$,故 $a_4=0.625,b_4=0.687$;

$\xi_5 = 0.656, f(\xi_5) = -0.054 < 0$,故 $a_5 = 0.656, b_5 = 0.687$；

$\xi_6 = 0.672, f(\xi_6) = 0.005 > 0$,故 $a_6 = 0.656, b_6 = 0.672$；

$\xi_7 = 0.664, f(\xi_7) = -0.025 < 0$,故 $a_7 = 0.664, b_7 = 0.672$；

$\xi_8 = 0.668, f(\xi_8) = -0.010 < 0$,故 $a_8 = 0.668, b_8 = 0.672$；

$\xi_9 = 0.670, f(\xi_9) = -0.002 < 0$,故 $a_9 = 0.670, b_9 = 0.672$；

$\xi_{10} = 0.671, f(\xi_{10}) = 0.001 > 0$,故 $a_{10} = 0.670, b_{10} = 0.671$.

所以 $0.670 < \xi < 0.671$,即 0.670 作为根的不足近似值,0.671 作为根的过剩近似值,其误差都小于 10^{-3}.

2. 切线法

设 $f(x)$ 在 $[a,b]$ 上具有二阶导数,$f(a)f(b) < 0$ 且 $f'(x)$ 及 $f''(x)$ 在 $[a,b]$ 上保持定号.在上述条件下,方程 $f(x)=0$ 在 (a,b) 内有唯一的实根 ξ,$[a,b]$ 为根的一个隔离区间.此时,$y = f(x)$ 在 $[a,b]$ 上的图形 $\overset{\frown}{AB}$ 只有如图 3-29 所示的四种不同情形.

考虑用曲线弧一端的切线来代替曲线弧,从而求出方程实根的近似值,这种方法叫作切线法.从图 3-29 中看出,如果在纵坐标与 $f''(x)$ 同号的那个端点[此端点记作 $(x_0, f(x_0))$]处作切线,这切线与 x 轴的交点的横坐标 x_1 就比 x_0 更接近方程的根 ξ.用迭代的方法就可找出根的近似值.

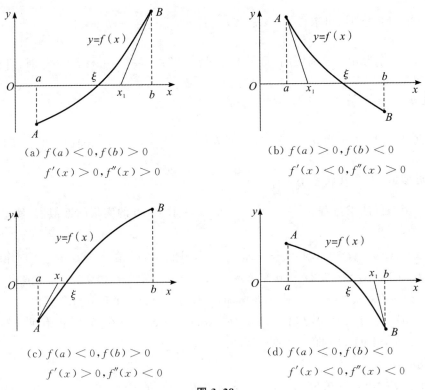

(a) $f(a) < 0, f(b) > 0$
$f'(x) > 0, f''(x) > 0$

(b) $f(a) > 0, f(b) < 0$
$f'(x) < 0, f''(x) > 0$

(c) $f(a) < 0, f(b) > 0$
$f'(x) > 0, f''(x) < 0$

(d) $f(a) < 0, f(b) < 0$
$f'(x) < 0, f''(x) < 0$

图 3-29

令 $x_0 = a$,则切线方程为 $y - f(x_0) = f'(x_0)(x - x_0)$.

令 $y=0$, 得 $x_1=x_0-\dfrac{f(x_0)}{f'(x_0)}$, 在点 $(x_1,f(x_1))$ 处作切线 (图 3-30), 得根的近似值 x_2

$=x_1-\dfrac{f(x_1)}{f'(x_1)}$.

如图 3-30 可见 x_2 又比 x_1 更接近 ξ.

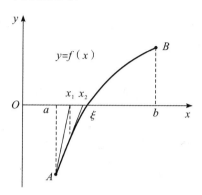

图 3-30

如此继续, 得根的近似值

$$x_n=x_{n-1}-\dfrac{f(x_{n-1})}{f'(x_{n-1})}. \tag{3-20}$$

注意: 如果 $f(b)$ 与 $f''(x)$ 同号, 可记 $x_0=b$.

例 5　用切线法求方程 $x^3+1.1x^2+0.9x-1.4=0$ 的实根的近似值, 使误差不超过 0.001.

解　令 $f(x)=x^3+1.1x^2+0.9x-1.4$, $f(0)<0$, $f(1)>0$, $[0,1]$ 是一个隔离区间.
在 $[0,1]$ 上, $f'(x)=3x^2+2.2x+0.9>0$, $f''(x)=6x+2.2>0$,
因为 $f''(x)$ 与 $f(1)$ 同号, 所以将 $x_0=1$ 代入 (3-20) 式, 得

$x_1=1-\dfrac{f(1)}{f'(1)}\approx0.738$, $x_2=0.738-\dfrac{f(0.738)}{f'(0.738)}\approx0.674$,

$x_3=0.674-\dfrac{f(0.674)}{f'(0.674)}\approx0.671$, $x_4=0.671-\dfrac{f(0.671)}{f'(0.671)}\approx0.671$.

计算停止, 得根的近似值为 0.671, 其误差小于 0.001.

习题 3.7

1. 求曲线 $y=\ln\sec x$ 在点 $\left(\dfrac{\pi}{3},\ln2\right)$ 处的曲率.

2. 求曲线 $x^2+xy+y^2=3$ 在点 $(1,1)$ 处的曲率半径.

3. 抛物线 $y=2x^2-4x+3$ 在哪个点处曲率最大? 并求曲率半径.

4. 试证明下列方程在指定的区间内有唯一的实根, 并分别用二分法和切线法求这个根的近似值, 使误差不超过 0.01.

(1)$x^3 + 3x + 1 = 0, x \in (-1,0)$;

(2)$x\ln x - 1 = 0, x \in (1,2)$.

总习题 3

一、填空题

1. 函数 $f(x) = (x-1)^2(x+1)^3$ 在区间 _____ 内是单调增加的,在区间 _____ 内是单调减少的.

2. 若 x_0 为 $f(x)$ 的拐点,且 $f''(x_0)$ 存在,则必定有 $f''(x_0)$ _____.

3. 点 $(0,1)$ 是曲线 $y = 3x^3 - ax^2 + b$ 的拐点,则有 $a =$ _____,$b =$ _____.

4. 设 $f(x) = \dfrac{x+1}{x}$,则 $f(x)$ 在 $[1,2]$ 上满足拉格朗日中值定理的 $\xi =$ _____.

5. 曲线 $y = x^3 + x + 2$ 的拐点是 _____.

二、选择题

1. 下列函数中满足罗尔定理条件的是(   ).

A. $f(x) = x^2 - 5x + 6, x \in [2,3]$　　　B. $f(x) = \begin{cases} x+1, & -5 \leqslant x < 0, \\ 1, & 0 \leqslant x \leqslant 5 \end{cases}$

C. $f(x) = \dfrac{1}{\sqrt[3]{(x-1)^2}}, x \in [0,2]$　　　D. $f(x) = xe^{-x}, x \in [0,1]$

2. 函数 $y = 2x^3 + 7x + 6$ 在定义域内(   ).

A. 单调增加　　　　　　　　　　B. 单调减少

C. 曲线上凸　　　　　　　　　　D. 曲线上凹

3. 设 x_0 为 $f(x)$ 的极大值点,则(   ).

A. 必有 $f'(x_0) = 0$　　　　　　　B. $f'(x_0) = 0$ 或不存在

C. $f(x_0)$ 为 $f(x)$ 在定义域内的最大值　　　D. 必有 $f''(x_0) < 0$

4. $a < x < b, f'(x) < 0, f''(x) < 0$,则在区间 (a,b) 内,函数 $y = f(x)$ 的图像(   ).

A. 沿 x 轴正向下降且为凹的　　　　B. 沿 x 轴正向下降且为凸的

C. 沿 x 轴正向上升且为凹的　　　　D. 沿 x 轴正向上升且为凸的

5. 设函数 $y = f(x)$ 二阶可导,且 $f'(x) < 0, f''(x) < 0$,又 $\Delta x = f(x + \Delta x) - f(x)$,$dy = f'(x)dx$,则当 $\Delta x > 0$,有(   ).

A. $\Delta y > dy > 0$　　　　　　　B. $\Delta y < dy < 0$

C. $dy > \Delta y > 0$　　　　　　　D. $dy < \Delta y < 0$

6. 函数 $y = ax^3 + bx^2 + cx + d$ 满足条件 $b^2 - 3ac < 0$,则该函数(   ).

A. 有一个极大值和极小值　　　　B. 仅有一个极大值

C. 无极值　　　　　　　　　　　D. 无法确定极值的有无

7. 曲线 $y = 3x^5 - 5x^3$(   ).

A. 有 4 个极值点　　　　　　　　B. 有 3 个极值点

C. 有 3 个拐点　　　　　　　　　　D. 关于原点对称

8. 求下列极限,不能用洛必达法则的有(　　).

A. $\lim\limits_{x\to\infty}\dfrac{x-\sin x}{x+\sin x}$

B. $\lim\limits_{x\to 0}\dfrac{x-\sin x}{x+\sin x}$

C. $\lim\limits_{x\to\infty}\dfrac{e^x-e^{-x}}{e^x+e^{-x}}$

D. $\lim\limits_{x\to 0}\dfrac{e^x-e^{-x}}{e^x+e^{-x}}$

三、解答题

1. 求下列极限:

(1) $\lim\limits_{x\to 0}\dfrac{\ln(1+x)}{3x}$;

(2) $\lim\limits_{x\to 0}\dfrac{x-\tan x}{\sin x-x}$;

(3) $\lim\limits_{x\to 0}\dfrac{\sqrt{1+\tan x}-\sqrt{1+x}}{x^2\sin x}$;

(4) $\lim\limits_{x\to 0}\dfrac{(1+x)^{\frac{1}{x}}-e}{x}$;

(5) $\lim\limits_{x\to\infty}x^2\left(1-x\sin\dfrac{1}{x}\right)$;

(6) $\lim\limits_{x\to 1}\dfrac{x+x^2+\cdots+x^n-n}{x-1}$.

2. 讨论方程的根:

(1) $x^3-5x-2=0$,在$(0,+\infty)$ 内;

(2) $a_0+a_1x+\cdots+a_nx^n=0$,在$(0,1)$ 内,其中 $a_0+\dfrac{a_1}{2}+\cdots+\dfrac{a_n}{n+1}=0$.

3. 设 $f(x)$ 在$[0,a]$ 上连续,在$(0,1)$ 内可导,且 $f(a)=0$,证明存在一点 $\xi\in(0,a)$,使得 $3f(\xi)+\xi f'(\xi)=0$.

第4章 不定积分

在一元微分学里,已知函数要求其导数和微分.然而,在实际问题中,往往需要解决与求微分运算的相反问题,即已知函数的导数而要求这个函数.这种逆运算称为求原函数,即求不定积分.

4.1 不定积分的概念

4.1.1 原函数

已知某物体运动规律由方程 $s = s(t)$ 给出,其中 t 是时间,s 是物体经过的距离,由导数的定义可知,物体运动的瞬时速度
$$v = s'(t).$$
但有时会遇到已知物体运动的瞬时速度 $v = s'(t)$,而要求物体的运动规律(即求函数 $s = s(t)$ 的问题).

定义 4.1 设 $F(x)$ 与 $f(x)$ 在区间 I 上有定义,若在 I 上对任意 $x \in I$ 都有 $F'(x) = f(x)$ 或 $dF(x) = f(x)dx$,则称 $F(x)$ 为 $f(x)$ 在区间 I 上的一个原函数.

例如 x^2 是 $2x$ 在区间 $(-\infty, +\infty)$ 上的一个原函数,因为 $(x^2)' = 2x$;又如 $\sin^2 x$ 是 $\sin 2x$ 在 $(-\infty, +\infty)$ 上的一个原函数,因为 $(\sin^2 x)' = \sin 2x$.

由于在区间 $(-\infty, +\infty)$ 上有 $(x^2 + 1)' = 2x$,$(x^2 - 2)' = 2x$,$(x^2 + \frac{1}{3})' = 2x$,$(x^2 + C)' = 2x$,其中 C 为任意常数,由定义知 $x^2 + 1, x^2 - 2, x^2 + \frac{1}{3}, x^2 + C$ 都是 $2x$ 在区间 $(-\infty, +\infty)$ 上的原函数.

由此可知:

(1) 若 $F(x)$ 是 $f(x)$ 在区间 I 上的一个原函数,则对任意常数 C,$F(x) + C$ 也是 $f(x)$ 在 I 上的原函数.这是因为在区间 I 上总有
$$[F(x) + C]' = F'(x) = f(x).$$

(2) 如果 $G(x)$ 也是 $f(x)$ 在区间 I 上的一个原函数,则有 $G(x) - F(x) = C$.即任意两个原函数之间相差一个常数.

因为 $[G(x) - F(x)]' = G'(x) - F'(x) = f(x) - f(x) = 0$,所以,有 $G(x) - F(x) = C$ 或 $G(x) = F(x) + C$.

因此,要求一个函数的全部原函数,只需要求出其中一个,再加上任意常数 C 即可.

那么什么样的函数存在原函数呢？**凡在区间 I 上连续的函数都存在原函数**(第五章予以证明).由于初等函数在其定义区间上是连续函数,可以说初等函数在其定义区间上都有原函数.

4.1.2　不定积分

定义 4.2　若函数 $F(x)$ 是 $f(x)$ 在区间 I 上的一个原函数,那么 $f(x)$ 在区间 I 上的全部原函数称为 $f(x)$ 在 I 上的不定积分,记作 $\int f(x)\mathrm{d}x$.即

$$F'(x) = f(x) \Rightarrow \int f(x)\mathrm{d}x = F(x) + C,$$

或

$$\mathrm{d}F(x) = f(x)\mathrm{d}x \Rightarrow \int f(x)\mathrm{d}x = F(x) + C,$$

其中 $\int$ 为积分号,$f(x)$ 称为被积函数,$f(x)\mathrm{d}x$ 称为被积表达式,x 称为积分变量.

由定义可知,如果 $F(x)$ 是 $f(x)$ 在 I 上的一个原函数,则 $f(x)$ 在 I 上的不定积分就表示一族函数.求函数的不定积分,就是求函数的所有原函数.

例如 $\int 2x\,\mathrm{d}x = x^2 + C$, $\quad \int \sin 2x\,\mathrm{d}x = \sin^2 x + C$.

例 1　求 $\int \cos x\,\mathrm{d}x$.

解　由于 $(\sin x)' = \cos x$,所以 $\int \cos x\,\mathrm{d}x = \sin x + C$.

例 2　求 $\int \dfrac{1}{1+x^2}\mathrm{d}x$.

解　由于 $(\arctan x)' = \dfrac{1}{1+x^2}$,所以 $\int \dfrac{1}{1+x^2}\mathrm{d}x = \arctan x + C$.

例 3　求 $\int \dfrac{1}{x}\mathrm{d}x$.

解　当 $x > 0$ 时,有 $(\ln x)' = \dfrac{1}{x}$,所以 $\int \dfrac{1}{x}\mathrm{d}x = \ln x + C (x > 0)$.

当 $x < 0$ 时,有 $[\ln(-x)]' = \dfrac{1}{-x} \cdot (-x)' = \dfrac{1}{-x} \cdot (-1) = \dfrac{1}{x}$,所以 $\int \dfrac{1}{x}\mathrm{d}x = \ln(-x) + C (x < 0)$.

又因为 $\ln|x| = \begin{cases} \ln x, & \text{当 } x > 0, \\ \ln(-x), & \text{当 } x < 0, \end{cases}$ 所以

$$\int \dfrac{1}{x}\mathrm{d}x = \ln|x| + C (x \neq 0).$$

例 4　设 $f(x)$ 的导函数是 $\cos x$,求 $f(x)$ 的全体原函数.

解　设 $f(x)$ 的原函数为 $F(x)$,则 $F(x) = \int f(x)\mathrm{d}x$.

因为 $f'(x)=\cos x$，所以有 $f(x)=\int\cos x\,\mathrm{d}x=\sin x+C_1$.

故 $F(x)=\int f(x)\mathrm{d}x=\int(\sin x+C_1)\mathrm{d}x=-\cos x+C_1x+C_2$.

4.1.3　不定积分的几何意义

不定积分的几何意义如图 4-1 所示.

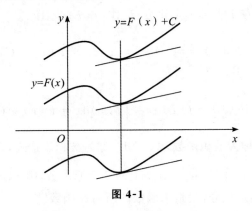

图 4-1

设 $F(x)$ 是 $f(x)$ 的一个原函数，则 $y=F(x)$ 在平面上表示一条曲线，称它为 $f(x)$ 的一条积分曲线.于是 $f(x)$ 的不定积分表示一族积分曲线，它们是由 $f(x)$ 的某一条积分曲线沿着 y 轴方向作任意平行移动而产生的所有积分曲线组成的.显然，族中的每一条积分曲线在具有同一横坐标 x 的点处有互相平行的切线，其斜率都等于 $f(x)$.

例 5　设曲线上任意一点 $M(x,y)$ 处的切线斜率为 $2x$，又知曲线过点 $P(1,2)$，求曲线的方程.

解　设所求曲线方程为 $y=F(x)$，根据题意有 $F'(x)=2x$，即 $F(x)$ 为 $2x$ 的一个原函数.

因为 $\int 2x\,\mathrm{d}x=x^2+C$，所以 $y=x^2+C$.

当 $x=1,y=2$ 时，有
$$2=1+C\Rightarrow C=1,$$
于是所求曲线方程为
$$F(x)=x^2+1.$$

在求原函数的具体问题中，往往先求出原函数的一般表达式 $y=F(x)+C$，再从中确定一个满足条件 $y(x_0)=y_0$（称为初始条件）的原函数 $y=y(x)$.从几何上讲，就是从积分曲线族中找出一条通过点 (x_0,y_0) 的积分曲线.

习题 4.1

1. 填空题:

(1) 若 $(\arctan x)' = \dfrac{1}{1+x^2}$,则 $\dfrac{1}{1+x^2}$ 的所有原函数是 _____;

(2) 函数 $y = e^x$ 是函数 _____ 的原函数;

(3) 若 $F'(x) = f(x)$,则函数 $y = F(x)$ 在几何上的意义是 _____;

(4) 如果 $f(x)$ 的一个原函数为常数,则 $f(x) =$ _____;

(5) 已知 $F(x) = x(\ln x - 1)$,$F(x)$ 是 $f(x)$ 的一个原函数,则 $f'(x) =$ _____.

2. 选择题:

(1) 若 $F(x)$,$G(x)$ 都是 $f(x)$ 的原函数,那么必有(　　);

A. $F(x) = G(x)$ 　　　　　　　　B. $F(x) = CG(x)$

C. $F(x) = G(x) + C$ 　　　　　　D. $F(x) = \dfrac{1}{C}G(x)(C \neq 0)$

(2) 连续函数 $f(x)$ 的(　　)原函数叫作 $f(x)$ 的不定积分;

A. 任意一个 　　　　B. 全体 　　　　C. 某一个 　　　　D. 唯一的一个

(3) 设 $f(x)$ 的原函数是 $\dfrac{1}{x}$,则 $f'(x) = $(　　);

A. $\ln|x|$ 　　　　　　B. $\dfrac{1}{x}$ 　　　　　　C. $-\dfrac{1}{x^2}$ 　　　　　　D. $\dfrac{2}{x^3}$

(4) 若 C 为任意常数,且 $F'(x) = f(x)$,则下列各式中正确的是(　　);

A. $\displaystyle\int F'(x)\mathrm{d}x = f(x) + C$ 　　　　　B. $\displaystyle\int f(x)\mathrm{d}x = F(x) + C$

C. $\displaystyle\int F'(x)\mathrm{d}x = F'(x) + C$ 　　　　D. $\displaystyle\int f'(x)\mathrm{d}x = F(x) + C$

(5) 设 $f(x)$ 的导函数是 $\sin x$,则 $f(x)$ 的全部原函数是(　　).

A. $-\cos x + C$ 　　　　　　　　B. $\sin x + C$

C. $-\sin x + C_1 x + C$ 　　　　D. $-\cos x + C_1 x + C_2$

3. 已知某曲线上任意一点的切线斜率等于该点的横坐标,且曲线通过点 $(0,1)$,求此曲线方程.

4. 设物体的运动速度为 $v = \cos t\,(\mathrm{m/s})$,当 $t = \dfrac{\pi}{2}\,\mathrm{s}$ 时,物体所经过的路程 $s = 10\ \mathrm{m}$,求物体运动规律.

5. 已知物体由静止开始做直线运动,经过 $t\ \mathrm{s}$ 时速度为 $360t - 180\,(\mathrm{m/s})$.求:

(1) 3 s 末物体离开出发点的距离;

(2) 物体走完 360 m 所需要的时间.

4.2 不定积分的基本公式与性质

4.2.1 不定积分的基本公式

由于积分是微分的逆运算，$F'(x) = f(x) \Rightarrow \int f(x) \mathrm{d}x = F(x) + C$，所以由基本初等函数的导数或微分公式，可以相应地得到不定积分的基本公式.

例如：

$$(\sin x)' = \cos x \Rightarrow \int \cos x \mathrm{d}x = \sin x + C;$$

$$\left(\frac{x^{\alpha+1}}{\alpha+1}\right)' = x^{\alpha}(\alpha \neq -1) \Rightarrow \int x^{\alpha} \mathrm{d}x = \frac{x^{\alpha+1}}{\alpha+1} + C, (\alpha \neq -1).$$

类似地，可以得到其他基本初等函数的不定积分公式，如表 4-1 所示.

表 4-1 基本积分表

$(1) \int k \mathrm{d}x = kx + C(k$ 为常数$)$	$(2) \int x^{\mu} \mathrm{d}x = \dfrac{x^{\mu+1}}{\mu+1} + C(\mu \neq -1)$
$(3) \int \dfrac{\mathrm{d}x}{x} = \ln|x| + C$	$(4) \int \mathrm{e}^x \mathrm{d}x = \mathrm{e}^x + C$
$(5) \int a^x \mathrm{d}x = \dfrac{a^x}{\ln a} + C$	$(6) \int \sin x \mathrm{d}x = -\cos x + C$
$(7) \int \cos x \mathrm{d}x = \sin x + C$	$(8) \int \sec^2 x \mathrm{d}x = \tan x + C$
$(9) \int \csc^2 x \mathrm{d}x = -\cot x + C$	$(10) \int \sec x \tan x \mathrm{d}x = \sec x + C$
$(11) \int \csc x \cot x \mathrm{d}x = -\csc x + C$	$(12) \int \dfrac{\mathrm{d}x}{\sqrt{1-x^2}} = \arcsin x + C$
$(13) \int \dfrac{\mathrm{d}x}{1+x^2} = \arctan x + C$	

利用这些基本积分公式，可直接求简单函数的积分.

例 1 求 $\int \dfrac{1}{\sqrt{x}} \mathrm{d}x$.

解 因为 $\dfrac{1}{\sqrt{x}} = x^{-\frac{1}{2}}$，所以

$$\int \frac{1}{\sqrt{x}} \mathrm{d}x = \int x^{-\frac{1}{2}} \mathrm{d}x = \frac{1}{1+\left(-\dfrac{1}{2}\right)} x^{-\frac{1}{2}+1} + C = 2x^{\frac{1}{2}} + C.$$

把根式写成幂指数形式，再利用幂函数的积分公式求积分.

例 2 求 $\int \dfrac{2^x}{3^x} \mathrm{d}x$.

解　因为 $\dfrac{2^x}{3^x}=\left(\dfrac{2}{3}\right)^x$,所以

$$\int\frac{2^x}{3^x}\mathrm{d}x=\int\left(\frac{2}{3}\right)^x\mathrm{d}x=\frac{\left(\dfrac{2}{3}\right)^x}{\ln\dfrac{2}{3}}+C=\frac{2^x}{3^x(\ln2-\ln3)}+C.$$

利用幂的运算法则,把商的形式改写成幂的形式,再用公式进行积分.

4.2.2　不定积分的性质

由不定积分的定义,可得到不定积分的性质:

性质 1　微分运算与积分运算互为逆运算.

(1) $\mathrm{d}\left[\int f(x)\mathrm{d}x\right]=f(x)\mathrm{d}x$, $\left(\int f(x)\mathrm{d}x\right)'=f(x)$.

(2) $\int F'(x)\mathrm{d}x=F(x)+C$, $\int \mathrm{d}F(x)=F(x)+C$.

可用此性质检验积分结果的正确性,只要将积分结果进行求导,看它的导数是否等于被积函数.如果相等,结果就是正确的;否则结果是错误的.

例 3　检验下列不定积分的正确性:

(1) $\displaystyle\int x\cos x\,\mathrm{d}x=x\sin x+C$;　　　　(2) $\displaystyle\int x\cos x\,\mathrm{d}x=x\sin x+\cos x+C$.

解　(1) 错误.因为对等式的右端求导,其导数不等于被积函数:

$$(x\sin x+C)'=\sin x+x\cos x+0\neq x\cos x.$$

(2) 正确.因为对等式的右端求导,其导数等于被积函数:

$$(x\sin x+\cos x+C)'=\sin x+x\cos x-\sin x+0=x\cos x.$$

例 4　设 $\displaystyle\int xf(x)\mathrm{d}x=\arccos x+C$,求 $f(x)$.

解　因 $\displaystyle\int xf(x)\mathrm{d}x=\arccos x+C$,所以

$$\left[\int xf(x)\mathrm{d}x\right]'=(\arccos x+C)'=-\frac{1}{\sqrt{1-x^2}}$$

$$\Rightarrow xf(x)=-\frac{1}{\sqrt{1-x^2}}\Rightarrow f(x)=-\frac{1}{x\sqrt{1-x^2}}.$$

性质 2　若 $f(x)$ 在 I 上存在原函数,k 为不等于零的常数,则有

$$\int kf(x)\mathrm{d}x=k\int f(x)\mathrm{d}x\,(k\neq0)$$

成立,即被积函数中不为零的常数因子可以移到积分号前面.

性质 3　若 $f(x),g(x),f(x)\pm g(x)$ 在 I 上都存在原函数,则有

$$\int[f(x)\pm g(x)]\mathrm{d}x=\int f(x)\mathrm{d}x\pm\int g(x)\mathrm{d}x,$$

即两个函数和(或差)的不定积分等于各函数的不定积分的和(或差).

性质 3 可以推广到有限多个函数的代数和的情形,即

$$\int [f_1(x) \pm f_2(x) \pm \cdots \pm f_n(x)] dx = \int f_1(x) dx \pm \int f_2(x) dx \pm \cdots \pm \int f_n(x) dx$$

例 5　求 $\int \dfrac{(1-x)^2}{\sqrt{x}} dx$.

解　$\displaystyle \int \frac{(1-x)^2}{\sqrt{x}} dx = \int \frac{1-2x+x^2}{\sqrt{x}} dx$

$$= \int x^{-\frac{1}{2}} dx - 2 \int x^{\frac{1}{2}} dx + \int x^{\frac{3}{2}} dx$$

$$= 2x^{\frac{1}{2}} - 2 \times \frac{2}{3} x^{\frac{3}{2}} + \frac{2}{5} x^{\frac{5}{2}} + C$$

$$= \sqrt{x} \left(2 - \frac{4}{3} x + \frac{2}{5} x^2\right) + C.$$

此例先利用平方公式将分子展开,再把商转化为和与差的形式,分别求出积分.

例 6　求 $\int \dfrac{1}{\cos^2 x \, \sin^2 x} dx$.

解　$\displaystyle \int \frac{1}{\cos^2 x \, \sin^2 x} dx = \int \frac{\sin^2 x + \cos^2 x}{\cos^2 x \, \sin^2 x} dx$

$$= \int \sec^2 x \, dx + \int \csc^2 x \, dx$$

$$= \tan x - \cot x + C.$$

例 7　求 $\int \dfrac{dx}{1+\cos x}$.

解　$\displaystyle \int \frac{dx}{1+\cos x} = \int \frac{1-\cos x}{\sin^2 x} dx$

$$= \int (\csc^2 x - \csc x \cot x) dx$$

$$= -\cot x + \csc x + C.$$

此例利用三角公式,将商转化为和与差,然后分别求出积分.

例 8　求 $\int \sqrt{\dfrac{1-x}{1+x}} dx$

解　因为 $\sqrt{\dfrac{1-x}{1+x}} = \dfrac{1-x}{\sqrt{1-x^2}}$,且

$$(\sqrt{1-x^2})' = -\frac{x}{\sqrt{1-x^2}},$$

所以,

$$\int \sqrt{\frac{1-x}{1+x}} dx = \int \frac{1-x}{\sqrt{1-x^2}} dx = \int \frac{1}{\sqrt{1-x^2}} dx + \int d\sqrt{1-x^2}$$

$$= \arcsin x + \sqrt{1-x^2} + C.$$

当一个式子中含有多个积分式子时,不必每一个积分后都写一个积分常数,只需在所有的积分后写上一个积分常数 C.

直接利用不定积分的性质和基本积分公式,或者先对被积函数进行恒等变形,再利用不定积分的性质和基本积分公式求出不定积分的方法称为**直接积分法**.

习题 4.2

1. 选择题：

(1) 若 $\int \mathrm{d}f(x) = \int \mathrm{d}g(x)$,那么必有(　　)；

A. $f(x) = g(x)$　　　B. $f'(x) = g(x)$　　　C. $f(x) = g'(x)$　　　D. $f'(x) = g'(x)$

(2) 导数 $\left[\int f'(x)\mathrm{d}x\right]' = ($　　)；

A. $f'(x)$　　　　　　B. $f'(x) + C$　　　　　C. $f''(x)$　　　　　　D. $f''(x) + C$

(3) 设 $a^x \mathrm{d}x = \mathrm{d}f(x)$,则 $f(x) = ($　　)；

A. $\dfrac{\ln a}{a^x} + C$　　　　B. $\dfrac{a^x}{\ln a} + C$　　　　C. $a^x \ln a + C$　　　　D. 以上都不对

(4) 若 $f'(x)$ 连续,则下列等式中正确的是(　　)；

A. $\mathrm{d}f(x) = f(x)$　　　　　　　　　B. $\int f'(x)\mathrm{d}x = f(x)$

C. $\left[\int f(x)\mathrm{d}x\right]' = f(x)$　　　　　D. $\mathrm{d}\int f(x)\mathrm{d}x = f(x)$

(5) 下列函数的原函数为 $\ln 2x + C$(C 为任意常数) 的是(　　).

A. $\dfrac{1}{x}$　　　　　　B. $\dfrac{2}{x}$　　　　　　C. $\dfrac{1}{2^x}$　　　　　　D. $\dfrac{1}{x^2}$

2. 验证下列积分结果是否正确：

$(1) \displaystyle\int (1+x)\mathrm{d}x = x + \frac{1}{2}x^2 + C$；

$(2) \displaystyle\int \cos^2 x \, \mathrm{d}x = \frac{1}{2}x + \frac{1}{4}\sin 2x + C$；

$(3) \displaystyle\int \frac{x}{\sqrt{1+x^2}}\mathrm{d}x = \sqrt{1+x^2} + C$；

$(4) \displaystyle\int \mathrm{e}^{-x}\mathrm{d}x = \mathrm{e}^{-x} + C$.

3. 设 $\displaystyle\int xf(x)\mathrm{d}x = \arcsin x + C$,求 $f(x)$.

4. 求下列函数的不定积分：

$(1) \displaystyle\int \left(x^2 - 3x + \frac{1}{2}\right)\mathrm{d}x$；

$(2) \displaystyle\int (2^x \cdot \mathrm{e}^x)\mathrm{d}x$；

$(3) \displaystyle\int x^3 \sqrt[4]{x} \, \mathrm{d}x$；

$(4) \displaystyle\int \sec x (\sec x + \tan x)\mathrm{d}x$；

$(5) \displaystyle\int (3^x + x^3)\mathrm{d}x$；

$(6) \displaystyle\int \frac{1 + 2x^2}{x^2(1 + x^2)}\mathrm{d}x$；

$(7) \displaystyle\int \left(\frac{2-x}{x}\right)^2 \mathrm{d}x$；

$(8) \displaystyle\int \frac{2^x - 3 \times 4^x}{4^x}\mathrm{d}x$；

$(9) \displaystyle\int \frac{\cos 2x}{\cos^2 x \cdot \sin^2 x}\mathrm{d}x$；

$(10) \displaystyle\int \frac{x + \sqrt{x}}{x\sqrt{x}}\mathrm{d}x$；

$(11) \int \dfrac{2^{x-1}-5^{x-1}}{10^x}\mathrm{d}x$；

$(12) \int \mathrm{e}^x\left(3^{-x}-\dfrac{\mathrm{e}^{-x}}{1+x^2}\right)\mathrm{d}x$；

$(13) \int \left(\sin^2\dfrac{x}{2}+\dfrac{1}{\sqrt{1-x^2}}\right)\mathrm{d}x$；

$(14) \int \dfrac{2x^3+2x^2-3}{1+x^2}\mathrm{d}x$．

4.3 不定积分的计算

能用直接积分法计算的不定积分是十分有限的,必须探寻更加切实可行的方法,即换元积分法和分部积分法.换元积分法用来求复合函数的不定积分,其解题思想是将复合函数的求导法则反过来用于求不定积分,通过适当的变量替换(换元),把某些不定积分化为可利用基本积分公式的形式,再计算出所求不定积分;分部积分法是将微分学中乘积的求导法则反过来用于求不定积分,是为了解决如不定积分 $\int x\,\mathrm{e}^x\,\mathrm{d}x$,$\int x\sin x\,\mathrm{d}x$,$\int \mathrm{e}^x\sin x\,\mathrm{d}x$ 等的积分问题.

4.3.1 第一类换元积分法

若不定积分 $\int f(x)\mathrm{d}x$ 用直接积分法不易求得,但被积函数可分解为 $f(x)=g[\varphi(x)]\varphi'(x)$,做变量代换 $u=\varphi(x)$,并注意到 $\varphi'(x)\mathrm{d}x=\mathrm{d}\varphi(x)$,则可将关于变量 x 的积分转化为关于变量 u 的积分,于是有

$$\int f(x)\mathrm{d}x=\int g[\varphi(x)]\varphi'(x)\mathrm{d}x=\int g(u)\mathrm{d}u.$$

若 $\int g(u)\mathrm{d}u$ 可以求出,不定积分 $\int f(x)\mathrm{d}x$ 的计算问题就解决了,这就是第一类换元积分法的解题思想.

定理 4.1 设 $u=\varphi(x)$ 在区间 I 上可导,$g(u)$ 在 $I_1=\{u\,|\,u=\varphi(x),x\in I\}$ 上有原函数 $F(u)$,则 $\int g[\varphi(x)]\varphi'(x)\mathrm{d}x$ 在 I 上存在,且

$$\int f(x)\mathrm{d}x=\int g[\varphi(x)]\varphi'(x)\mathrm{d}x=\int g(u)\mathrm{d}u=F(u)+C=F[\varphi(x)]+C$$

证 根据复合函数求导法则,有

$$\frac{\mathrm{d}}{\mathrm{d}x}F[\varphi(x)]=F'[\varphi(x)]\varphi'(x)=f[\varphi(x)]\varphi'(x),$$

所以上式成立.

例 1 求 $\int(1+x)^n\mathrm{d}x$,其中 $n\neq-1$.

解 $\int(1+x)^n\mathrm{d}x=\int(1+x)^n\mathrm{d}(1+x)$(令 $u=1+x$)

$$=\int u^n\mathrm{d}u=\frac{1}{n+1}u^{n+1}+C=\frac{1}{n+1}(x+1)^{n+1}+C.$$

例 2　求 $\int \tan x \, \mathrm{d}x$.

解　$\int \tan x \, \mathrm{d}x = \int \dfrac{\sin x}{\cos x} \mathrm{d}x = -\int \dfrac{\mathrm{d}(\cos x)}{\cos x}\,(\diamondsuit\ u = \cos x)$

$\qquad\qquad\qquad = -\int \dfrac{\mathrm{d}u}{u} = -\ln|u| + C$

$\qquad\qquad\qquad = -\ln|\cos x| + C.$

例 3　求 $\int 2x\, \mathrm{e}^{x^2} \, \mathrm{d}x$.

解　$\int 2x \,\mathrm{e}^{x^2}\, \mathrm{d}x = \int \mathrm{e}^{x^2} \mathrm{d}(x^2)\,(\diamondsuit\ u = x^2)$

$\qquad\qquad\qquad = \int \mathrm{e}^u \mathrm{d}u = \mathrm{e}^u + C = \mathrm{e}^{x^2} + C.$

运算中的换元过程在熟练之后可以省略,即不必写出换元变量 u.熟悉以下凑微分形式有助于求不定积分.表 4-2 中各式 a,b 均为常数,且 $a \neq 0$.

表 4-2

$(1)\,\mathrm{d}x = \dfrac{1}{a}\mathrm{d}(ax + b)$	$(2)\,x\,\mathrm{d}x = \dfrac{1}{2a}\mathrm{d}(ax^2 + b)$
$(3)\,x^a\,\mathrm{d}x = \dfrac{1}{a(a+1)}\mathrm{d}(ax^{a+1} + b)$	$(4)\,\dfrac{1}{\sqrt{x}}\mathrm{d}x = \dfrac{2}{a}\mathrm{d}(a\sqrt{x} + b)$
$(5)\,\dfrac{1}{x^2}\mathrm{d}x = -\dfrac{1}{a}\mathrm{d}\left(\dfrac{a}{x} + b\right)$	$(6)\,\dfrac{1}{x}\mathrm{d}x = \mathrm{d}(\ln|x| + b)$
$(7)\,\mathrm{e}^x\,\mathrm{d}x = \mathrm{d}(\mathrm{e}^x + b)$	$(8)\,\cos x\,\mathrm{d}x = \dfrac{1}{a}\mathrm{d}(a\sin x + b)$
$(9)\,\sin x\,\mathrm{d}x = -\dfrac{1}{a}\mathrm{d}(a\cos x + b)$	$(10)\,\dfrac{1}{\sqrt{1-x^2}}\mathrm{d}x = \mathrm{d}(\arcsin x) = -\mathrm{d}(\arccos x)$
$(11)\,\dfrac{1}{1+x^2}\mathrm{d}x = \mathrm{d}(\arctan x) = -\mathrm{d}(\mathrm{arccot} x)$	

上述等式 $f(x)\mathrm{d}x = \mathrm{d}[F(x)]$ 中,$F(x)$ 是 $f(x)$ 的一个原函数.在被积函数中含有三角函数时,往往需要用三角函数的恒等式,有时还需用到一些代数的恒等式,先变形再用凑微分法求.熟悉三角函数、代数的恒等式有助于求不定积分.

例 4　求下列不定积分:

$(1)\displaystyle\int \sin^4 x \cos^5 x \, \mathrm{d}x$;　　　　　　　$(2)\displaystyle\int \cos^2 x \, \mathrm{d}x$;

$(3)\displaystyle\int \sin 2x \cos 3x \, \mathrm{d}x$;　　　　　　　$(4)\displaystyle\int \sec x \, \mathrm{d}x$.

解　$(1)\displaystyle\int \sin^4 x \cos^5 x \, \mathrm{d}x = \int \sin^4 x \cos^4 x \, \mathrm{d}(\sin x)$

$\qquad\qquad\qquad\qquad\quad = \displaystyle\int \sin^4 x \,(1 - \sin^2 x)^2 \mathrm{d}(\sin x)$

$$= \int (\sin^4 x - 2\sin^6 x + \sin^8 x)\,\mathrm{d}(\sin x)$$

$$= \frac{1}{5}\sin^5 x - \frac{2}{7}\sin^7 x + \frac{1}{9}\sin^9 x + C.$$

$(2)\displaystyle\int \cos^2 x\,\mathrm{d}x = \frac{1}{2}\int(1+\cos 2x)\,\mathrm{d}x$

$$= \frac{1}{2}\int \mathrm{d}x + \frac{1}{4}\int \cos 2x\,\mathrm{d}(2x)$$

$$= \frac{x}{2} + \frac{\sin 2x}{4} + C.$$

类似求出 $\displaystyle\int \sin^2 x\,\mathrm{d}x = \frac{x}{2} - \frac{\sin 2x}{4} + C.$

$(3)\displaystyle\int \sin 2x\cos 3x = \frac{1}{2}\int(\sin 5x - \sin x)\,\mathrm{d}x$

$$= \frac{1}{10}\int \sin 5x\,\mathrm{d}(5x) - \frac{1}{2}\int \sin x\,\mathrm{d}x$$

$$= -\frac{1}{10}\cos 5x + \frac{1}{2}\cos x + C.$$

$(4)\displaystyle\int \sec x\,\mathrm{d}x = \int \frac{\sec x(\sec x + \tan x)}{\sec x + \tan x}\,\mathrm{d}x = \int \frac{1}{\sec x + \tan x}\,\mathrm{d}(\tan x + \sec x)$

$$= \ln|\sec x + \tan x| + C.$$

类似求出 $\displaystyle\int \csc x\,\mathrm{d}x = \ln|\csc x - \cot x| + C.$

例 5　求下列不定积分：

$(1)\displaystyle\int \frac{\mathrm{d}x}{a^2 + x^2}\,(a \neq 0);$ 　　　　　　$(2)\displaystyle\int \frac{\mathrm{d}x}{x^2 - a^2}\,(a \neq 0);$

$(3)\displaystyle\int \frac{\mathrm{d}x}{\sqrt{a^2 - x^2}}\,(a > 0);$ 　　　　$(4)\displaystyle\int x\sqrt{1-x^2}\,\mathrm{d}x;$

$(5)\displaystyle\int \frac{\mathrm{d}x}{x(x^6 + 4)};$ 　　　　　　　$(6)\displaystyle\int \frac{\mathrm{d}x}{x^4 + 1}.$

解　$(1)\displaystyle\int \frac{\mathrm{d}x}{a^2 + x^2} = \frac{1}{a}\int \frac{\mathrm{d}\left(\dfrac{x}{a}\right)}{1 + \left(\dfrac{x}{a}\right)^2} = \frac{1}{a}\arctan\frac{x}{a} + C.$

$(2)\displaystyle\int \frac{\mathrm{d}x}{x^2 - a^2} = \frac{1}{2a}\int\left(\frac{1}{x-a} - \frac{1}{x+a}\right)\mathrm{d}x$

$$= \frac{1}{2a}(\ln|x-a| - \ln|x+a|) + C$$

$$= \frac{1}{2a}\ln\left|\frac{x-a}{x+a}\right| + C.$$

$(3) \displaystyle\int \frac{\mathrm{d}x}{\sqrt{a^2 - x^2}} = \int \frac{\mathrm{d}\left(\dfrac{x}{a}\right)}{\sqrt{1 - \left(\dfrac{x}{a}\right)^2}} = \arcsin \frac{x}{a} + C.$

$\begin{aligned}
(4) \int x \sqrt{1 - x^2}\, \mathrm{d}x &= -\frac{1}{2} \int \sqrt{1 - x^2}\, \mathrm{d}(1 - x^2) \\
&= -\frac{1}{2} \times \frac{2}{3}(1 - x^2)^{\frac{3}{2}} + C \\
&= -\frac{1}{3}(1 - x^2)^{\frac{3}{2}} + C.
\end{aligned}$

$\begin{aligned}
(5) \int \frac{\mathrm{d}x}{x(x^6 + 4)} &= \frac{1}{4} \int \frac{x^6 + 4 - x^6}{x(x^6 + 4)}\, \mathrm{d}x = \frac{1}{4} \int \left(\frac{1}{x} - \frac{x^5}{x^6 + 4}\right) \mathrm{d}x \\
&= \frac{1}{4} \int \frac{1}{x}\, \mathrm{d}x - \frac{1}{24} \int \frac{\mathrm{d}(x^6 + 4)}{x^6 + 4} = \frac{1}{4} \ln|x| - \frac{1}{24} \ln|x^6 + 4| + C \\
&= \frac{1}{24} \ln \frac{x^6}{x^6 + 4} + C.
\end{aligned}$

$\begin{aligned}
(6) \int \frac{\mathrm{d}x}{x^4 + 1} &= \frac{1}{2} \int \left(\frac{x^2 + 1}{x^4 + 1} - \frac{x^2 - 1}{x^4 + 1}\right) \mathrm{d}x \\
&= \frac{1}{2} \int \frac{1 + \dfrac{1}{x^2}}{x^2 + \dfrac{1}{x^2}}\, \mathrm{d}x - \frac{1}{2} \int \frac{1 - \dfrac{1}{x^2}}{x^2 + \dfrac{1}{x^2}}\, \mathrm{d}x \\
&= \frac{1}{2} \int \frac{\mathrm{d}\left(x - \dfrac{1}{x}\right)}{\left(x - \dfrac{1}{x}\right)^2 + 2} - \frac{1}{2} \int \frac{\mathrm{d}\left(x + \dfrac{1}{x}\right)}{\left(x + \dfrac{1}{x}\right)^2 - 2} \\
&= \frac{1}{2\sqrt{2}} \arctan \frac{x^2 - 1}{\sqrt{2}\, x} - \frac{1}{4\sqrt{2}} \ln\left|\frac{x^2 - \sqrt{2}\, x + 1}{x^2 + \sqrt{2}\, x + 1}\right| + C.
\end{aligned}$

在换元积分法中,有时由于采用的换元不同,其结果也会有所差异,但它们只是形式上的不同,都属于同一原函数族,之间相差一个常数.如:

$$\int \sin 2x\, \mathrm{d}x = \frac{1}{2} \int \sin 2x\, \mathrm{d}2x = -\frac{1}{2} \cos 2x + C,$$

$$\int \sin 2x\, \mathrm{d}x = 2 \int \sin x \cdot \cos x\, \mathrm{d}x = 2 \int \sin x\, \mathrm{d}\sin x = \sin^2 x + C,$$

$$\int \sin 2x\, \mathrm{d}x = 2 \int \cos x \cdot \sin x\, \mathrm{d}x = -2 \int \cos x\, \mathrm{d}\cos x = -\cos^2 x + C.$$

4.3.2　第二类换元积分法

不定积分 $\displaystyle\int f(x)\mathrm{d}x$ 不是表中的积分,也看不出对被积表达式变形,达不到凑微分换元的效果.于是,做变量代换令 $x = \varphi(t)$,将被积表达式 $f(x)\mathrm{d}x$ 写成 $f[\varphi(t)]\varphi'(t)\mathrm{d}t$,使得

$f[\varphi(t)]\varphi'(t)$ 的原函数 $F(t)$ 容易求出,从而解决不定积分 $\int f(x)\mathrm{d}x$ 的计算问题,这就是第二类换元积分法的解题思想.

定理 4.2 设函数 $x=\varphi(t)$ 在区间 I_1 上单调可导,且 $\varphi'(t)\neq 0$,$f(x)$ 在 $I=\{x\mid x=\varphi(t),t\in I_1\}$ 上有定义,并设 $f[\varphi(t)]\varphi'(t)$ 有原函数 $F(t)$,则 $\int f(x)\mathrm{d}x$ 在 I 上存在,且

$$\int f(x)\mathrm{d}x=F[\varphi^{-1}(x)]+C.$$

证 因为 $x=\varphi(t)$ 在 I_1 上单调可导,且 $\varphi'(t)\neq 0$,所以反函数 $t=\varphi^{-1}(x)$ 在对应区间 I 上严格单调、可导且 $[\varphi^{-1}(x)]'=\dfrac{1}{\varphi'(t)}$.根据复合函数和反函数的求导法则有

$$\frac{\mathrm{d}}{\mathrm{d}x}F[\varphi^{-1}(x)]=F'(t)[\varphi^{-1}(x)]'=f[\varphi(t)]\varphi'(t)\cdot\frac{1}{\varphi'(t)}=f(x),$$

所以上式成立.

例 6 求 $\int\sqrt{a^2-x^2}\,\mathrm{d}x\,(a>0)$.

解 令 $x=a\sin t\,(\,|t|<\dfrac{\pi}{2}\,)$,则 $\sqrt{a^2-x^2}=a\cos t$,$\mathrm{d}x=a\cos t\,\mathrm{d}t$.于是

$$\int\sqrt{a^2-x^2}\,\mathrm{d}x=\int a\cos t\cdot a\cos t\,\mathrm{d}t=a^2\int\cos^2 t\,\mathrm{d}t$$

$$=a^2(\frac{t}{2}+\frac{\sin 2t}{4})+C=\frac{a^2}{2}(t+\sin t\cos t)+C$$

$$=\frac{a^2}{2}\arcsin\frac{x}{a}+\frac{x}{2}\sqrt{a^2-x^2}+C.$$

例 7 求 $\int\dfrac{\mathrm{d}x}{\sqrt{a^2+x^2}}\,(a>0)$.

解 令 $x=a\tan t\,(\,|t|<\dfrac{\pi}{2}\,)$,则 $\sqrt{a^2+x^2}=a\sec t$,$\mathrm{d}x=a\sec^2 t\,\mathrm{d}t$,于是

$$\int\frac{\mathrm{d}x}{\sqrt{a^2+x^2}}=\int\frac{a\sec^2 t}{a\sec t}\mathrm{d}t=\int\sec t\,\mathrm{d}t$$

$$=\ln|\sec t+\tan t|+C_1$$

$$=\ln\left|\frac{\sqrt{a^2+x^2}}{a}+\frac{x}{a}\right|+C_1$$

$$=\ln(x+\sqrt{a^2+x^2})+C\,(C=C_1-\ln a).$$

例 8 求 $\int\dfrac{\mathrm{d}x}{\sqrt{x^2-a^2}}\,(a>0)$.

解 令 $x=a\sec t\,(0<t<\dfrac{\pi}{2})$,则 $\sqrt{x^2-a^2}=a\tan t$,$\mathrm{d}x=a\sec t\tan t\,\mathrm{d}t$,于是

$$\int\frac{\mathrm{d}x}{\sqrt{x^2-a^2}}=\int\frac{a\sec t\tan t}{a\tan t}\mathrm{d}t=\int\sec t\,\mathrm{d}t$$

$$= \ln|\sec t + \tan t| + C_1$$

$$= \ln\left|\frac{x}{a} + \frac{\sqrt{x^2-a^2}}{a}\right| + C_1$$

$$= \ln\left|x + \sqrt{x^2-a^2}\right| + C \quad (C = C_1 - \ln a).$$

例 9　求 $\displaystyle\int \frac{\mathrm{d}x}{\sqrt{x} + \sqrt[3]{x}}$.

解　令 $x = t^6 (t > 0)$，则

$$\int \frac{\mathrm{d}x}{\sqrt{x} + \sqrt[3]{x}} = \int \frac{6t^5 \mathrm{d}t}{t^3 + t^2}$$

$$= 6\int \left(t^2 - t + 1 - \frac{1}{1+t}\right)\mathrm{d}t$$

$$= 6\left[\frac{t^3}{3} - \frac{t^2}{2} + t - \ln(1+t)\right] + C$$

$$= 2\sqrt{x} - 3\sqrt[3]{x} + 6\sqrt[6]{x} - 6\ln(1 + \sqrt[6]{x}) + C.$$

例 10　求 $\displaystyle\int \frac{\sqrt{1-x^2}}{x^4}\mathrm{d}x$.

解　令 $x = \dfrac{1}{t}(t > 0)$，则 $\sqrt{1-x^2} = \dfrac{\sqrt{t^2-1}}{t}$，$\mathrm{d}x = -\dfrac{1}{t^2}\mathrm{d}t$，于是

$$\int \frac{\sqrt{1-x^2}}{x^4}\mathrm{d}x = -\int t\sqrt{t^2-1}\,\mathrm{d}t$$

$$= -\frac{1}{2}\int \sqrt{t^2-1}\,\mathrm{d}(t^2-1)$$

$$= -\frac{1}{2} \times \frac{2}{3}(t^2-1)^{\frac{3}{2}} + C$$

$$= -\frac{(1-x^2)^{\frac{3}{2}}}{3x^3} + C.$$

从上面的例子看到：

（1）当被积函数含有根式 $\sqrt{a^2-x^2}$，$\sqrt{a^2+x^2}$，$\sqrt{x^2-a^2}$ 时，可利用三角恒等式换元，以消去根号，使被积表达式简化.

① 含有根式 $\sqrt{a^2-x^2}$，可令 $x = a\sin t\,(|t| < \dfrac{\pi}{2})$；

② 含有根式 $\sqrt{a^2+x^2}$，可令 $x = a\tan t\,(|t| < \dfrac{\pi}{2})$；

③ 含有根式 $\sqrt{x^2-a^2}$，可令 $x = a\sec t\,(0 < t < \dfrac{\pi}{2})$.

（2）如果被积函数中含有不同根指数的同一个函数的根式，我们可以取各不同根指数的最小公倍数作为这函数的根指数，并以所得根式为新的积分变量 t，从而同时消除被积函数中的这些根式.

4.3.3　分部积分法

积分法中另一个重要方法是分部积分法.分部积分法是将微分学中乘积的求导法则反过来用于求不定积分,是为了解决如不定积分 $\int x \, \mathrm{e}^x \, \mathrm{d}x$, $\int x \sin x \, \mathrm{d}x$, $\int \mathrm{e}^x \sin x \, \mathrm{d}x$ 等的积分问题.

定理 4.3　若函数 $u(x)$ 与 $v(x)$ 可导,且不定积分 $\int u'(x)v(x)\mathrm{d}x$ 存在,则 $\int u(x)v'x \, \mathrm{d}x$ 也存在,并有

$$\int u(x)v'(x)\mathrm{d}x = u(x)v(x) - \int u'(x)v(x)\mathrm{d}x.$$

简记为:

$$\int u \, \mathrm{d}v = uv - \int v \, \mathrm{d}u.$$

证　根据乘积的求导法则有

$$[u(x)v(x)]' = u'(x)v(x) + u(x)v'(x),$$

或

$$u(x)v'(x) = [u(x)v(x)]' - u'(x)v(x).$$

将上式两边求不定积分就得到

$$\int u(x)v'(x)\mathrm{d}x = u(x)v(x) - \int u'(x)v(x)\mathrm{d}x,$$ 称之为分部积分公式.

上式表明,当积分 $\int uv'\mathrm{d}x = \int u \, \mathrm{d}v$ 不易求出时,可以考虑将其中的 u 与 v 互相交换,如果所得积分 $\int vu'\mathrm{d}x = \int v \, \mathrm{d}u$ 容易求出,则利用上面的分部积分公式求出原来的积分 $\int uv'\mathrm{d}x$.

例 11　求 $\int x \cos x \, \mathrm{d}x$.

解　令 $u = x$, $\mathrm{d}v = \cos x \, \mathrm{d}x$,则 $\mathrm{d}u = \mathrm{d}x$, $v = \sin x$.利用分部积分公式,得

$$\int x \cos x \, \mathrm{d}x = \int x \, \mathrm{d}\sin x = x \sin x - \int \sin x \, \mathrm{d}x = x \sin x + \cos x + C.$$

注意:

(1) 使用分部积分公式由 $\mathrm{d}v$ 求 v 时,在 v 后不必添加常数 C.

(2) 使用分部积分公式的目的在于化难为易,解题的关键在于被积表达式中的 u 和 $\mathrm{d}v$ 的适当选择.

若令 $u = \cos x$, $\mathrm{d}v = x \, \mathrm{d}x$,则得 $\int x \cos x \, \mathrm{d}x = \int \cos x \, \mathrm{d}(\dfrac{x^2}{2}) = \dfrac{x^2}{2}\cos x + \int \dfrac{x^2}{2}\sin x \, \mathrm{d}x$,反而使所求积分更加复杂.因此,这样选择的 u 和 $\mathrm{d}v$ 是错误的.

那么怎样选择 u 和 $\mathrm{d}v$ 才合适呢? 一般来说:

(1) 先要考虑 $\mathrm{d}v$,要便于求出原函数 v;

(2) 再考虑利用分部积分公式后,$\int v \, \mathrm{d}u$ 比 $\int u \, \mathrm{d}v$ 便于计算.

例 12　求下列不定积分：

$(1)\displaystyle\int x\ln x\,\mathrm{d}x$；

$(2)\displaystyle\int\arcsin x\,\mathrm{d}x$；

$(3)\displaystyle\int x^2\mathrm{e}^x\,\mathrm{d}x$；

$(4)\displaystyle\int x\sin^2 x\,\mathrm{d}x$．

解　$(1)\displaystyle\int x\ln x\,\mathrm{d}x=\int\ln x\,\mathrm{d}\frac{x^2}{2}=\frac{x^2}{2}\ln x-\int\frac{x^2}{2}\cdot\frac{1}{x}\mathrm{d}x$

$$=\frac{x^2}{2}\ln x-\frac{1}{2}\int x\,\mathrm{d}x$$

$$=\frac{x^2}{2}\ln x-\frac{x^2}{4}+C.$$

$(2)\displaystyle\int\arcsin x\,\mathrm{d}x=x\arcsin x-\int x\cdot\frac{\mathrm{d}x}{\sqrt{1-x^2}}$

$$=x\arcsin x+\sqrt{1-x^2}+C.$$

$(3)\displaystyle\int x^2\mathrm{e}^x\,\mathrm{d}x=\int x^2\,\mathrm{d}\mathrm{e}^x=x^2\mathrm{e}^x-\int 2x\,\mathrm{e}^x\,\mathrm{d}x$

$$=x^2\mathrm{e}^x-2\int x\,\mathrm{d}\mathrm{e}^x=x^2\mathrm{e}^x-2x\,\mathrm{e}^x+2\int\mathrm{e}^x\,\mathrm{d}x$$

$$=(x^2-2x+2)\mathrm{e}^x+C.$$

$(4)\displaystyle\int x\sin^2 x\,\mathrm{d}x=\int x\,\frac{1-\cos 2x}{2}\mathrm{d}x$

$$=\frac{1}{2}\int x\,\mathrm{d}x-\frac{1}{4}\int x\,\mathrm{d}\sin 2x$$

$$=\frac{1}{4}x^2-\frac{1}{4}x\sin 2x+\frac{1}{4}\int\sin 2x\,\mathrm{d}x$$

$$=\frac{1}{4}x^2-\frac{1}{4}x\sin 2x-\frac{1}{8}\cos 2x+C.$$

例 13　求 $I=\displaystyle\int\mathrm{e}^{ax}\sin bx\,\mathrm{d}x\,(ab\neq 0)$．

解　$I=\dfrac{1}{a}\displaystyle\int\sin bx\,\mathrm{d}\mathrm{e}^{ax}=\dfrac{1}{a}\mathrm{e}^{ax}\sin bx-\dfrac{b}{a}\int\mathrm{e}^{ax}\cos bx\,\mathrm{d}x$

$$=\frac{1}{a}\mathrm{e}^{ax}\sin bx-\frac{b}{a^2}\int\cos bx\,\mathrm{d}\mathrm{e}^{ax}$$

$$=\frac{1}{a}\mathrm{e}^{ax}\sin bx-\frac{b}{a^2}\mathrm{e}^{ax}\cos bx-\frac{b^2}{a^2}I,$$

所以

$$I=\frac{\mathrm{e}^{ax}}{a^2+b^2}(a\sin bx-b\cos bx)+C.$$

类似求出

$$\int\mathrm{e}^{ax}\cos bx\,\mathrm{d}x=\frac{\mathrm{e}^{ax}}{a^2+b^2}(a\cos bx+b\sin bx)+C.$$

可以看出,有些积分连续使用几次分部积分后,出现与原来积分相同的项,此时经过移项合并后,可以得到所求积分.

例 14　求 $\int \sqrt{x^2+a^2}\,\mathrm{d}x\,(a>0)$.

解
$$\int \sqrt{x^2+a^2}\,\mathrm{d}x = x\sqrt{x^2+a^2} - \int x\cdot\frac{x}{\sqrt{x^2+a^2}}\,\mathrm{d}x$$
$$= x\sqrt{x^2+a^2} - \int\left(\sqrt{x^2+a^2} - \frac{a^2}{\sqrt{x^2+a^2}}\right)\mathrm{d}x$$
$$= x\sqrt{x^2+a^2} - \int\sqrt{x^2+a^2}\,\mathrm{d}x + a^2\ln(x+\sqrt{x^2+a^2}),$$

所以
$$\int \sqrt{x^2+a^2}\,\mathrm{d}x = \frac{x}{2}\sqrt{x^2+a^2} + \frac{a^2}{2}\ln(x+\sqrt{x^2+a^2}) + C.$$

类似求出
$$\int \sqrt{x^2-a^2}\,\mathrm{d}x = \frac{x}{2}\sqrt{x^2-a^2} - \frac{a^2}{2}\left|\ln x+\sqrt{x^2-a^2}\right| + C.$$

例 15　$\int \dfrac{x^5}{(x^3-2)^2}\,\mathrm{d}x$.

解
$$\int \frac{x^5}{(x^3-2)^2}\,\mathrm{d}x = -\frac{1}{3}\int x^3\,\mathrm{d}\left(\frac{1}{x^3-2}\right)$$
$$= -\frac{1}{3}\left(\frac{x^3}{x^3-2} - \int\frac{1}{x^3-2}\,\mathrm{d}x^3\right)$$
$$= -\frac{x^3}{3(x^3-2)} + \frac{1}{3}\int\frac{1}{x^3-2}\,\mathrm{d}(x^3-2)$$
$$= -\frac{x^3}{3(x^3-2)} + \frac{1}{3}\ln|x^3-2| + C.$$

例 16　求 $\int x\,\mathrm{e}^{\sqrt{x}}\,\mathrm{d}x$.

解　令 $\sqrt{x}=t$,则 $x=t^2$,$\mathrm{d}x=2t\,\mathrm{d}t$.
$$\int x\,\mathrm{e}^{\sqrt{x}}\,\mathrm{d}x = 2\int t^3\mathrm{e}^t\,\mathrm{d}t = 2t^3\mathrm{e}^t - 6\int t^2\mathrm{e}^t\,\mathrm{d}t$$
$$= 2t^3\mathrm{e}^t - 6t^2\mathrm{e}^t + 12\int t\,\mathrm{e}^t\,\mathrm{d}t$$
$$= 2t^3\mathrm{e}^t - 6t^2\mathrm{e}^t + 12t\mathrm{e}^t - 12\mathrm{e}^t + C$$
$$= 2(x\sqrt{x} - 3x + 6\sqrt{x} - 6)\mathrm{e}^{\sqrt{x}} + C.$$

在以上两节求积分的例子中,我们曾多次把一些积分所得结果直接代入运算中作为公式应用.现在将这些结果汇总起来,作为对基本积分表(表 4-1)的补充:

表 4-3

(14) $\int \tan x \, \mathrm{d}x = -\ln|\cos x| + C$	(15) $\int \cot x \, \mathrm{d}x = \ln|\sin x| + C$
(16) $\int \sec x \, \mathrm{d}x = \ln|\sec x + \tan x| + C$	(17) $\int \csc x \, \mathrm{d}x = \ln|\csc x - \cot x| + C$
(18) $\int \sin^2 x \, \mathrm{d}x = \dfrac{x}{2} - \dfrac{\sin 2x}{4} + C$	(19) $\int \cos^2 x \, \mathrm{d}x = \dfrac{x}{2} + \dfrac{\sin 2x}{4} + C$
(20) $\int \dfrac{\mathrm{d}x}{a^2 + x^2} = \dfrac{1}{a} \arctan \dfrac{x}{a} + C$	(21) $\int \dfrac{\mathrm{d}x}{a^2 - x^2} = \dfrac{1}{2a} \ln\left|\dfrac{a+x}{a-x}\right| + C$
(22) $\int \dfrac{\mathrm{d}x}{x^2 - a^2} = \dfrac{1}{2a} \ln\left|\dfrac{x-a}{x+a}\right| + C$	(23) $\int \dfrac{\mathrm{d}x}{\sqrt{a^2 - x^2}} = \arcsin \dfrac{x}{a} + C$
(24) $\int \dfrac{\mathrm{d}x}{\sqrt{a^2 + x^2}} = \ln(x + \sqrt{a^2 + x^2}) + C$	(25) $\int \dfrac{\mathrm{d}x}{\sqrt{x^2 - a^2}} = \ln\left|x + \sqrt{x^2 - a^2}\right| + C$
(26) $\int \sqrt{a^2 - x^2} \, \mathrm{d}x = \dfrac{x}{2}\sqrt{a^2 - x^2} + \dfrac{a^2}{2}\arcsin \dfrac{x}{a} + C$	
(27) $\int \sqrt{a^2 + x^2} \, \mathrm{d}x = \dfrac{x}{2}\sqrt{a^2 + x^2} + \dfrac{a^2}{2}\ln(x + \sqrt{a^2 + x^2}) + C$	
(28) $\int \sqrt{x^2 - a^2} \, \mathrm{d}x = \dfrac{x}{2}\sqrt{x^2 - a^2} - \dfrac{a^2}{2}\ln\left|x + \sqrt{x^2 - a^2}\right| + C$	

例 17　求 $\displaystyle\int \dfrac{1-x}{\sqrt{9-4x^2}} \, \mathrm{d}x$.

解　$\displaystyle\int \dfrac{1-x}{\sqrt{9-4x^2}} \, \mathrm{d}x = \dfrac{1}{2}\int \dfrac{\mathrm{d}(2x)}{\sqrt{9-4x^2}} + \dfrac{1}{8}\int \dfrac{\mathrm{d}(9-4x^2)}{\sqrt{9-4x^2}}$

$$= \dfrac{1}{2}\arcsin \dfrac{2x}{3} + \dfrac{1}{4}\sqrt{9-4x^2} + C.$$

例 18　求 $\displaystyle\int \sqrt{x^2 + x} \, \mathrm{d}x$.

解　$\displaystyle\int \sqrt{x^2 + x} \, \mathrm{d}x = \int \sqrt{\left(x + \dfrac{1}{2}\right)^2 - \dfrac{1}{4}} \, \mathrm{d}\left(x + \dfrac{1}{2}\right)$

$$= \dfrac{x + \dfrac{1}{2}}{2}\sqrt{x^2 + x} - \dfrac{1}{2} \times \dfrac{1}{4}\ln\left|x + \dfrac{1}{2} + \sqrt{x^2 + x}\right| + C$$

$$= \dfrac{2x+1}{4}\sqrt{x^2 + x} - \dfrac{1}{8}\ln\left|x + \dfrac{1}{2} + \sqrt{x^2 + x}\right| + C.$$

例 19　已知 $f(x)$ 的一个原函数为 e^{-x^2}，求 $\displaystyle\int x f'(x) \, \mathrm{d}x$.

解　因为 $f(x)$ 的一个原函数为 e^{-x^2}，所以有

$$f(x) = (\mathrm{e}^{-x^2})' = -2x\,\mathrm{e}^{-x^2}, \int f(x)\,\mathrm{d}x = \mathrm{e}^{-x^2} + C_1.$$

利用分部积分公式，得

$$\int x f'(x)\mathrm{d}x = \int x \mathrm{d}[f(x)] = x f(x) - \int f(x)\mathrm{d}x$$
$$= -2x^2 \mathrm{e}^{-x^2} - \mathrm{e}^{-x^2} + C_1$$
$$= -(1+2x^2)\mathrm{e}^{-x^2} + C.$$

由上述例子可以总结出在一般情况下,选择 u 和 $\mathrm{d}v$ 具有如下原则:

(1) 形如 $\int x^n \sin kx\,\mathrm{d}x$,$\int x^n \cos kx\,\mathrm{d}x$,$\int x^n \mathrm{e}^{kx}\,\mathrm{d}x$ 的不定积分,令 $u = x^n$,余下部分为 $\mathrm{d}v$.

(2) 形如 $\int x^n \ln x\,\mathrm{d}x$,$\int x^n \arctan x\,\mathrm{d}x$,$\int x^n \arcsin x\,\mathrm{d}x$ 的不定积分,令 $\mathrm{d}v = x^n \mathrm{d}x$,余下部分为 u.

(3) 形如 $\int \mathrm{e}^{ax} \sin bx\,\mathrm{d}x$,$\int \mathrm{e}^{ax} \cos bx\,\mathrm{d}x$ 的不定积分,可以任意选择 u 和 $\mathrm{d}v$,但应该注意,因为要连续使用两次分部积分公式,两次选择的 u 和 $\mathrm{d}v$ 应保持一致,这时在等式右边会出现要求的积分,然后移项,即可解出(注意在最后结果中要加上任意常数 C).

习题 4. 3

1. 求下列函数的不定积分:

(1) $\displaystyle\int \mathrm{e}^{-3x}\,\mathrm{d}x$;

(2) $\displaystyle\int \frac{\mathrm{d}x}{2x+5}$;

(3) $\displaystyle\int \sin\frac{x}{2}\,\mathrm{d}x$;

(4) $\displaystyle\int \sqrt{4-3x}\,\mathrm{d}x$;

(5) $\displaystyle\int \cos^2 3x\,\mathrm{d}x$;

(6) $\displaystyle\int x\sqrt{1-x^2}\,\mathrm{d}x$;

(7) $\displaystyle\int (1-2x)^{25}\,\mathrm{d}x$;

(8) $\displaystyle\int \frac{ax}{\sqrt{1-4x^2}}$.

2. 求下列函数的不定积分:

(1) $\displaystyle\int \sqrt{1-x^2}\,\mathrm{d}x$;

(2) $\displaystyle\int \frac{\mathrm{d}x}{x\sqrt{x^2-1}}$;

(3) $\displaystyle\int \frac{\sqrt{x^2-a^2}}{x}\mathrm{d}x$;

(4) $\displaystyle\int \frac{1}{\sqrt{1+x^2}}\mathrm{d}x$;

(5) $\displaystyle\int \sqrt[3]{x+2}\,\mathrm{d}x$;

(6) $\displaystyle\int x\sqrt{x+2}\,\mathrm{d}x$;

(7) $\displaystyle\int \frac{\mathrm{d}x}{\sqrt{x}(1+\sqrt[3]{x})}$;

(8) $\displaystyle\int \frac{\mathrm{d}x}{\sqrt{1+\mathrm{e}^x}}$.

3. 用分部积分法求下列函数的不定积分:

(1) $\displaystyle\int \ln(x+1)\,\mathrm{d}x$;

(2) $\displaystyle\int x^2 \mathrm{e}^{-x}\,\mathrm{d}x$;

(3) $\displaystyle\int \arctan x\,\mathrm{d}x$;

(4) $\displaystyle\int x\sin 2x\,\mathrm{d}x$;

$(5) \int \dfrac{\ln(\ln x)}{x} \mathrm{d}x$；
$(6) \int \sin(\ln x) \mathrm{d}x$.

4. 已知 $\dfrac{\sin x}{x}$ 是 $f(x)$ 的原函数,求 $\int x f'(x) \mathrm{d}x$.

4.4　几种特殊类型函数的积分举例

前两节已经介绍了求不定积分的两种基本方法,即换元积分法和分部积分法.下面我们再介绍一些比较简单的特殊类型函数的积分例子.

4.4.1　有理函数的积分

由两个多项式的商所表示的函数,称为有理函数(有理分式),其一般形式为

$$\frac{P(x)}{Q(x)} = \frac{a_0 x^n + a_1 x^{n-1} + \cdots + a_{n-1} x + a_n}{b_0 x^m + b_1 x^{m-1} + \cdots + b_{m-1} x + b_m},$$

其中 m 和 n 都是正整数或零,$a_0, a_1, a_2, \cdots, a_n$ 及 $b_0, b_1, b_2, \cdots, b_m$ 都是实数,且 $a_0 \neq 0, b_0 \neq 0$. 这里我们总假定分子多项式 $P(x)$ 与分母多项式 $Q(x)$ 已无公因子,当 $n < m$ 时,称有理分式为真分式;当 $n \geq m$ 时,称有理分式为假分式.如果 $\dfrac{P(x)}{Q(x)}$ 是假分式,可利用多项式的除法将它化成一个多项式和一个真分式之和的形式.多项式的积分是很容易求出的,因此,只要讨论有理真分式即可.

假设 $\dfrac{P(x)}{Q(x)}$ 是真分式,根据代数定理,其分母 $Q(x)$ 在实数范围内能分解成一次因式和二次因式的乘积,即

$Q(x) = b_0 (x-a)^\alpha \cdots (x-b)^\beta (x^2 + px + q)^\lambda \cdots (x^2 + rx + s)^u$(其中 $p^2 - 4q < 0$, $\cdots, r^2 - 4s < 0, \alpha + \cdots + \beta + 2\lambda + \cdots + 2u = m$),

则真分式 $\dfrac{P(x)}{Q(x)}$ 可以分解成如下部分分式的和

$$\frac{P(x)}{Q(x)} = \frac{A_1}{(x-a)^\alpha} + \frac{A_2}{(x-a)^{\alpha-1}} + \cdots + \frac{A_\alpha}{x-a} + \frac{B_1}{(x-b)^\beta} + \frac{B_2}{(x-b)^{\beta-1}} + \cdots +$$

$$\frac{B_\beta}{x-b} + \frac{M_1 x + N_1}{(x^2 + px + q)^\lambda} + \frac{M_2 x + N_2}{(x^2 + px + q)^{\lambda-1}} + \cdots + \frac{M_\lambda x + N_\lambda}{x^2 + px + q} + \cdots +$$

$$\frac{R_1 x + S_1}{(x^2 + rx + s)^u} + \frac{R_2 x + S_2}{(x^2 + rx + s)^{u-1}} + \cdots + \frac{R_u x + S_u}{x^2 + rx + s}, \tag{4-1}$$

其中 A_i, B_i, M_i, N_i, R_i 及 S_i 等都是常数.我们从(4-1)式中应注意到下列两点:

(1) 分母 $Q(x)$ 中如果含有因子 $(x-a)^k$,那么分解后有如下 k 项部分分式之和

$$\frac{A_1}{(x-a)^k} + \frac{A_2}{(x-a)^{k-1}} + \cdots + \frac{A_k}{x-a},$$

其中 $A_1, A_2, \cdots, A_k$ 都是待定的常数,特别地,如果 $k = 1$,分解后只有一项 $\dfrac{A}{x-a}$.

(2) 分母 $Q(x)$ 中如果有因子 $(x^2 + px + q)^k$,其中 $p^2 - 4q < 0$,那么分解后就有下列 k 项部分分式之和

$$\frac{M_1 x + N_1}{(x^2 + px + q)^k} + \frac{M_2 x + N_2}{(x^2 + px + q)^{k-1}} + \cdots + \frac{M_k x + N_k}{x^2 + px + q},$$

其中 M_i, N_i 为待定的常数,特别地,如果 $k = 1$,那么分解后只有一项 $\dfrac{Mx + N}{x^2 + px + q}$.

例 1 将真分式 $\dfrac{2x + 3}{x^3 + x^2 - 2x}$ 分解成部分分式.

解 设真分式 $\dfrac{2x + 3}{x^3 + x^2 - 2x} = \dfrac{2x + 3}{x(x-1)(x+2)}$ 可分解成

$$\frac{2x + 3}{x(x-1)(x+2)} = \frac{A}{x} + \frac{B}{x-1} + \frac{C}{x+2}, \tag{4-2}$$

其中 A, B, C 为待定常数,可用如下待定系数法求出.

第一种(**比较系数法**):将(4-2)式两端去分母后,得

$$2x + 3 = A(x-1)(x+2) + Bx(x+2) + Cx(x-1)$$

即

$$2x + 3 = (A + B + C)x^2 + (A + 2B - C)x - 2A \tag{4-3}$$

因为这是恒等式,等式两端 x 的系数和常数项必须分别相等,于是有

$$\begin{cases} A + B + C = 0, \\ A + 2B - C = 2, \\ -2A = 3, \end{cases} \text{从而解得 } A = -\frac{3}{2}, B = \frac{5}{3}, C = -\frac{1}{6}.$$

第二种(**代入法**):在恒等式(4-3)中,代入特殊的 x 值,从而求出待定的常数,在(4-3)式中:令 $x = 0$,有 $3 = -2A$,$A = -\dfrac{3}{2}$;令 $x = 1$,有 $5 = 3B$,$B = \dfrac{5}{3}$;令 $x = -2$,有 $-1 = 6C$,$C = -\dfrac{1}{6}$.因此

$$\frac{2x + 3}{x^3 + x^2 - 2x} = \frac{-\dfrac{3}{2}}{x} + \frac{\dfrac{5}{3}}{x-1} + \frac{-\dfrac{1}{6}}{x+2}.$$

例 2 将真分式 $\dfrac{x^4 + 2x^2 - x + 1}{x(x^2 + 1)^2}$ 分解成部分分式.

解 真分式 $\dfrac{x^4 + 2x^2 - x + 1}{x(x^2 + 1)^2}$ 可分解成

$$\frac{x^4 + 2x^2 - x + 1}{x(x^2 + 1)^2} = \frac{A}{x} + \frac{Bx + C}{(x^2 + 1)^2} + \frac{Dx + E}{x^2 + 1}.$$

其中 A, B, C, D, E 可兼用两种方法求得.具体做法如下:

两端去分母后,得

$$x^4 + 2x^2 - x + 1 = A(x^2 + 1)^2 + (Bx + C)x + (Dx + E)x(x^2 + 1).$$

令 $x = 0$,得 $A = 1$,把 A 的值代入上式,移项并化简得

$$-1 = (Dx + E)(x^2 + 1) + (Bx + C) = Dx^3 + Ex^2 + (D + B)x + (E + C).$$

比较两端同次幂的系数,得 $D = 0, E = 0, B = 0, C = -1$.于是

$$\frac{x^4 + 2x^2 - x + 1}{x(x^2 + 1)^2} = \frac{1}{x} - \frac{1}{(x^2 + 1)^2}.$$

由上述讨论可见,任何真分式都可分解为部分分式之和,而部分分式是由下面四种形式组成:

$(1) \displaystyle\int \frac{A}{x - a} \mathrm{d}x$;

$(2) \displaystyle\int \frac{A}{(x - a)^k} \mathrm{d}x \, (k > 1)$;

$(3) \displaystyle\int \frac{Mx + N}{x^2 + px + q} \mathrm{d}x \, (p^2 - 4q < 0)$;

$(4) \displaystyle\int \frac{Mx + N}{(x^2 + px + q)^k} \mathrm{d}x \, (k > 1)$.

(1)、(2) 类的不定积分由基本公式可直接解决:

$(1) \displaystyle\int \frac{A}{x - a} \mathrm{d}x = A\ln|x - a| + C$;

$(2) \displaystyle\int \frac{A}{(x - a)^k} \mathrm{d}x = A\int \frac{\mathrm{d}(x - a)}{(x - a)^k} = \frac{A}{1 - k}(x - a)^{1-k} + C.$

(3) 类的不定积分求解如下:

$$\int \frac{Mx + N}{x^2 + px + q} \mathrm{d}x \, (p^2 - 4q < 0)$$

$$= \int \frac{M\left(x + \dfrac{p}{2}\right) + \left(N - \dfrac{pM}{2}\right)}{x^2 + px + q} \mathrm{d}x$$

$$= \frac{M}{2}\int \frac{\mathrm{d}(x^2 + px + q)}{x^2 + px + q} + \left(N - \frac{pM}{2}\right)\int \frac{\mathrm{d}x}{x^2 + px + q}$$

$$= \frac{M}{2}\ln(x^2 + px + q) + \left(N - \frac{pM}{2}\right)\int \frac{\mathrm{d}x}{\left(x + \dfrac{p}{2}\right)^2 + \left(q - \dfrac{p^2}{4}\right)}$$

$$= \frac{M}{2}\ln(x^2 + px + q) + \left(N - \frac{pM}{2}\right) \cdot \frac{1}{\sqrt{q - \dfrac{p^2}{4}}} \arctan \frac{x + \dfrac{p}{2}}{\sqrt{q - \dfrac{p^2}{4}}} + C.$$

(4) 类的积分求解较繁,可查阅积分表中的公式,这里不再讨论.

例 3　求 $\displaystyle\int \frac{2x + 3}{x^3 + x^2 - 2x} \mathrm{d}x$.

解　由例 1 得 $\dfrac{2x + 3}{x^3 + x^2 - 2x} = \dfrac{-\dfrac{3}{2}}{x} + \dfrac{\dfrac{5}{3}}{x - 1} + \dfrac{-\dfrac{1}{6}}{x + 2}$,于是

$$\int \frac{2x+3}{x^3+x^2-2x}\mathrm{d}x = -\frac{3}{2}\int \frac{1}{x}\mathrm{d}x + \frac{5}{3}\int \frac{1}{x-1}\mathrm{d}x - \frac{1}{6}\int \frac{1}{x+2}\mathrm{d}x$$

$$= -\frac{3}{2}\ln\mid x\mid + \frac{5}{3}\ln\mid x-1\mid - \frac{1}{6}\ln\mid x+2\mid + C.$$

例 4　求 $\int \dfrac{x-5}{x^3-3x^2+4}\mathrm{d}x$.

解　可设 $\dfrac{x-5}{x^3-3x^2+4} = \dfrac{A}{x+1} + \dfrac{B_1}{x-2} + \dfrac{B_2}{(x-2)^2}$，去分母得

$$x-5 = A(x-2)^2 + B_1(x+1)(x-2) + B_2(x+1),$$

即

$$x-5 = (A+B_1)x^2 + (-4A-B_1+B_2)x + 4A - 2B_1 + B_2,$$

比较两端 x 的各同次幂的系数及常数项，得

$$\begin{cases} A+B_1 = 0, \\ -4A-B_1+B_2 = 1, \\ 4A-2B_1+B_2 = -5, \end{cases}$$

解得

$$\begin{cases} A = -\dfrac{2}{3}, \\ B_1 = \dfrac{2}{3}, \\ B_2 = -1, \end{cases}$$

故

$$\int \frac{x-5}{x^3-3x^2+4}\mathrm{d}x = -\frac{2}{3}\int \frac{\mathrm{d}x}{x+1} + \frac{2}{3}\int \frac{\mathrm{d}x}{x-2} - \int \frac{\mathrm{d}x}{(x-2)^2}$$

$$= -\frac{2}{3}\ln\mid x+1\mid + \frac{2}{3}\ln\mid x-2\mid + \frac{1}{x-2} + C = \frac{2}{3}\ln\left|\frac{x-2}{x+1}\right| + \frac{1}{x-2} + C.$$

例 5　求 $\int \dfrac{2x^4+x^3+x-1}{x^3-1}\mathrm{d}x$.

解　被积函数是一个假分式，先利用多项式除法将其化为

$$\frac{2x^4+x^3+x-1}{x^3-1} = 2x + 1 + \frac{3x}{x^3-1},$$

将真分式 $\dfrac{3x}{x^3-1}$ 分解为部分分式

$$\frac{3x}{x^3-1} = \frac{3x}{(x-1)(x^2+x+1)} = \frac{A}{x-1} + \frac{Bx+C}{x^2+x+1},$$

两端去分母得

$$3x = A(x^2+x+1) + (Bx+C)(x-1) = (A+B)x^2 + (A-B+C)x + (A-C),$$

比较两端同次幂的系数应有

$$\begin{cases} A+B=0, \\ A-B+C=3, \\ A-C=0, \end{cases}$$

解得

$$A=1, B=-1, C=1.$$

于是

$$\frac{3x}{x^3-1}=\frac{1}{x-1}+\frac{-x+1}{x^2+x+1},$$

因此,

$$\begin{aligned}
\int \frac{2x^4+x^3+x-1}{x^3-1}\mathrm{d}x &= \int(2x+1)\mathrm{d}x+\int\frac{1}{x-1}\mathrm{d}x+\int\frac{1-x}{x^2+x+1}\mathrm{d}x \\
&= x^2+x+\ln|x-1|-\int\frac{x-1}{x^2+x+1}\mathrm{d}x \\
&= x^2+x+\ln|x-1|-\frac{1}{2}\ln|x^2+x+1|+\sqrt{3}\arctan\frac{2x+1}{\sqrt{3}}+C_1 \\
&= x^2+x+\frac{1}{2}\ln\frac{(x-1)^2}{x^2+x+1}+\sqrt{3}\arctan\frac{2x+1}{\sqrt{3}}+C_1.
\end{aligned}$$

例 6　求 $\displaystyle\int\frac{2x+2}{(x-1)(x^2+1)^2}\mathrm{d}x$.

解　$\displaystyle\frac{2x+2}{(x-1)(x^2+1)^2}=\frac{A}{x-1}+\frac{Bx+C}{x^2+1}+\frac{Dx+E}{(x^2+1)^2}$,

解得

$$A=1, B=-1, C=-1, D=-2, E=0.$$

故 $\displaystyle\int\frac{2x+2}{(x-1)(x^2+1)^2}\mathrm{d}x=\int\frac{\mathrm{d}x}{x-1}-\int\frac{x+1}{x^2+1}\mathrm{d}x+\int\frac{-2x}{(x^2+1)^2}\mathrm{d}x$

$$=\ln|x-1|-\frac{1}{2}\ln(x^2+1)-\arctan x+\frac{1}{x^2+1}+C_1.$$

至此,有理分式的积分问题得到了比较完美的解决,但利用有理函数的积分的一般方法计算较为烦琐,故在解题中可将所学方法结合起来,灵活运用.

例 7　求 $\displaystyle\int\frac{\mathrm{d}x}{(x^2+1)(x^2-1)}$.

解　$\displaystyle\int\frac{\mathrm{d}x}{(x^2+1)(x^2-1)}=\int\frac{(x^2+1)-(x^2-1)}{2(x^2+1)(x^2-1)}\mathrm{d}x$

$$=\frac{1}{2}\int\left(\frac{1}{x^2-1}-\frac{1}{x^2+1}\right)\mathrm{d}x=\frac{1}{4}\ln\left|\frac{x-1}{x+1}\right|-\frac{1}{2}\arctan x+C.$$

例 8　求 $\displaystyle\int\frac{x^3+x+1}{(x-1)^{100}}\mathrm{d}x$.

解　本题若用待定系数法将被积函数化为部分分式之和要求出 100 个系数 A_i,用第二类换元积分法就简单多了.令 $x-1=t$,则 $x=t+1, \mathrm{d}x=\mathrm{d}t$,于是

$$\int \frac{x^3 + x + 1}{(x-1)^{100}} dx = \int \frac{(t+1)^3 + (t+1) + 1}{t^{100}} dt = \int \frac{t^3 + 3t^2 + 4t + 3}{t^{100}} dt$$

$$= \int (t^{-97} + 3t^{-98} + 4t^{-99} + 3t^{-100}) dt = -\frac{1}{96} t^{-96} - \frac{3}{97} t^{-97} - \frac{4}{98} t^{-98} - \frac{3}{99} t^{-99} + C$$

$$= -\frac{1}{96(x-1)^{96}} - \frac{3}{97(x-1)^{97}} - \frac{4}{98(x-1)^{98}} - \frac{3}{99(x-1)^{99}} + C.$$

4.4.2　三角函数有理式的积分

由三角函数及常数经过有限次四则运算而得到的式子叫作**三角函数有理式**.因为各种三角函数都可用 $\sin x$ 和 $\cos x$ 的有理式表示,所以一般用记号 $R(\sin x, \cos x)$ 表示三角函数有理式.对于一般的三角函数有理式的不定积分,可用万能代换 $t = \tan \frac{x}{2}$ 化为有理函数的积分,即令 $t = \tan \frac{x}{2}$,有 $x = 2\arctan t$,$dx = \frac{2}{1+t^2} dt$,$\sin x = \frac{2t}{1+t^2}$,$\cos x = \frac{1-t^2}{1+t^2}$. 于是

$\int R(\sin x, \cos x) dx = \int R(\frac{2t}{1+t^2}, \frac{1-t^2}{1+t^2}) \frac{2}{1+t^2} dt$,即成为 t 的有理函数的积分.

例 9　求 $\int \frac{dx}{2\sin x - \cos x + 3}$.

解　令 $\tan \frac{x}{2} = t$,于是

$$\int \frac{dx}{2\sin x - \cos x + 3} = \int \frac{1}{2 \times \frac{2t}{1+t^2} - \frac{1-t^2}{1+t^2} + 3} \cdot \frac{2}{1+t^2} dt$$

$$= \int \frac{2dt}{4t^2 + 4t + 2} = \int \frac{d(1+2t)}{1 + (1+2t)^2} = \arctan(2t+1) + C = \arctan(2\tan\frac{x}{2} + 1) + C.$$

如果被积函数是由 $\sin^2 x$,$\sin x \cos x$,$\cos^2 x$,$\tan x$ 及常数施于四则运算而得到,那么令 $\tan x = t$,可使解法更为简单.

例 10　求 $\int \frac{\tan x}{1 + 2\cos^2 x} dx$.

解　令 $t = \tan x$,则 $\cos^2 x = \frac{1}{1 + \tan^2 x} = \frac{1}{1+t^2}$,$dx = d(\arctan t) = \frac{dt}{1+t^2}$,于是

$$\int \frac{\tan x}{1 + 2\cos^2 x} dx = \int \frac{t}{1 + \frac{2}{1+t^2}} \frac{dt}{1+t^2} = \int \frac{t}{3+t^2} dt = \frac{1}{2} \ln(3+t^2) + C$$

$$= \frac{1}{2} \ln(3 + \tan^2 x) + C.$$

万能代换是一种换元法,它虽然可将三角函数有理式的积分化为有理函数的积分,但有时这种代换使计算复杂,在求解被积函数的不定积分时尽量少用,而采用前面所讲的方法.

例 11　求 $\int \frac{1 - \tan x}{1 + \tan x} dx$.

解　$\displaystyle\int \frac{1-\tan x}{1+\tan x}\mathrm{d}x = -\int \tan\left(\frac{\pi}{4}-x\right)\mathrm{d}\left(\frac{\pi}{4}-x\right) = \ln\left|\cos\left(\frac{\pi}{4}-x\right)\right| + C.$

注意：此题若采用万能代换$\left(t=\tan\dfrac{x}{2}\right)$，则

$$\int \frac{1-\tan x}{1+\tan x}\mathrm{d}x = \int \frac{1-\dfrac{2t}{1-t^2}}{1+\dfrac{2t}{1-t^2}}\cdot\frac{2}{1+t^2}\mathrm{d}t = \int \frac{2(1-2t-t^2)}{(1+2t-t^2)(1+t^2)}\mathrm{d}t,$$

会使积分变得很复杂．

例 12　求$\displaystyle\int \frac{\sin x \cos x}{(1+\cos x)^3}\mathrm{d}x.$

解　令 $\mathrm{d}u = \dfrac{\sin x}{(1+\cos x)^3}\mathrm{d}x$，$v=\cos x$，则 $u = \dfrac{(-1)^2}{2(1+\cos x)^2}$，$\mathrm{d}v = -\sin x\,\mathrm{d}x$．

故 $\displaystyle\int \frac{\sin x \cos x}{(1+\cos x)^3}\mathrm{d}x = \frac{\cos x}{2(1+\cos x)^2} - \int \frac{-\sin x}{2(1+\cos x)^2}\mathrm{d}x$

$$= \frac{\cos x}{2(1+\cos x)^2} - \int \frac{1}{2(1+\cos x)^2}\mathrm{d}(1+\cos x)$$

$$= \frac{\cos x}{2(1+\cos x)^2} + \frac{1}{2(1+\cos x)} + C.$$

4.4.3　简单无理式的积分

简单无理式的积分在第二类换元法中已有提到，所举的例题比较特殊，一般简单无理式的积分只有在学习了有理函数的积分后才能解决，这里，我们只举出在积分中含有有理式$\sqrt[n]{ax+b}$，$\sqrt[n]{\dfrac{ax+b}{cx+\mathrm{d}}}$ 时的例子．

例 13　求$\displaystyle\int \frac{x}{\sqrt{x+1} - \sqrt[3]{x+1}}\mathrm{d}x.$

解　令$\sqrt[6]{x+1}=t$，$x=t^6-1$，$\mathrm{d}x = 6t^5\,\mathrm{d}t$，

$\displaystyle\int \frac{x}{\sqrt{x+1} - \sqrt[3]{x+1}}\mathrm{d}x = 6\int \frac{t^6-1}{t-1}t^3\mathrm{d}t = 6\int (t^5+t^4+t^3+t^2+t+1)t^3\mathrm{d}t$

$\displaystyle = 6\int (t^8+t^7+t^6+t^5+t^4+t^3)\mathrm{d}t = 6\times\left(\frac{1}{9}t^9 + \frac{1}{8}t^8 + \frac{1}{7}t^7 + \frac{1}{6}t^6 + \frac{1}{5}t^5 + \frac{1}{4}t^4\right) + C$

$\displaystyle = \frac{2}{3}(x+1)^{\frac{3}{2}} + \frac{1}{8}(x+1)^{\frac{4}{3}} + \frac{1}{7}(x+1)^{\frac{7}{6}} + \frac{1}{6}(x+1) + \frac{1}{5}(x+1)^{\frac{5}{6}} + \frac{1}{4}(x+1)^{\frac{2}{3}} + C.$

例 14　求$\displaystyle\int \sqrt{\frac{1-x}{1+x}}\cdot\frac{1}{x}\mathrm{d}x.$

解　为了去根式，令$\sqrt{\dfrac{1-x}{1+x}}=t$，则有 $x = \dfrac{1-t^2}{1+t^2}$，$\mathrm{d}x = -\dfrac{4t}{(1+t^2)^2}\mathrm{d}t$，于是

$$\int \sqrt{\frac{1-x}{1+x}}\cdot\frac{1}{x}\mathrm{d}x = \int t\cdot\frac{1+t^2}{1-t^2}\cdot\frac{-4t}{(1+t^2)^2}\mathrm{d}t = -4\int \frac{t^2}{(1-t^2)(1+t^2)}\mathrm{d}t$$

$$= 2\int\left(\frac{1}{1+t^2} - \frac{1}{1-t^2}\right)dt = 2\arctan t + \ln\left|\frac{t-1}{t+1}\right| + C$$

$$= 2\arctan\sqrt{\frac{1-x}{1+x}} + \ln\left|\frac{\sqrt{1-x} - \sqrt{1+x}}{\sqrt{1-x} + \sqrt{1+x}}\right| + C.$$

本题也可用另一种解法，$\int\sqrt{\frac{1-x}{1+x}} \cdot \frac{1}{x}dx = \int\frac{1-x}{x\sqrt{1-x^2}}dx = \int\frac{dx}{x\sqrt{1-x^2}} -$

$\int\frac{dx}{\sqrt{1-x^2}}$，前一个积分用三角代换(令 $x = \sin t$)，后一个积分可直接用公式.

例 15　求 $\int\frac{x\,dx}{\sqrt{x^2+3} + \sqrt{x^2-3}}$.

解　$\int\frac{x\,dx}{\sqrt{x^2+3} + \sqrt{x^2-3}} = \frac{1}{6}\int x\left(\sqrt{x^2+3} - \sqrt{x^2-3}\right)dx$

$$= \frac{1}{6}\int x\sqrt{x^2+3}\,dx - \frac{1}{6}\int x\sqrt{x^2-3}\,dx$$

$$= \frac{1}{12}\int\sqrt{x^2+3}\,d(x^2+3) - \frac{1}{12}\int\sqrt{x^2+3}\,d(x^2-3)$$

$$= \frac{1}{18}\left[\left(\sqrt{x^2+3}\right)^3 - \left(\sqrt{x^2-3}\right)^3\right] + C.$$

例 16　求 $\int\frac{dx}{\sqrt[4]{(2+x)^3}(1+\sqrt{2+x})}$.

解　$\int\frac{dx}{\sqrt[4]{(2+x)^3}(1+\sqrt{2+x})} = \int\frac{4d\sqrt[4]{2+x}}{1+\left(\sqrt[4]{2+x}\right)^2} = 4\arctan\sqrt[4]{2+x} + C.$

在结束本章不定积分计算前，我们还需指出，在其定义域范围内，初等函数的原函数虽然一定存在，但不一定都能用初等函数表示，如

$$\int e^{-x^2}dx,\ \int\frac{\sin x}{x}dx,\ \int\frac{\cos x}{x}dx,\ \int\frac{dx}{\sqrt{1+x^4}},\ \int\frac{dx}{\ln x},\ \int\sin x^3\,dx$$

都不是初等函数，在这种情况下，我们常称这些积分"积不出来".

另外，积分运算需一定技巧，有时还要做较繁的计算，为了应用方便，通常用的积分被汇总成表，这种表叫作**积分表**.求积分时，若所求积分与表中某个公式形式相同，可直接查表得出.若所求积分与表中某个公式不完全相同，则可通过恒等变形把它转化为表中某一公式的形式，从而得出结果.

习题 4. 4

1. 求下列有理函数的积分：

(1) $\int\frac{x^3+2x^2}{x^2+x+1}dx$；

(2) $\int\frac{2x^2-5}{x^4-5x^2+6}dx$；

$(3) \displaystyle\int \frac{\mathrm{d}x}{(x+1)(x^2+1)}$;

$(4) \displaystyle\int \frac{2x^2+x+1}{(x+3)(x-1)^2}\mathrm{d}x$;

$(5) \displaystyle\int \frac{x}{x^3+1}\mathrm{d}x$;

$(6) \displaystyle\int \frac{x-5}{x^4-3x^2+4}\mathrm{d}x$;

$(7) \displaystyle\int \frac{\mathrm{d}x}{(x+1)(x+2)(x+3)}$;

$(8) \displaystyle\int \frac{\mathrm{d}x}{(x^2+2)(x^2+4)}$;

$(9) \displaystyle\int \frac{\mathrm{d}x}{x^5(9+x^8)}$;

$(10) \displaystyle\int \frac{\mathrm{d}x}{(1+x^2)(x^2+x)}$.

2. 求下列三角函数有理式的积分：

$(1) \displaystyle\int \frac{\mathrm{d}x}{2+\sin x}$;

$(2) \displaystyle\int \frac{\mathrm{d}x}{2\sin x-\cos x+3}$;

$(3) \displaystyle\int \frac{1}{\sin x+\tan x}\mathrm{d}x$;

$(4) \displaystyle\int \frac{\sin^2 x}{1+\sin x}\mathrm{d}x$;

$(5) \displaystyle\int \frac{\sin x}{\cos x+\cos^2 x}\mathrm{d}x$;

$(6) \displaystyle\int \frac{\sin x}{1+\sin x}\mathrm{d}x$;

$(7) \displaystyle\int \frac{\mathrm{d}x}{1+3\cos^2 x}$;

$(8) \displaystyle\int \frac{1}{(5+4\sin x)\cos x}\mathrm{d}x$.

3. 求下列简单无理式的积分：

$(1) \displaystyle\int \frac{\mathrm{d}x}{\sqrt{x}-\sqrt[3]{x}}$;

$(2) \displaystyle\int \frac{x+1}{(3x+1)^{\frac{2}{3}}}\mathrm{d}x$;

$(3) \displaystyle\int \frac{\sqrt{x}}{\sqrt{1+x\sqrt{x}}}\mathrm{d}x$;

$(4) \displaystyle\int \frac{x^3}{\sqrt{(1+x^2)^3}}\mathrm{d}x$;

$(5) \displaystyle\int \left(\sqrt{\frac{x+3}{x-1}}-\sqrt{\frac{x-1}{x+3}}\right)\mathrm{d}x$;

$(6) \displaystyle\int \sqrt{\frac{1-x}{1+x}}\cdot\frac{\mathrm{d}x}{x}$.

总习题 4

一、填空题

1. 若函数 $f(x)$ 的一个原函数为 e^{-2x},则 $f'(x)=$ _____.

2. 设函数 $f(x)$ 连续,则 $\mathrm{d}\left[\displaystyle\int xf(x^2)\mathrm{d}x\right]=$ _____.

3. 若 $\displaystyle\int \frac{f'(\ln x)}{x}\mathrm{d}x=\sin x+C$,则 $f(x)=$ _____.

4. 函数 $2(\mathrm{e}^{2x}-\mathrm{e}^{-2x})$ 的原函数 $F(x)=$ _____.

5. 设 $f'(\sin x)=\cos^2 x$,则 $f(x)=$ _____.

6. 若 $\displaystyle\int f(x)\mathrm{e}^{-\frac{1}{x}}\mathrm{d}x=-\mathrm{e}^{-\frac{1}{x}}+C$ 成立,则 $f(x)=$ _____.

7. 若函数 $f(x)=\displaystyle\int (1-2x)^{100}\mathrm{d}x$,则 $f'(x)=$ _____.

8. $\int (x^3 \ln 2x)' \, dx = $ _____.

9. 设 $f(x^2 - 1) = \ln \dfrac{x^2}{x^2 - 1}$,且 $f[\varphi(x)] = \ln x$,则 $\int \varphi(x) \, dx = $ _____.

10. 设 $F(x)$ 为 $f(x)$ 的原函数,当 $x \geqslant 0$ 时,有 $f(x)F(x) = \sin^2 2x$,且 $F(0) = 1$,$F(x) \geqslant 0$,则 $f(x) = $ _____.

二、选择题

1. 在开区间 (a,b) 内,$f(x)$ 与 $g(x)$ 满足 $f'(x) = g'(x)$,则一定有( ).

A. $f(x) = g(x)$
B. $f(x) = g(x) + 1$
C. $\left[\int f(x) \, dx \right]' = \left[\int g(x) \, dx \right]'$
D. $\int \mathrm{d}f(x) = \int \mathrm{d}g(x)$

2. $\int x f''(x) \, dx = $ ( ).

A. $x f'(x) + C$
B. $f'(x) - f(x) + C$
C. $x f'(x) - f(x) + C$
D. $x f'(x) + f(x) + C$

3. 在计算积分 $\int x \sqrt[3]{1-x} \, dx$ 时,为使被积函数有理化,可做变换( ).

A. $x = \sin t$ B. $x = \tan t$ C. $t = \sqrt[3]{1-x}$ D. $x = \sec t$

4. $\int \mathrm{e}^{\sin x} \sin x \cos x \, dx = $ ( ).

A. $\mathrm{e}^{\sin x} + C$
B. $\mathrm{e}^{\sin x} (\sin x - 1) + C$
C. $\mathrm{e}^{\sin x} \cos x + C$
D. $\mathrm{e}^{\sin x} \sin x + C$

5. 若 $\int f(x) \, dx = x^2 + C$,则 $\int x f(1 - x^2) \, dx = $ ( ).

A. $2(1 - x^2)^2 + C$
B. $\dfrac{1}{2}(1 - x^2)^2 + C$
C. $-2(1 - x^2)^2 + C$
D. $-\dfrac{1}{2}(1 - x^2)^2 + C$

6. 设 $\int x f(x) \, dx = \arcsin x + C$,则 $\int \dfrac{1}{f(x)} \, dx = $ ( ).

A. $-\dfrac{3}{4} \sqrt{(1 - x^2)^3} + C$
B. $-\dfrac{1}{3} \sqrt{(1 - x^2)^3} + C$
C. $\dfrac{3}{4} \sqrt[3]{(1 - x^2)^2} + C$
D. $\dfrac{2}{3} \sqrt[3]{(1 - x^2)^2} + C$

7. 若 $\sin x$ 是 $f(x)$ 的一个原函数,则 $\int x f'(x) \, dx = $ ( ).

A. $x \cos x - \sin x + C$
B. $x \sin x + \cos x + C$
C. $x \cos x + \sin x + C$
D. $x \sin x - \cos x + C$

8. 设 $f'(\mathrm{e}^x) = 1 + x$,则 $f(x) = $ ( ).

A. $1 + \ln x + C$
B. $x \ln x + C$

C. $\dfrac{x^2}{2}+x+C$ 　　　　　　　　　　D. $x\ln x-x+C$

9. 设函数 $f(x)=\mathrm{e}^{-x}$，则 $\displaystyle\int\dfrac{f'(\ln x)}{x}\mathrm{d}x=(\quad\quad)$.

A. $-\dfrac{1}{x}+C$ 　　　B. $-\ln x+C$ 　　　C. $\ln x+C$ 　　　　D. $\dfrac{1}{x}+C$

10. 若 $f'(x^2)=\dfrac{1}{x}(x>0)$，且 $f(1)=2$，则 $f(x)=(\quad\quad)$.

A. $2x$ 　　　　　　B. $\dfrac{1}{2}\ln x+2$ 　　　C. $2\sqrt{x}$ 　　　　　　D. $\dfrac{1}{\sqrt{x}}$

三、解答题

1. 求下列不定积分：

$(1)\displaystyle\int\left(\dfrac{1}{x}-\dfrac{3}{\sqrt{1-x^2}}\right)\mathrm{d}x$；

$(2)\displaystyle\int(\sqrt{x}+1)(x-\sqrt{x}+1)\mathrm{d}x$；

$(3)\displaystyle\int\dfrac{3x^4+3x^2+1}{x^2+1}\mathrm{d}x$；

$(4)\displaystyle\int(2\mathrm{e}^x+\dfrac{3}{x})\mathrm{d}x$；

$(5)\displaystyle\int 3^x(2^x+\dfrac{\sqrt[3]{x}}{3^x})\mathrm{d}x$；

$(6)\displaystyle\int\csc x(\csc x-\cot x)\mathrm{d}x$；

$(7)\displaystyle\int\sin^2\dfrac{x}{2}\mathrm{d}x$；

$(8)\displaystyle\int\dfrac{\mathrm{d}x}{1-\cos 2x}$；

$(9)\displaystyle\int\dfrac{\cos 2x}{\cos x+\sin x}\mathrm{d}x$；

$(10)\displaystyle\int\cot^2 x\,\mathrm{d}x$.

2. 求下列不定积分：

$(1)\displaystyle\int\dfrac{\mathrm{d}x}{(2x+3)^9}$；

$(2)\displaystyle\int\sqrt{1-3x}\,\mathrm{d}x$；

$(3)\displaystyle\int\mathrm{e}^{-\frac{x}{2}}\mathrm{d}x$；

$(4)\displaystyle\int\dfrac{\mathrm{d}x}{1+2x^2}$；

$(5)\displaystyle\int\dfrac{\mathrm{d}x}{\sin^2(\frac{\pi}{4}-2x)}$；

$(6)\displaystyle\int\dfrac{\cos\sqrt{x}}{\sqrt{x}}\mathrm{d}x$；

$(7)\displaystyle\int\dfrac{x}{(1+3x^2)^2}\mathrm{d}x$；

$(8)\displaystyle\int\dfrac{\mathrm{d}x}{3-2x^2}$；

$(9)\displaystyle\int\dfrac{\sin x}{2+\cos^2 x}\mathrm{d}x$；

$(10)\displaystyle\int\dfrac{\sqrt{\ln x}}{x}\mathrm{d}x$；

$(11)\displaystyle\int\dfrac{x\,\mathrm{d}x}{\sqrt{2-3x^2}}$；

$(12)\displaystyle\int\cos^3 x\,\mathrm{d}x$.

3. 求下列不定积分：

$(1)\displaystyle\int\dfrac{\mathrm{d}x}{\sqrt{\mathrm{e}^x-1}}$；

$(2)\displaystyle\int x\sqrt{1-2x}\,\mathrm{d}x$；

$(3)\displaystyle\int\frac{\mathrm{d}t}{1+\sqrt{1+t}}$;

$(4)\displaystyle\int\frac{\mathrm{d}x}{\sqrt{\mathrm{e}^{2x}+1}}$;

$(5)\displaystyle\int x^3\sqrt{1-x^2}\,\mathrm{d}x$;

$(6)\displaystyle\int\frac{1}{1+\sqrt{1-x^2}}\mathrm{d}x$.

4. 求下列不定积分：

$(1)\displaystyle\int\arccos x\,\mathrm{d}x$;

$(2)\displaystyle\int(\ln x)^2\,\mathrm{d}x$;

$(3)\displaystyle\int x\cos2x\,\mathrm{d}x$;

$(4)\displaystyle\int x^2\mathrm{e}^x\,\mathrm{d}x$;

$(5)\displaystyle\int\mathrm{e}^{2x}\sin x\,\mathrm{d}x$;

$(6)\displaystyle\int\mathrm{e}^x\cos2x\,\mathrm{d}x$;

$(7)\displaystyle\int\cos(\ln x)\,\mathrm{d}x$;

$(8)\displaystyle\int\frac{\ln\cos x}{\sin^2 x}\mathrm{d}x$.

第 5 章　　定积分

定积分是一元函数积分学中的另一个基本内容,它起源于求不规则图形的面积和体积等实际问题.定积分不论在理论上还是实际应用上,都有着十分重要的意义.定积分和不定积分有着密切的内在联系,这种联系的基础是牛顿–莱布尼茨公式.在这一章里,我们将从实际问题出发引出定积分的概念,然后讨论它的性质及计算方法.作为定积分的推广,还将介绍广义积分的概念,最后安排一些应用方面的例子.

5.1　定积分的概念与性质

5.1.1　引　例

1. 曲边梯形的面积

所谓曲边梯形(curvilinear trapezoid),就是有三条边是直线,其中两条互相平行且与第三条垂直,第四边是一条曲线所围成的图形.为确定起见,取底为 x 轴,另两条边为 $x=a$ 和 $x=b$,顶部曲线的方程为 $y=f(x)$(如图 5-1).

我们知道,"矩形的面积=底×高".因此,为了计算曲边梯形的面积 A,可以先将它分割成若干个小曲边梯形,每个小曲边梯形用相应的小矩形近似代替,把这些小矩形的面积累加起来,就得到曲边梯形面积 A 的近似值.当分割无限变细时,这个近似值就无限接近于所求的曲边梯形面积.

具体可按下述步骤求 A 的值[设 $f(x) \geqslant 0, a < b$(如图 5-2)].

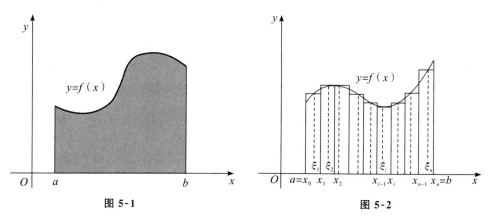

图 5-1　　　　　　　　　　　　图 5-2

(1) 分割:将曲边梯形分割为 n 个小曲边梯形.用分点

$$a = x_0 < x_1 < x_2 < \cdots < x_i < \cdots < x_{n-1} < x_n = b,$$

把区间$[a,b]$任意划分成 n 个小区间:

$$[x_0,x_1],[x_1,x_2],\cdots,[x_{i-1},x_i],\cdots,[x_{n-1},x_n],$$

每个小区间的长度分别为:

$$\Delta x_1 = x_1 - x_0, \Delta x_2 = x_2 - x_1, \cdots, \Delta x_n = x_n - x_{n-1},$$

记

$$\lambda = \max\{\Delta x_1, \Delta x_2, \cdots, \Delta x_n\}.$$

过每一个分点作平行于 y 轴的直线,把曲边梯形分成 n 个小曲边梯形,它们的面积分别记为 $\Delta A_1, \Delta A_2, \cdots, \Delta A_n$.

(2) 近似代替:用小矩形面积近似代替小曲边梯形面积.

在小区间$[x_{i-1},x_i]$上任取一点 $\xi_i(i=1,2,\cdots,n)$,用 $f(\xi_i)$ 为高、Δx_i 为底的小矩形面积近似代替相应的小曲边梯形面积 ΔA_i,即

$$\Delta A_i \approx f(\xi_i) \Delta x_i.$$

(3) 求和:把各个小矩形的面积相加即可求得整个曲边梯形面积 A 的近似值.

$$A = \sum_{i=1}^n \Delta A_i \approx \sum_{i=1}^n f(\xi_i) \Delta x_i,$$

即

$$A \approx \sum_{i=1}^n f(\xi_i) \Delta x_i.$$

(4) 取极限:使曲边梯形的面积的近似值转化为精确值.

当 n 无限增大(即分点无限增多),每个小区间的长度无限缩小时,即令 $\lambda \to 0$,表示所有小区间长度 Δx_i 中之最大值趋于零,则得到 A 的精确值,即

$$A = \lim_{\lambda \to 0} \sum_{i=1}^n f(\xi_i) \Delta x_i.$$

2. 变速直线运动的路程

设物体沿直线运动,它的速度 v 是时间 t 的函数 $v(t)$,求物体在 $t=T_1$ 到 $t=T_2$ 这段时间所经过的路程 S.

我们知道,匀速直线运动的路程公式是:路程＝速度×时间.现在我们研究的是非匀速直线运动,不能直接运用上面的公式来求路程.但是,当时间间隔很短时,速度变化很小,可以近似地认为速度是不变的,从而可以在这段很短的时间间隔内运用上面的公式.为此,我们采用与求曲边梯形面积相同的思路来解决这个问题.

(1) 用分点

$$T_1 = t_0 < t_1 < t_2 < \cdots < t_i < \cdots < t_{n-1} < t_n = T_2$$

将时间间隔$[T_1,T_2]$任意分成 n 个小段时间$[t_0,t_1],[t_1,t_2],\cdots,[t_{i-1},t_i],\cdots,[t_{n-1},t_n]$,各段时间长度为 $\Delta t_i = t_i - t_{i-1}(i=1,2,\cdots,n)$,记 $\lambda = \max\{\Delta t_1, \Delta t_2, \cdots, \Delta t_n\}$.相应地,在各段时间内物体走过的路程为 $\Delta S_1, \Delta S_2, \cdots, \Delta S_n$.

(2) 在时间间隔$[t_{i-1},t_i]$上任取一个时刻 a_i,以 a_i 时刻的速度 $v(a_i)$ 近似代替$[t_{i-1},t_i]$

上各个时刻的速度,得到部分路程 ΔS_i 的近似值,即

$$\Delta S_i \approx v(a_i)\Delta t_i, i = 1, 2, \cdots, n.$$

（3）所求变速直线运动路程 S 的近似值等于 n 段分路程的近似值之和,即

$$S = \sum_{i=1}^{n} \Delta S_i \approx \sum_{i=1}^{n} v(a_i)\Delta t_i.$$

（4）让 $\lambda \rightarrow 0$,求上式右端的极限,便得到变速直线运动的路程,即

$$S = \lim_{\lambda \to 0} \sum_{i=1}^{n} v(a_i)\Delta t_i.$$

5.1.2　定积分的概念与几何意义

1. 定积分的概念

从上述两个具体问题我们看到,引例1讨论的是几何问题,引例2是物理问题,虽然它们的实际意义不同,但是解决这两个问题的数学方法是完全相同的,它们归结成的数学模型是一致的,最后都归结为求具有相同结构的一种"和式的极限".不仅如此,其他许多实际问题也可归结为求这种"和式的极限".为此,我们撇开这些问题各自的具体内容,从而抽象出定积分的概念.

定义 5.1　设函数 $y = f(x)$ 在 $[a, b]$ 上有定义,任取分点

$$a = x_0 < x_1 < x_2 < \cdots < x_{n-1} < x_n = b,$$

把区间 $[a, b]$ 分成 n 个小区间 $[x_{i-1}, x_i](i = 1, 2, \cdots, n)$,记 $\Delta x_i = x_i - x_{i-1}(i = 1, 2, \cdots, n)$, $\lambda = \max\limits_{1 \leqslant i \leqslant n}\{\Delta x_i\}$.

再在每一个小区间 $[x_{i-1}, x_i]$ 上任取一点 ξ_i,做乘积 $f(\xi_i)\Delta x_i$ 的和式：

$$\sum_{i=1}^{n} f(\xi_i)\Delta x_i.$$

当 $\lambda \rightarrow 0$ 时,上述极限存在(这个极限与 $[a, b]$ 的分割及点 ξ_i 的取法均无关),则称此极限值为函数 $f(x)$ 在区间 $[a, b]$ 上的定积分,记为

$$\int_a^b f(x)\mathrm{d}x = \lim_{\lambda \to 0} \sum_{i=1}^{n} f(\xi_i)\Delta x_i,$$

其中, x 称为**积分变量**, $f(x)$ 称为**被积函数**, $f(x)\mathrm{d}x$ 称为**被积表达式**, a 称为**积分下限**, b 称为**积分上限**,区间 $[a, b]$ 称为**积分区间**.函数 $f(x)$ 在区间 $[a, b]$ 上的定积分存在,也称 $f(x)$ 在区间 $[a, b]$ 上可积.

根据上述定义可知 $a < b$.为了计算和应用方便起见,对定积分做以下补充规定：

（1）当 $a = b$ 时, $\int_a^b f(x)\mathrm{d}x = 0$；

（2）当 $a > b$ 时, $\int_a^b f(x)\mathrm{d}x = -\int_b^a f(x)\mathrm{d}x.$

由上式可知,交换定积分的上、下限时,定积分的绝对值不变而符号相反.

注意：当积分和 $\sum\limits_{i=1}^{n} f(\xi_i)\Delta x_i$ 的极限存在时,此极限值是一个常数,它仅与被积函数 $f(x)$ 和积分区间 $[a, b]$ 有关,而与积分变量用什么字母表示无关,即定积分是一个数,且与

积分变量用什么字母表示无关,例如

$$\int_a^b f(x)\mathrm{d}x = \int_a^b f(t)\mathrm{d}t = \int_a^b f(u)\mathrm{d}u.$$

如果函数 $f(x)$ 在区间 $[a,b]$ 上的定积分存在,则称 $f(x)$ 在 $[a,b]$ 上**可积**.我们由此联想到一个重要问题: $f(x)$ 在 $[a,b]$ 上满足怎样的条件,可以保证 $f(x)$ 在 $[a,b]$ 上一定可积? 我们不对这个问题深入讨论,仅给出两个充分条件.

定理 5.1 如果函数 $f(x)$ 在区间 $[a,b]$ 上连续,则 $f(x)$ 在 $[a,b]$ 上可积.

定理 5.2 如果函数 $f(x)$ 在区间 $[a,b]$ 上有界,且只有有限个间断点,则 $f(x)$ 在 $[a,b]$ 上可积.

根据定积分的定义,前面两个实际问题都可用定积分表示为:

(1) 曲边梯形的面积: $A = \int_a^b f(x)\mathrm{d}x$;

(2) 变速运动路程: $s = \int_{T_1}^{T_2} v(t)\mathrm{d}t$.

2. 定积分的几何意义

在前面的曲边梯形面积问题中,我们看到如果 $f(x) > 0$,图形在 x 轴之上,积分值为正,有 $\int_a^b f(x)\mathrm{d}x = A$;如果 $f(x) \leqslant 0$,那么图形位于 x 轴下方,积分值为负,即 $\int_a^b f(x)\mathrm{d}x = -A$.

如果 $f(x)$ 在 $[a,b]$ 上有正有负时,则积分值就等于曲线 $y = f(x)$ 在 x 轴上方部分与下方部分面积之差,如图 5-3 所示,有

$$\int_a^b f(x)\mathrm{d}x = A_1 - A_2 + A_3.$$

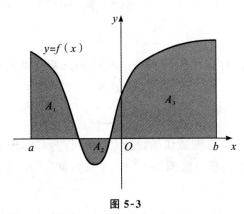

图 5-3

例 1 用定积分定义计算 $\int_0^1 x^2\mathrm{d}x$.

解 由于定积分与区间的分割及点 ξ_i 的取法无关,我们不妨把区间 $[0,1]$ 分成 n 等分,每个小区间的长度 $\Delta x_i = \frac{1}{n}(i=1,2,\cdots,n)$,分点为

$$x_0 = 0, x_1 = \frac{1}{n}, x_2 = \frac{2}{n}, \cdots, x_{n-1} = \frac{n-1}{n}, x_n = 1, 取 \xi_i = x_i = \frac{i}{n}(i=1,2,\cdots,n),则$$

$$\sum_{i=1}^{n} f(\xi_i)\Delta x_i = \sum_{i=1}^{n}\left(\frac{i}{n}\right)^2 \frac{1}{n} = \frac{1}{n^3}\sum_{i=1}^{n} i^2 = \frac{1}{n^3}(1^2 + 2^2 + \cdots + n^2)$$

$$= \frac{1}{n^3}\frac{1}{6}n(n+1)(2n+1) = \frac{1}{6}\left(1+\frac{1}{n}\right)\left(2+\frac{1}{n}\right).$$

当 $\lambda = \dfrac{1}{n} \to 0$ 时,得 $\displaystyle\int_0^1 x^2 \mathrm{d}x = \lim_{n\to\infty}\frac{1}{6}\left(1+\frac{1}{n}\right)\left(2+\frac{1}{n}\right) = \frac{1}{3}.$

5.1.3　定积分的性质

在下面讨论的各个性质中,如无特别说明,均假设所涉及的积分存在.

性质 1　函数代数和的定积分等于各个函数定积分的代数和,即

$$\int_a^b [f(x) \pm g(x)]\mathrm{d}x = \int_a^b f(x)\mathrm{d}x \pm \int_a^b g(x)\mathrm{d}x.$$

证　$\displaystyle\int_a^b [f(x) \pm g(x)]\mathrm{d}x = \lim_{\lambda\to 0}\sum_{i=1}^{n}[f(\xi_i) \pm g(\xi_i)]\Delta x_i$

$$= \lim_{\lambda\to 0}\sum_{i=1}^{n} f(\xi_i)\Delta x_i \pm \lim_{\lambda\to 0}\sum_{i=1}^{n} g(\xi_i)\Delta x_i$$

$$= \int_a^b f(x)\mathrm{d}x \pm \int_a^b g(x)\mathrm{d}x.$$

性质 1 可以推广到两个以上的有限个函数代数和的情况,即

$$\int_a^b \left(\sum_{i=1}^{n} f_i(x)\right)\mathrm{d}x = \sum_{i=1}^{n}\int_a^b f_i(x)\mathrm{d}x.$$

性质 2　常数因子可以提到积分符号外,即

$$\int_a^b k f(x)\mathrm{d}x = k\int_a^b f(x)\mathrm{d}x.$$

性质 3　(积分区间的可加性) $\displaystyle\int_a^b f(x)\mathrm{d}x = \int_a^c f(x)\mathrm{d}x + \int_c^b f(x)\mathrm{d}x.$

性质 4　如果在区间 $[a,b]$ 上 $f(x)\equiv 1$,则

$$\int_a^b f(x)\mathrm{d}x = b - a.$$

性质 5　如果在区间 $[a,b]$ 上有 $f(x)\leqslant g(x)$,则

$$\int_a^b f(x)\mathrm{d}x \leqslant \int_a^b g(x)\mathrm{d}x.$$

推论 1　若在区间 $[a,b]$ 上 $f(x)\geqslant 0$,则 $\displaystyle\int_a^b f(x)\mathrm{d}x \geqslant 0(a < b).$

推论 2　$\left|\displaystyle\int_a^b f(x)\mathrm{d}x\right| \leqslant \displaystyle\int_a^b |f(x)|\mathrm{d}x(a < b).$

例 2　比较积分值 $\displaystyle\int_0^{-2} \mathrm{e}^x \mathrm{d}x$ 和 $\displaystyle\int_0^{-2} x\,\mathrm{d}x$ 的大小.

解　令 $f(x) = \mathrm{e}^x - x, x \in [-2,0]$,因为 $f(x) > 0$,所以

$$\int_{-2}^0 (\mathrm{e}^x - x)\mathrm{d}x > 0, \text{即}\int_{-2}^0 \mathrm{e}^x \mathrm{d}x > \int_{-2}^0 x\,\mathrm{d}x,$$

故有 $\displaystyle\int_0^{-2} \mathrm{e}^x \mathrm{d}x < \int_0^{-2} x\,\mathrm{d}x.$

性质 6 (估值定理)设 M 和 m 分别是函数 $f(x)$ 在闭区间 $[a,b]$ 上的最大值和最小值,则

$$m(b-a) \leqslant \int_a^b f(x) \mathrm{d}x \leqslant M(b-a).$$

证 因为 $m \leqslant f(x) \leqslant M(a \leqslant x \leqslant b)$,由性质 5 可知

$$\int_a^b m \mathrm{d}x \leqslant \int_a^b f(x) \mathrm{d}x \leqslant \int_a^b M \mathrm{d}x,$$

再由性质 2、性质 4,可得

$$m(b-a) \leqslant \int_a^b f(x) \mathrm{d}x \leqslant M(b-a).$$

例 3 估计定积分 $\int_{\frac{\pi}{6}}^{\frac{\pi}{3}} \sin x \, \mathrm{d}x$ 的值.

解 在闭区间 $\left[\dfrac{\pi}{6}, \dfrac{\pi}{3}\right]$ 上,函数 $y = \sin x$ 是增函数,且最大值 $f\left(\dfrac{\pi}{3}\right) = \sin \dfrac{\pi}{3} = \dfrac{\sqrt{3}}{2}$,最小值 $f\left(\dfrac{\pi}{6}\right) = \sin \dfrac{\pi}{6} = \dfrac{1}{2}$.根据性质 6,有

$$\frac{1}{2}\left(\frac{\pi}{3} - \frac{\pi}{6}\right) \leqslant \int_{\frac{\pi}{6}}^{\frac{\pi}{3}} \sin x \, \mathrm{d}x \leqslant \frac{\sqrt{3}}{2}\left(\frac{\pi}{3} - \frac{\pi}{6}\right),$$

即

$$\frac{\pi}{12} \leqslant \int_{\frac{\pi}{6}}^{\frac{\pi}{3}} \sin x \, \mathrm{d}x \leqslant \frac{\sqrt{3}\pi}{12}.$$

性质 7 (定积分中值定理)如果函数 $f(x)$ 在闭区间 $[a,b]$ 上连续,则在区间 $[a,b]$ 上至少存在一点 ξ,使

$$\int_a^b f(x) \mathrm{d}x = f(\xi)(b-a) \quad (a \leqslant \xi \leqslant b),$$

或者写成

$$\frac{1}{b-a} \int_a^b f(x) \mathrm{d}x = f(\xi).$$

证 将性质 6 中的不等式除以区间长度 $b-a$,得

$$m \leqslant \frac{1}{b-a} \int_a^b f(x) \mathrm{d}x \leqslant M.$$

这表明数值 $\dfrac{1}{b-a} \int_a^b f(x) \mathrm{d}x$ 介于函数 $f(x)$ 的最小值与最大值之间,由闭区间上连续函数的介值定理知,在闭区间 $[a,b]$ 上至少存在一个点 ξ,使得 $\dfrac{1}{b-a} \int_a^b f(x) \mathrm{d}x = f(\xi)$,即

$$\int_a^b f(x) \mathrm{d}x = f(\xi)(b-a) \quad (a \leqslant \xi \leqslant b).$$

性质 8 (中值定理的几何解释)从图 5-4 中可以看出:若 $f(x)$ 在 $[a,b]$ 上连续,则在 $[a,b]$ 内至少可以找到一点 ξ,使得用它所对应的函数值 $f(\xi)$ 作为高、以区间 $[a,b]$ 的长度 $b-a$ 作为底的矩形面积 $f(\xi)(b-a)$,恰好等于同一底上以曲线 $y = f(x)$ 为曲边的曲边梯形的面积.

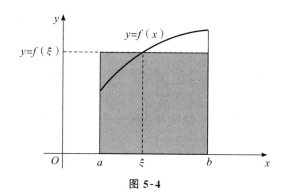

图 5-4

通常称 $\dfrac{1}{b-a}\displaystyle\int_a^b f(x)\mathrm{d}x$ 为函数 $f(x)$ 在 $[a,b]$ 上的平均值.在实际问题中,通常利用此式来计算连续函数在某一闭区间上的平均值.例如,在药物动力学中计算平均血药浓度,在物理学中计算平均速度、平均功率等.

例 4　求函数 $y=f(x)=2x$ 在区间 $[0,1]$ 上的平均值 $\overline{y}$ 及在该区间上 $f(x)$ 恰取这个值的点.

解　利用定积分的几何意义可得

$$\int_0^1 x\,\mathrm{d}x=\frac{1}{2},$$

所以,函数 $y=2x$ 在区间 $[0,1]$ 上的平均值为

$$\overline{y}=\frac{1}{1-0}\int_0^1 2x\,\mathrm{d}x=2\int_0^1 x\,\mathrm{d}x=2\times\frac{1}{2}=1.$$

当 $2x=1$ 时,得 $x=\dfrac{1}{2}$.即函数在 $x=\dfrac{1}{2}$ 处的值等于它在区间 $[0,1]$ 上的平均值.

习题 5.1

1. $\left(\displaystyle\int_1^2 f(x)\,\mathrm{d}x\right)'=$ _____.

2. 用定积分表示由曲线 $y=x^3-2$,直线 $x=1,x=3$ 以及 x 轴所围成的图形的面积.

3. 试将下列极限表示成定积分:

(1) $\displaystyle\lim_{\lambda\to 0}\sum_{i=1}^{n}(\xi_i^2-3\xi_i)\Delta x_i,\lambda$ 是 $[-7,5]$ 上的分割;

(2) $\displaystyle\lim_{\lambda\to 0}\sum_{i=1}^{n}\sqrt{4-\xi_i^2}\,\Delta x_i,\lambda$ 是 $[0,1]$ 上的分割.

4. 用定积分的定义计算定积分 $\displaystyle\int_a^b C\,\mathrm{d}x$,其中 C 为常数.

5. 求函数 $f(x)=\sqrt{1-x^2}$ 在闭区间 $[-1,1]$ 上的平均值.

6. 试用定积分表示下列几何量或物理量:

(1) 由曲线 $y = \dfrac{1}{1+x^2}$，直线 $x=-1, x=1$ 及 x 轴所围成的曲边梯形的面积 $A =$ _____；

(2) 一质点做直线运动，其速率为 $v=t^2+3$，则从 $t=0$ 到 $t=4$ 的时间内，该质点所走的路程 $s =$ _____.

7. 不计算定积分，利用定积分的性质和几何意义比较下列各组积分值的大小：

(1) $\displaystyle\int_0^1 x^2 \,\mathrm{d}x$ 和 $\displaystyle\int_0^1 x^3 \,\mathrm{d}x$；　　　　　　(2) $\displaystyle\int_1^2 \ln x \,\mathrm{d}x$ 和 $\displaystyle\int_1^2 \ln^2 x \,\mathrm{d}x$.

8. 假定 $f(x)$ 是连续的，而且 $\displaystyle\int_0^3 f(x)\,\mathrm{d}x = 3$ 和 $\displaystyle\int_0^4 f(x)\,\mathrm{d}x = 7$，求 $\displaystyle\int_4^3 f(x)\,\mathrm{d}x$ 的值.

9. 用定积分的几何意义求下列积分：

(1) $\displaystyle\int_0^a \sqrt{a^2-x^2}\,\mathrm{d}x$；　　　　　　(2) $\displaystyle\int_0^{2\pi} \sin x \,\mathrm{d}x$.

10. 估计下列各积分的值：

(1) $\displaystyle\int_1^4 (x^2+1)\,\mathrm{d}x$；　　　　　　(2) $\displaystyle\int_1^2 \dfrac{x}{x^2+1}\,\mathrm{d}x$.

5.2　牛顿-莱布尼茨公式

一般来讲，直接用定积分的定义或定积分的几何意义计算定积分是非常困难的，有时是根本不可能的.这一节将给出计算定积分的一般方法.

5.2.1　变上限的定积分及导数

设函数 $f(x)$ 在区间 $[a,b]$ 上连续，则对 $[a,b]$ 上的任意一点 x，$f(x)$ 在 $[a,x]$ 上连续，因此 $f(x)$ 在 $[a,x]$ 上可积，即积分 $\displaystyle\int_a^x f(x)\,\mathrm{d}x$ 存在.为了区别积分上限与积分变量，用 t 表示积分变量，于是这个积分就表示为 $\displaystyle\int_a^x f(t)\,\mathrm{d}t$.

当 x 在 $[a,b]$ 上变动时，对应于每一个 x 值，积分 $\displaystyle\int_a^x f(t)\,\mathrm{d}t$ 就有一个确定的值，因此它是一个定义在 $[a,b]$ 上的函数，记作 $\varphi(x)$，即 $\varphi(x) = \displaystyle\int_a^x f(t)\,\mathrm{d}t \, (a \leqslant x \leqslant b)$.

通常称函数 $\varphi(x)$ 为变上限积分函数或变上限积分，其几何意义如图 5-5 所示.对 x 的每一个取值，都表示一块平面区域的面积，所以又叫面积函数.如 $\displaystyle\int_0^x \cos^2 t \,\mathrm{d}t$，$\displaystyle\int_0^x \dfrac{2t-1}{t^2-t+1}\,\mathrm{d}t$ 均属变上限积分.

定理 5.3　如果函数 $f(x)$ 在区间 $[a,b]$ 上连续，则变上限积分函数 $\varphi(x) = \displaystyle\int_a^x f(t)\,\mathrm{d}t$ 在 $[a,b]$ 上可导，且其导数是 $\varphi'(x) = \dfrac{\mathrm{d}}{\mathrm{d}x}\displaystyle\int_a^x f(t)\,\mathrm{d}t = f(x) \, (a \leqslant x \leqslant b)$.

证　当上限 x 获改变量 Δx 时，函数 $\varphi(x)$ 获得改变量 $\Delta\varphi$，由图 5-6 知

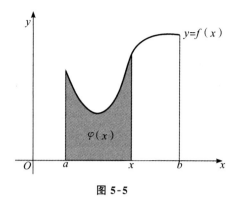

图 5-5

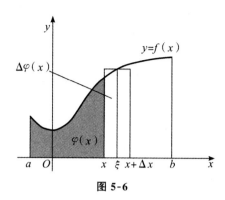

图 5-6

$$\Delta\varphi = \int_x^{x+\Delta x} f(t)\,\mathrm{d}t.$$

由积分中值定理,得 $\Delta\varphi = f(\xi)\Delta x$($\xi$ 在 x 及 $x+\Delta x$ 之间),即

$$\frac{\Delta\varphi}{\Delta x} = f(\xi);$$

再令 $\Delta x \to 0$,从而 $\xi \to x$,由 $f(x)$ 的连续性得到

$$\lim_{\Delta x \to 0}\frac{\Delta\varphi}{\Delta x} = \lim_{\xi \to x}f(\xi) = f(x),$$

即

$$\varphi'(x) = f(x).$$

由 $\varphi'(x) = f(x)$ 知,$\varphi(x)$ 是 $f(x)$ 的一个原函数,从而有如下推论:

推论　连续函数的原函数一定存在.

例 1　计算 $\varphi(x) = \int_0^x \sin t^2\,\mathrm{d}t$ 在 $x = 0, \dfrac{\sqrt{\pi}}{2}$ 处的导数.

解　因为 $\varphi'(x) = \dfrac{\mathrm{d}}{\mathrm{d}x}\int_0^x \sin^2 t\,\mathrm{d}t = \sin x^2$,故

$$\varphi'(0) = \sin 0^2 = 0,$$

$$\varphi'\left(\frac{\sqrt{\pi}}{2}\right) = \sin\frac{\pi}{4} = \frac{\sqrt{2}}{2}.$$

例 2　求下列函数的导数:

$(1)\,\varphi(x) = \int_0^{\mathrm{e}^x} \dfrac{\ln t}{t}\,\mathrm{d}t\,(t > 0)$;

$(2)\,\varphi(x) = \int_{x^2}^1 \dfrac{\sin\sqrt{t}}{t}\,\mathrm{d}t\,(t > 0)$.

解　(1) 这里 $\varphi(x)$ 是 x 的复合函数,其中中间变量 $u = \mathrm{e}^x$,所以按复合函数求导法则,有

$$\frac{\mathrm{d}\varphi}{\mathrm{d}x} = \frac{\mathrm{d}}{\mathrm{d}u}\left(\int_a^u \frac{\ln t}{t}\,\mathrm{d}t\right)\frac{\mathrm{d}(\mathrm{e}^x)}{\mathrm{d}x} = \frac{\ln\mathrm{e}^x}{\mathrm{e}^x}\mathrm{e}^x = x;$$

$(2)\,\dfrac{\mathrm{d}\varphi}{\mathrm{d}x} = -\dfrac{\mathrm{d}}{\mathrm{d}x}\left(\int_1^{x^2}\dfrac{\sin\sqrt{t}}{t}\,\mathrm{d}t\right) = -\left.\dfrac{\sin\sqrt{t}}{t}\right|_{t=x^2}(x^2)' = -\dfrac{\sin x}{x^2}\cdot 2x = -\dfrac{2\sin x}{x}.$

一般地,对变上限函数求导,有下面公式:

$(1)\varphi'(x)=\dfrac{\mathrm{d}}{\mathrm{d}x}\displaystyle\int_a^x f(t)\mathrm{d}t=f(x);$

$(2)\varphi'(x)=\dfrac{\mathrm{d}}{\mathrm{d}x}\displaystyle\int_a^{\varphi(x)} f(t)\mathrm{d}t=f[\varphi(x)]\varphi'(x);$

$(3)\dfrac{\mathrm{d}}{\mathrm{d}x}\left[\displaystyle\int_{\varphi_1(x)}^{\varphi_2(x)} f(t)\mathrm{d}t\right]=f[\varphi_2(x)]\varphi_2'(x)-f[\varphi_1(x)]\varphi_1'(x).$

例 3　求 $\lim\limits_{x\to 0}\dfrac{\displaystyle\int_1^{\cos x}\mathrm{e}^{-t^2}\mathrm{d}t}{x^2}.$

解　题设极限是 $\dfrac{0}{0}$ 型未定式,可用洛必达法则解,有

$$\lim_{x\to 0}\frac{\displaystyle\int_1^{\cos x}\mathrm{e}^{-t^2}\mathrm{d}t}{x^2}=\lim_{x\to 0}\frac{\dfrac{\mathrm{d}}{\mathrm{d}x}\left(\displaystyle\int_1^{\cos x}\mathrm{e}^{-t^2}\mathrm{d}t\right)}{\dfrac{\mathrm{d}}{\mathrm{d}x}(x^2)}=\lim_{x\to 0}\frac{\mathrm{e}^{-\cos^2 x}(-\sin x)}{2x}=-\frac{1}{2\mathrm{e}}.$$

例 4　设 $f(x)$ 是可导函数,$f(0)=1$. 求满足方程 $\displaystyle\int_0^x f(t)\mathrm{d}t=xf(x)-x^2$ 的函数 $f(x)$.

解　因为 $f(x)$ 是可导函数,所以 $\left(\displaystyle\int_0^x f(t)\mathrm{d}t\right)'=f(x)=f(x)+xf'(x)-2x$,从而

$$f'(x)=2,$$

$$f(x)=\int 2\mathrm{d}x=2x+C.$$

因为 $f(0)=1$,所以 $C=1$,$f(x)=2x+1$.

5.2.2　牛顿-莱布尼茨公式

定理 5.4　设函数 $f(x)$ 在区间 $[a,b]$ 上连续,$F(x)$ 是 $f(x)$ 的一个原函数,则

$$\int_a^b f(x)\mathrm{d}x=F(b)-F(a).$$

证　已知 $F(x)$ 是 $f(x)$ 的一个原函数,又由定理 5.1 知,$\varphi(x)=\displaystyle\int_a^x f(t)\mathrm{d}t$ 是 $f(x)$ 的一个原函数.

因此,$F(x)$ 与 $\varphi(x)$ 之间只能相差一个常数 C,即

$$\int_a^x f(t)\mathrm{d}t=F(x)+C,$$

令 $x=a$,得 $\displaystyle\int_a^a f(t)\mathrm{d}t=F(a)+C,C=-F(a)$,因而

$$\int_a^x f(t)\mathrm{d}t=F(x)-F(a),$$

再令 $x=b$,得 $\displaystyle\int_a^b f(t)\mathrm{d}t=F(b)-F(a).$

一般常写成如下形式

$$\int_a^b f(x)\,\mathrm{d}x = F(x)\,\Big|_a^b = F(b) - F(a).$$

这就是著名的**牛顿-莱布尼茨公式**,它是微积分学的基本公式,揭示了定积分与不定积分之间的内在关系,即函数 $f(x)$ 在区间 $[a,b]$ 上的定积分等于它的任一个原函数在区间 $[a,b]$ 上的增量.

例 5　求 $\displaystyle\int_0^1 x^2\,\mathrm{d}x$.

解　因为被积函数 x^2 在区间 $[0,1]$ 上连续,满足定理 5.2 的条件,由牛顿-莱布尼茨公式得

$$\int_0^1 x^2\,\mathrm{d}x = \frac{1}{3}x^3\,\Big|_0^1 = \frac{1}{3}\times 1^3 - \frac{1}{3}\times 0^3 = \frac{1}{3}.$$

例 6　求 $\displaystyle\int_1^2 \left(2x + \frac{1}{x}\right)\mathrm{d}x$.

解　$\displaystyle\int_1^2 \left(2x + \frac{1}{x}\right)\mathrm{d}x = (x^2 + \ln|x|)\,\Big|_1^2 = 4 + \ln2 - (1 + \ln1) = 3 + \ln2.$

例 7　设函数 $f(x) = \begin{cases} \dfrac{1}{x}, & 1 \leqslant x \leqslant 2, \\[2mm] \mathrm{e}^x, & 0 \leqslant x \leqslant 1, \end{cases}$ 计算 $\displaystyle\int_0^2 f(x)\,\mathrm{d}x$.

解　由定积分的区间可加性有

$$\int_0^2 f(x)\,\mathrm{d}x = \int_0^1 f(x)\,\mathrm{d}x + \int_1^2 f(x)\,\mathrm{d}x$$

$$= \int_0^1 \mathrm{e}^x\,\mathrm{d}x + \int_1^2 \frac{1}{x}\,\mathrm{d}x$$

$$= \mathrm{e}^x\,\Big|_0^1 + \ln|x|\,\Big|_1^2$$

$$= \mathrm{e} - 1 + \ln2.$$

例 8　设 $f(x)$ 为连续函数,且 $f(x) = \ln x + \displaystyle\int_1^{\mathrm{e}} f(x)\,\mathrm{d}x$,求 $f(x)$.

解　依题意,设 $f(x) = \ln x + A$,则

$$\int_1^{\mathrm{e}} f(x)\,\mathrm{d}x = \int_1^{\mathrm{e}} (\ln x + A)\,\mathrm{d}x = \int_1^{\mathrm{e}} \ln x\,\mathrm{d}x + \int_1^{\mathrm{e}} A\,\mathrm{d}x$$

$$= x\ln x\,\Big|_1^{\mathrm{e}} - \int_1^{\mathrm{e}} x\cdot\frac{1}{x}\,\mathrm{d}x + A(\mathrm{e} - 1)$$

$$= \mathrm{e} - (\mathrm{e} - 1) + A(\mathrm{e} - 1)$$

$$= 1 + A(\mathrm{e} - 1).$$

因为 $f(x) = \ln x + A$,且 $f(x) = \ln x + \displaystyle\int_1^{\mathrm{e}} f(x)\,\mathrm{d}x = \ln x + 1 + A(\mathrm{e} - 1)$,所以有

$$\ln x + A = \ln x + 1 + A(\mathrm{e} - 1),\quad A = \frac{1}{2 - \mathrm{e}},$$

$$f(x) = \ln x + \frac{1}{2 - \mathrm{e}}.$$

习题 5. 2

1. 设 $\varphi(x) = \int_0^x \sin t \, dt$，求 $\varphi'(0)$，$\varphi'\left(\dfrac{\pi}{4}\right)$.

2. 计算下列各导数：

(1) $\dfrac{\mathrm{d}}{\mathrm{d}x}\left(\int_1^x \sin\mathrm{e}^{-t}\,\mathrm{d}t\right)$；

(2) $\dfrac{\mathrm{d}}{\mathrm{d}x}\left(\int_{x^2}^1 \sqrt{1+t^2}\,\mathrm{d}t\right)$；

(3) $\dfrac{\mathrm{d}}{\mathrm{d}x}\left(\int_{x^2}^0 \sin t^2\,\mathrm{d}t\right)$；

(4) $\dfrac{\mathrm{d}}{\mathrm{d}x}\left[\int_{\sin x}^{\cos x} \cos(\pi t^2)\,\mathrm{d}t\right]$.

3. 求下列极限：

(1) $\lim\limits_{x\to 0} \dfrac{\int_0^x \arctan t\,\mathrm{d}t}{x^2}$；

(2) $\lim\limits_{x\to 0} \dfrac{\int_0^x \cos t^2\,\mathrm{d}t}{x}$.

4. 当 x 为何值时，函数 $\varphi(x) = \int_0^x (1-t)\mathrm{e}^{-t^2}\,\mathrm{d}t$ 有极值？

5. 设 $f(x)$ 是可导函数，$f(\mathrm{e}) = 2$. 求满足方程 $\int_0^x f(t)\,\mathrm{d}t = xf(x) - 2x$ 的函数 $f(x)$.

6. 设 $f(x)$ 为连续函数，且 $f(x) = x + \int_0^1 f(x)\,\mathrm{d}x$，求 $f(x)$.

7. 计算下列定积分：

(1) $\int_0^2 (3x^2 - x + 1)\,\mathrm{d}x$；

(2) $\int_1^2 \left(x + \dfrac{1}{x}\right)^2\,\mathrm{d}x$；

(3) $\int_{\frac{1}{\sqrt{3}}}^{\sqrt{3}} \dfrac{1}{1+x^2}\,\mathrm{d}x$；

(4) $\int_{-\frac{1}{2}}^{\frac{1}{2}} \dfrac{1}{\sqrt{1-x^2}}\,\mathrm{d}x$；

(5) $\int_0^{\frac{\pi}{4}} \tan^2\theta\,\mathrm{d}\theta$；

(6) $\int_0^2 |1-x|\,\mathrm{d}x$；

(7) $\int_{-2}^1 x^2|x|\,\mathrm{d}x$；

(8) $\int_0^2 f(x)\,\mathrm{d}x$，其中 $f(x) = \begin{cases} \sqrt{x}, & 0 \leqslant x \leqslant 1, \\ \mathrm{e}^x, & 1 < x \leqslant 2. \end{cases}$

5.3 定积分的计算

牛顿–莱布尼茨公式给出了计算定积分的方法，只要能求出被积函数的任意一个原函数，然后分别代入积分的上、下限，计算其差就可以了.为了进一步简化运算，我们再介绍定积分的换元积分法和分部积分法.

5.3.1 定积分的换元积分法

定理 5.5 设函数 $y = f(x)$ 在区间 $[a, b]$ 上连续，令 $x = \varphi(t)$，若：

(1) $x = \varphi(t)$ 在区间 $[\alpha, \beta]$ 上有连续导数 $\varphi'(t)$；

(2) 当 t 从 α 变到 β 时，$\varphi(t)$ 从 $\varphi(\alpha) = a$ 单调地变到 $\varphi(\beta) = b$，则

$$\int_a^b f(x)\,\mathrm{d}x = \int_\alpha^\beta f[\varphi(t)]\varphi'(t)\,\mathrm{d}t$$

称此为定积分的换元积分公式.

注意:

(1) 用替换关系 $x = \varphi(t)$ 将积分变量 x 换成 t 时,原来的积分限 $[a, b]$ 要相应地换成新变量 t 的积分限 $[\alpha, \beta]$,其中 $\varphi(\alpha) = a$,$\varphi(\beta) = b$.如果积分变量没有改变,即使积分元发生改变,也不改变积分上、下限.

(2) 在新的被积函数 $f[\varphi(t)]\varphi'(t)$ 的原函数求出来后,不进行变量还原,而是将新变量的积分限代入,求出差值即可.

例 1　计算 $\displaystyle\int_{-1}^1 \frac{x}{\sqrt{5-4x}}\,\mathrm{d}x$.

解　令 $\sqrt{5-4x} = t$ 则

$$x = \frac{5-t^2}{4},\,\mathrm{d}x = \left(\frac{5-t^2}{4}\right)'\mathrm{d}t = -\frac{1}{2}t\,\mathrm{d}t.$$

积分变量改变为 t,所以积分限必须做相应改变.当 $x = -1$ 时,$t = 3$;当 $x = 1$ 时,$t = 1$.所以,

$$\int_{-1}^1 \frac{x}{\sqrt{5-4x}}\,\mathrm{d}x = \int_3^1 \frac{1}{t}\left(\frac{5-t^2}{4}\right)\left(-\frac{t}{2}\right)\mathrm{d}t$$

$$= -\frac{1}{8}\int_3^1 (5-t^2)\,\mathrm{d}t = -\frac{1}{8}\left(5t - \frac{1}{3}t^3\right)\Big|_3^1 = \frac{1}{6}.$$

不定积分的换元法最后要代回原变量 x,而定积分的换元法由于改变了上、下限,积分后就无须再代回了.

例 2　计算 $\displaystyle\int_1^{e^3} \frac{1}{x\sqrt{1+\ln x}}\,\mathrm{d}x$.

解　$\displaystyle\int_1^{e^3} \frac{1}{x\sqrt{1+\ln x}}\,\mathrm{d}x = \int_1^{e^3} \frac{1}{\sqrt{1+\ln x}}\,\mathrm{d}(1+\ln x)$

$$= 2\sqrt{1+\ln x}\,\Big|_1^{e^3} = 2\times(2-1) = 2.$$

由于没有引入新变量,所以不需改变积分上、下限.

例 3　计算 $\displaystyle\int_0^{\ln 2} \sqrt{e^x - 1}\,\mathrm{d}x$.

解　令 $\sqrt{e^x - 1} = t$ 则

$$x = \ln(t^2+1),\,\mathrm{d}x = \frac{2t}{t^2+1}\,\mathrm{d}t.$$

当 $x = 0$ 时,$t = 0$;当 $x = \ln 2$ 时,$t = 1$.

所以 $\displaystyle\int_0^{\ln 2} \sqrt{e^x - 1}\,\mathrm{d}x = \int_0^1 t\cdot\frac{2t}{t^2+1}\,\mathrm{d}t$

$$= 2\int_0^1 \frac{t^2}{t^2+1}\,\mathrm{d}t = 2\int_0^1 \frac{t^2+1-1}{t^2+1}\,\mathrm{d}t$$

$$= 2\int_0^1 \left(1 - \frac{1}{t^2+1}\right) \mathrm{d}t = 2\left(\int_0^1 \mathrm{d}t - \int_0^1 \frac{1}{t^2+1}\mathrm{d}t\right)$$

$$= 2\left(t\,\Big|_0^1 - \arctan t\,\Big|_0^1\right) = 2 - \frac{\pi}{2}.$$

例 4　设函数 $f(x)$ 在区间 $[-a,a]$ 上连续,证明:

(1) 若函数 $f(x)$ 为偶函数,则 $\int_{-a}^a f(x)\mathrm{d}x = 2\int_0^a f(x)\mathrm{d}x$;

(2) 若函数 $f(x)$ 为奇函数,则 $\int_{-a}^a f(x)\mathrm{d}x = 0$.

证　$\int_{-a}^a f(x)\mathrm{d}x = \int_{-a}^0 f(x)\mathrm{d}x + \int_0^a f(x)\mathrm{d}x$,

对等式右边第一个积分做代换,令 $x = -t$,则

$$\int_{-a}^0 f(x)\mathrm{d}x = -\int_0^a f(-t)(-\mathrm{d}t) = \int_0^a f(-t)\mathrm{d}t = \int_0^a f(-x)\mathrm{d}x,$$

于是

(1) 当 $f(x)$ 为偶函数时,则 $f(x) = f(-x)$,从而

$$\int_{-a}^a f(x)\mathrm{d}x = \int_0^a f(-x)\mathrm{d}x + \int_0^a f(x)\mathrm{d}x = 2\int_0^a f(x)\mathrm{d}x.$$

(2) 当 $f(x)$ 为奇函数时,则 $f(-x) = -f(x)$,于是

$$\int_{-a}^a f(x)\mathrm{d}x = \int_0^a f(-x)\mathrm{d}x + \int_0^a f(x)\mathrm{d}x = 0.$$

例 5　求 $\int_{-1}^1 \frac{\sin x + (\arctan x)^2}{1+x^2}\mathrm{d}x$.

解　因为 $\frac{\sin x}{1+x^2}$ 在区间 $[-1,1]$ 上为奇函数,$\frac{(\arctan x)^2}{1+x^2}$ 在区间 $[-1,1]$ 上为偶函数,所以有

$$\int_{-1}^1 \frac{\sin x + (\arctan x)^2}{1+x^2}\mathrm{d}x = \int_{-1}^1 \frac{\sin x}{1+x^2}\mathrm{d}x + \int_{-1}^1 \frac{(\arctan x)^2}{1+x^2}\mathrm{d}x$$

$$= 0 + 2\int_0^1 \frac{(\arctan x)^2}{1+x^2}\mathrm{d}x$$

$$= 2\int_0^1 (\arctan x)^2 \mathrm{d}(\arctan x)$$

$$= \frac{2}{3}(\arctan x)^3\,\Big|_0^1 = \frac{\pi^3}{96}.$$

例 6　求下列定积分:

(1) $\int_{-\frac{1}{2}}^{\frac{1}{2}} x^4 \sin x\,\mathrm{d}x$;　　　　　　(2) $\int_{-\frac{\pi}{2}}^{\frac{\pi}{2}} \sqrt{\cos x - \cos^3 x}\,\mathrm{d}x$.

解　(1) 因被积函数是连续奇函数,所以有 $\int_{-\frac{1}{2}}^{\frac{1}{2}} x^4 \sin x\,\mathrm{d}x = 0$;

(2) 因被积函数是连续偶函数,所以有

$$\int_{-\frac{\pi}{2}}^{\frac{\pi}{2}} \sqrt{\cos x - \cos^3 x}\,\mathrm{d}x = 2\int_0^{\frac{\pi}{2}} \sqrt{\cos x(1-\cos^2 x)}\,\mathrm{d}x$$

$$= 2 \int_0^{\frac{\pi}{2}} \sqrt{\cos x}\ \sin x\ \mathrm{d}x$$

$$= -2 \int_0^{\frac{\pi}{2}} (\cos x)^{\frac{1}{2}} \mathrm{d}\cos x$$

$$= -2 \times \frac{2}{3} \cos^{\frac{3}{2}} x \ \Big|_0^{\frac{\pi}{2}}$$

$$= \frac{4}{3}.$$

5.3.2　定积分的分部积分法

定理 5.6　设 $u = u(x)$，$v = v(x)$ 在区间 $[a,b]$ 上具有连续的导数 $u'(x)$ 和 $v'(x)$，由于

$$\mathrm{d}(uv) = u\,\mathrm{d}v + v\,\mathrm{d}u$$

则

$$\int_a^b \mathrm{d}(uv) = \int_a^b u\,\mathrm{d}v + \int_a^b v\,\mathrm{d}u,$$

即

$$\int_a^b u\,\mathrm{d}v = (uv)\ \Big|_a^b - \int_a^b v\,\mathrm{d}u.$$

这个公式叫作定积分的**分部积分公式**.

例 7　计算 $\displaystyle\int_0^{\ln 2} x\,\mathrm{e}^{-x}\,\mathrm{d}x$.

解　设 $u = x$，$\mathrm{d}v = \mathrm{e}^{-x}\,\mathrm{d}x$，则

$$\mathrm{d}u = \mathrm{d}x，v = -\mathrm{e}^{-x},$$

于是

$$\int_0^{\ln 2} x\,\mathrm{e}^{-x}\,\mathrm{d}x = \int_0^{\ln 2} x\,\mathrm{d}(-\mathrm{e}^{-x}) = (-x\,\mathrm{e}^{-x})\ \Big|_0^{\ln 2} - \int_0^{\ln 2} (-\mathrm{e}^{-x})\,\mathrm{d}x$$

$$= -\frac{1}{2}\ln 2 + \int_0^{\ln 2} \mathrm{e}^{-x}\,\mathrm{d}x = -\frac{1}{2}\ln 2 + (-\mathrm{e}^{-x})\ \Big|_0^{\ln 2} = \frac{1}{2}\ln\frac{\mathrm{e}}{2}.$$

例 8　计算 $\displaystyle\int_0^{\frac{1}{2}} \arcsin x\,\mathrm{d}x$.

解　设 $u = \arcsin x$，$\mathrm{d}v = \mathrm{d}x$，则

$$\mathrm{d}u = \frac{1}{\sqrt{1-x^2}}\,\mathrm{d}x，v = x,$$

于是

$$\int_0^{\frac{1}{2}} \arcsin x\,\mathrm{d}x = (x\arcsin x)\ \Big|_0^{\frac{1}{2}} - \int_0^{\frac{1}{2}} x\cdot\frac{1}{\sqrt{1-x^2}}\,\mathrm{d}x$$

$$= \frac{\pi}{12} - \int_0^{\frac{1}{2}} \frac{x}{\sqrt{1-x^2}}\,\mathrm{d}x = \frac{\pi}{12} + \frac{1}{2}\int_0^{\frac{1}{2}} \frac{1}{\sqrt{1-x^2}}\,\mathrm{d}(1-x^2)$$

$$= \frac{\pi}{12} + \sqrt{1-x^2}\ \Big|_0^{\frac{1}{2}} = \frac{\pi}{12} + \frac{\sqrt{3}}{2} - 1.$$

对计算很熟悉之后,可以不写出 u,v,直接应用分部积分公式.

例 9 求 $\int_0^{\frac{\pi}{2}} x^2 \sin x \, dx$.

解
$$\int_0^{\frac{\pi}{2}} x^2 \sin x \, dx = \int_0^{\frac{\pi}{2}} x^2 d(-\cos x)$$

$$= (-x^2 \cos x) \Big|_0^{\frac{\pi}{2}} - \int_0^{\frac{\pi}{2}} (-\cos x) d(x^2)$$

$$= 2 \int_0^{\frac{\pi}{2}} x \cos x \, dx = 2 \int_0^{\frac{\pi}{2}} x \, d(\sin x)$$

$$= 2(x \sin x) \Big|_0^{\frac{\pi}{2}} - 2 \int_0^{\frac{\pi}{2}} \sin x \, dx$$

$$= \pi - 2(-\cos x) \Big|_0^{\frac{\pi}{2}} = \pi - 2.$$

例 10 求 $\int_0^{\frac{\pi}{2}} e^{2x} \cos x \, dx$.

解
$$\int_0^{\frac{\pi}{2}} e^{2x} \cos x \, dx = \int_0^{\frac{\pi}{2}} e^{2x} d(\sin x)$$

$$= (e^{2x} \sin x) \Big|_0^{\frac{\pi}{2}} - \int_0^{\frac{\pi}{2}} \sin x \, d(e^{2x})$$

$$= e^{\pi} - 2 \int_0^{\frac{\pi}{2}} e^{2x} \sin x \, dx = e^{\pi} - 2 \int_0^{\frac{\pi}{2}} e^{2x} d(-\cos x)$$

$$= e^{\pi} - 2 \left[(-e^{2x} \cos x) \Big|_0^{\frac{\pi}{2}} - 2 \int_0^{\frac{\pi}{2}} (-\cos x) \cdot e^{2x} \, dx \right]$$

$$= e^{\pi} - 2 - 4 \int_0^{\frac{\pi}{2}} e^{2x} \cos x \, dx.$$

故

$$5 \int_0^{\frac{\pi}{2}} e^{2x} \cos x \, dx = e^{\pi} - 2,$$

所以

$$\int_0^{\frac{\pi}{2}} e^{2x} \cos x \, dx = \frac{1}{5}(e^{\pi} - 2).$$

例 11 证明 $\int_0^a x^3 f(x^2) dx = \frac{1}{2} \int_0^{a^2} x f(x) dx$.

证 令 $u = x^2$,则当 $x = 0$ 时,$u = 0$;当 $x = a$ 时,$u = a^2$. $du = 2x \, dx$,所以有

$$\int_0^a x^3 f(x^2) dx = \frac{1}{2} \int_0^{a^2} u f(u) du = \frac{1}{2} \int_0^{a^2} x f(x) dx,$$

即

$$\int_0^a x^3 f(x^2) dx = \frac{1}{2} \int_0^{a^2} x f(x) dx.$$

习题 5. 3

1. 用换元积分法求下列定积分:

(1) $\int_0^1 (2x+1)^9 \mathrm{d}x$;

(2) $\int_0^1 2x\,\mathrm{e}^{x^2} \mathrm{d}x$;

(3) $\int_{\frac{\pi}{3}}^{\pi} \sin(x+\frac{\pi}{3}) \mathrm{d}x$;

(4) $\int_0^1 \frac{1}{4+x^2} \mathrm{d}x$;

(5) $\int_0^{\frac{\pi}{2}} \sin^3 x \cos x\,\mathrm{d}x$;

(6) $\int_{-1}^1 \frac{\mathrm{e}^x}{\mathrm{e}^x+1} \mathrm{d}x$;

(7) $\int_0^1 \frac{1}{\mathrm{e}^x+\mathrm{e}^{-x}} \mathrm{d}x$;

(8) $\int_1^{\mathrm{e}} \frac{1}{x\sqrt{2-\ln x}} \mathrm{d}x$;

(9) $\int_4^9 \frac{\sqrt{x}}{\sqrt{x}-1} \mathrm{d}x$;

(10) $\int_{-1}^1 \frac{x}{\sqrt{5-4x}} \mathrm{d}x$;

(11) $\int_0^2 \frac{1}{\sqrt{4+x^2}} \mathrm{d}x$;

(12) $\int_1^{64} \frac{1}{\sqrt{x}(1+\sqrt[3]{x})} \mathrm{d}x$;

(13) $\int_1^2 \frac{\sqrt{x^2-1}}{x} \mathrm{d}x$;

(14) $\int_0^4 \sqrt{16-x^2}\,\mathrm{d}x$;

(15) $\int_3^5 f(x-2)\mathrm{d}x$,其中 $f(x)=\begin{cases} 1+x, & 0\leqslant x\leqslant 2, \\ x^2-1, & 2<x\leqslant 4. \end{cases}$

2. 用分部积分法求下列定积分:

(1) $\int_0^2 t\,\mathrm{e}^{-\frac{t}{2}} \mathrm{d}x$;

(2) $\int_0^{2\mathrm{e}} \ln(2x+1)\mathrm{d}x$;

(3) $\int_0^1 (5x+1)\mathrm{e}^{5x} \mathrm{d}x$;

(4) $\int_1^4 \frac{\ln x}{\sqrt{x}} \mathrm{d}x$;

(5) $\int_0^1 \mathrm{e}^{\pi x} \cos \pi x\,\mathrm{d}x$;

(6) $\int_1^{\mathrm{e}} \sin(\ln x)\mathrm{d}x$.

3. 利用函数的奇偶性,计算下列定积分:

(1) $\int_{-1}^1 \frac{x+1}{1+x^2} \mathrm{d}x$;

(2) $\int_{-\sqrt{3}}^{\sqrt{3}} |\arctan x|\,\mathrm{d}x$;

(3) $\int_{-1}^1 \ln(x+\sqrt{1+x^2})\mathrm{d}x$;

(4) $\int_{-2}^2 \frac{x+|x|}{2+x^2} \mathrm{d}x$.

4. 已知 $f(x)$ 是连续函数,证明: $\int_a^b f(x)\mathrm{d}x = (b-a)\int_0^1 f[a+(b-a)x]\mathrm{d}x$.

5. 设 $f(x)$ 是连续函数,又 $F(x)=\int_0^x f(t)\mathrm{d}t$.证明:

(1) 若 $f(x)$ 是奇函数,则 $F(x)$ 是偶函数;

(2) 若 $f(x)$ 是偶函数,则 $F(x)$ 是奇函数.

5.4 广义积分

定积分是以积分区间为有限区间和被积函数为有界函数为前提的,通常称这类积分为常义积分.但在实际问题中,常常会遇到积分区间为无穷区间或被积函数在积分区间上无界的情形,通常称这类积分为广义积分.本节将讨论广义积分.

5.4.1 无穷区间上的广义积分

定义 5.2 设函数 $f(x)$ 在区间 $[a,+\infty)$ 上连续,任取一有限数 $b(a<b<+\infty)$,积分 $\int_a^b f(x)\mathrm{d}x$ 存在,我们称极限 $\lim\limits_{b\to+\infty}\int_a^b f(x)\mathrm{d}x$ 为函数 $f(x)$ 在区间 $[a,+\infty)$ 上的广义积分,记作 $\int_a^{+\infty} f(x)\mathrm{d}x$.即

$$\int_a^{+\infty} f(x)\mathrm{d}x = \lim_{b\to+\infty}\int_a^b f(x)\mathrm{d}x.$$

如果极限 $\lim\limits_{b\to+\infty}\int_a^b f(x)\mathrm{d}x$ 存在,则称广义积分 $\int_a^{+\infty} f(x)\mathrm{d}x$ 存在或收敛;如果极限不存在,则称此广义积分不存在或发散.

例 1 计算广义积分 $\int_0^{+\infty}\dfrac{1}{1+x^2}\mathrm{d}x$.

解 任取 $b\in(0,+\infty)$,则

$$\int_0^b \frac{1}{1+x^2}\mathrm{d}x = \arctan x\ \Big|_0^b = \arctan b,$$

从而

$$\int_0^{+\infty}\frac{1}{1+x^2}\mathrm{d}x = \lim_{b\to+\infty}\int_0^b\frac{1}{1+x^2}\mathrm{d}x = \lim_{b\to+\infty}\arctan b = \frac{\pi}{2}.$$

因为极限存在,所以广义积分 $\int_0^{+\infty}\dfrac{1}{1+x^2}\mathrm{d}x$ 收敛.

例 2 计算广义积分 $\int_1^{+\infty}\dfrac{1}{x}\mathrm{d}x$.

解 任取 $b\in(1,+\infty)$,则

$$\int_1^b \frac{1}{x}\mathrm{d}x = \ln|x|\ \Big|_1^b = \ln b,$$

从而

$$\int_1^{+\infty}\frac{1}{x}\mathrm{d}x = \lim_{b\to+\infty}\int_1^b\frac{1}{x}\mathrm{d}x = \lim_{b\to+\infty}\ln b = +\infty.$$

因为极限不存在,所以广义积分 $\int_1^{+\infty}\dfrac{1}{x}\mathrm{d}x$ 发散.

类似地,可以定义函数 $f(x)$ 在无限区间 $(-\infty,b]$ 及 $(-\infty,+\infty)$ 上的广义积分:

$$\int_{-\infty}^b f(x)\mathrm{d}x = \lim_{a\to-\infty}\int_a^b f(x)\mathrm{d}x;$$

$$\int_{-\infty}^{+\infty} f(x)\mathrm{d}x = \int_{-\infty}^{c} f(x)\mathrm{d}x + \int_{c}^{+\infty} f(x)\mathrm{d}x, c \in (-\infty, +\infty).$$

广义积分 $\int_{-\infty}^{+\infty} f(x)\mathrm{d}x$ 收敛的含义是：$\int_{-\infty}^{c} f(x)\mathrm{d}x$ 与 $\int_{c}^{+\infty} f(x)\mathrm{d}x$ 同时收敛，否则认为它发散．

若 $F'(x) = f(x)$，并记 $F(x)\Big|_{a}^{+\infty} = \lim_{x\to+\infty} F(x) - F(a)$，

$$F(x)\Big|_{-\infty}^{b} = F(b) - \lim_{x\to-\infty} F(x),$$

$$F(x)\Big|_{-\infty}^{+\infty} = \lim_{x\to+\infty} F(x) - \lim_{x\to-\infty} F(x),$$

则

$$\int_{a}^{+\infty} f(x)\mathrm{d}x = F(x)\Big|_{a}^{+\infty} = \lim_{x\to+\infty} F(x) - F(a),$$

$$\int_{-\infty}^{b} f(x)\mathrm{d}x = F(x)\Big|_{-\infty}^{b} = F(b) - \lim_{x\to-\infty} F(x),$$

$$\int_{-\infty}^{+\infty} f(x)\mathrm{d}x = F(x)\Big|_{-\infty}^{+\infty} = \lim_{x\to+\infty} F(x) - \lim_{x\to-\infty} F(x).$$

例 3　计算广义积分 $\int_{-\infty}^{0} \dfrac{x}{1+x^2}\mathrm{d}x$．

解　任取 $a \in (-\infty, 0)$，则

$$\int_{a}^{0} \frac{x}{1+x^2}\mathrm{d}x = \frac{1}{2}\ln(1+x^2)\Big|_{a}^{0} = -\frac{1}{2}\ln(1+a^2),$$

从而

$$\int_{-\infty}^{0} \frac{x}{1+x^2}\mathrm{d}x = \lim_{a\to-\infty}\int_{a}^{0} \frac{x}{1+x^2}\mathrm{d}x = \lim_{a\to-\infty}\left[-\frac{1}{2}\ln(1+a^2)\right] = -\infty,$$

因此极限不存在，所以广义积分 $\int_{-\infty}^{0} \dfrac{x}{1+x^2}\mathrm{d}x$ 发散．

例 4　计算广义积分 $\int_{-\infty}^{+\infty} \dfrac{1}{1+x^2}\mathrm{d}x$．

解　取 $c = 0$，$\displaystyle\int_{-\infty}^{+\infty} \frac{1}{1+x^2}\mathrm{d}x = \int_{-\infty}^{0} \frac{1}{1+x^2}\mathrm{d}x + \int_{0}^{+\infty} \frac{1}{1+x^2}\mathrm{d}x$

$$= \lim_{a\to-\infty}\int_{a}^{0} \frac{1}{1+x^2}\mathrm{d}x + \lim_{b\to+\infty}\int_{0}^{+\infty} \frac{1}{1+x^2}\mathrm{d}x$$

$$= \lim_{a\to-\infty}\arctan x\Big|_{a}^{0} + \lim_{b\to+\infty}\arctan x\Big|_{0}^{b}$$

$$= -\lim_{a\to-\infty}\arctan a + \lim_{b\to+\infty}\arctan b$$

$$= \frac{\pi}{2} + \frac{\pi}{2} = \pi,$$

所以广义积分 $\int_{-\infty}^{+\infty} \dfrac{1}{1+x^2}\mathrm{d}x$ 收敛．

5.4.2　无界函数的广义积分

定义 5.3　设函数 $f(x)$ 在区间 $[a, b)$ 上连续，且 $\lim_{x\to b^-} f(x) = \infty$．若极限 $\lim_{t\to b^-}\int_{a}^{t} f(x)\mathrm{d}x$

存在,则称此极限值为函数 $f(x)$ 在区间 $[a,b)$ 上的广义积分,记作 $\int_a^b f(x)\mathrm{d}x$,即

$$\int_a^b f(x)\mathrm{d}x = \lim_{t\to b^-}\int_a^t f(x)\mathrm{d}x.$$

如果极限 $\lim\limits_{t\to b^-}\int_a^t f(x)\mathrm{d}x$ 存在,则称广义积分 $\int_a^b f(x)\mathrm{d}x$ 存在或收敛;如果极限不存在,则称此广义积分不存在或发散.

类似地,可以定义:

(1) 若 $\lim\limits_{x\to a^+}f(x)=\infty$,则 $\int_a^b f(x)\mathrm{d}x = \lim\limits_{t\to a^+}\int_t^b f(x)\mathrm{d}x$;

(2) 若 $\lim\limits_{x\to a^+}f(x)=\infty$,且 $\lim\limits_{x\to b^-}f(x)=\infty$,$c\in(a,b)$,则

$$\int_a^b f(x)\mathrm{d}x = \int_a^c f(x)\mathrm{d}x + \int_c^b f(x)\mathrm{d}x$$
$$= \lim_{t\to a^+}\int_t^c f(x)\mathrm{d}x + \lim_{t\to b^-}\int_c^t f(x)\mathrm{d}x.$$

若 $F'(x)=f(x)$,并记

$$F(x)\ \Big|_a^{b^-} = \lim_{x\to b^-}F(x)-F(a),$$
$$F(x)\ \Big|_{a^+}^{b} = F(b)-\lim_{x\to a^+}F(x),$$
$$F(x)\ \Big|_{a^+}^{b^-} = \lim_{x\to b^-}F(x)-\lim_{x\to a^+}F(a),$$

则

$$\int_a^{b^-} f(x)\mathrm{d}x = F(x)\ \Big|_a^{b^-} = \lim_{x\to b^-}F(x)-F(a),$$
$$\int_{a^+}^{b} f(x)\mathrm{d}x = F(x)\ \Big|_{a^+}^{b} = F(b)-\lim_{x\to a^+}F(x),$$
$$\int_{a^+}^{b^-} f(x)\mathrm{d}x = F(x)\ \Big|_{a^+}^{b^-} = \lim_{x\to b^-}F(x)-\lim_{x\to a^+}F(a).$$

例5 计算广义积分 $\int_0^1 \dfrac{1}{\sqrt{1-x^2}}\mathrm{d}x$.

解 因为 $\lim\limits_{x\to 1^-}\dfrac{1}{\sqrt{1-x^2}}=\infty$,所以 $\int_0^1 \dfrac{1}{\sqrt{1-x^2}}\mathrm{d}x = \arcsin x\ \Big|_0^{1^-} = \lim\limits_{x\to 1^-}\arcsin x - 0 = \dfrac{\pi}{2}$.

例6 计算广义积分 $\int_0^2 \dfrac{1}{\sqrt{x(2-x)}}\mathrm{d}x$.

解 因为 $\lim\limits_{x\to 2^-}\dfrac{1}{\sqrt{x(2-x)}}=\infty$,$\lim\limits_{x\to 0^+}\dfrac{1}{\sqrt{x(2-x)}}=\infty$,所以

$$\int_0^2 \dfrac{1}{\sqrt{x(2-x)}}\mathrm{d}x = \int_0^2 \dfrac{1}{\sqrt{1-(x-1)^2}}\mathrm{d}x = \arcsin(x-1)\ \Big|_{0^+}^{2^-}$$
$$= \lim_{x\to 2^-}\arcsin(x-1) - \lim_{x\to 0^+}\arcsin(x-1) = \dfrac{\pi}{2}-\left(-\dfrac{\pi}{2}\right)=\pi.$$

例7 当 k 为何值时,广义积分 $\int_0^1 \dfrac{1}{x^k}\mathrm{d}x$ 收敛? k 为何值时发散?

解　当 $k=1$ 时，$\int_0^1 \dfrac{1}{x^k}\mathrm{d}x = \int_0^1 \dfrac{1}{x}\mathrm{d}x = \lim\limits_{x\to 0^+}\ln x \ \Big|_0^1 = +\infty.$

当 $k \neq 1$ 时，$\int_0^1 \dfrac{1}{x^k}\mathrm{d}x = \lim\limits_{x\to 0^+}\int_x^1 \dfrac{1}{x^k}\mathrm{d}x = \lim\limits_{x\to 0^+}\dfrac{1}{1-k}x^{1-k}\ \Big|_0^1 = \begin{cases} +\infty, & \text{当 } k>1 \text{ 时,} \\[2mm] \dfrac{1}{1-k}, & \text{当 } k<1 \text{ 时.} \end{cases}$

所以，广义积分 $\int_0^1 \dfrac{1}{x^k}\mathrm{d}x$ 当 $k<1$ 时收敛，其值为 $\dfrac{1}{1-k}$；当 $k\geqslant 1$ 时发散.

习题 5.4

1. 判断下列各广义积分的敛散性，若收敛，计算其值：

(1) $\displaystyle\int_0^{+\infty} \mathrm{e}^{-ax}\mathrm{d}x\ (a>0)$；

(2) $\displaystyle\int_{-\infty}^{+\infty} \dfrac{1}{x^2+4x+5}\mathrm{d}x$；

(3) $\displaystyle\int_{-\infty}^{+\infty} \dfrac{1}{\mathrm{e}^x+\mathrm{e}^{-x}}\mathrm{d}x$；

(4) $\displaystyle\int_2^{+\infty} \dfrac{1}{x^2+x-2}\mathrm{d}x$；

(5) $\displaystyle\int_0^2 \dfrac{1}{(1-x)^2}\mathrm{d}x$；

(6) $\displaystyle\int_1^{+\infty} \dfrac{1}{x(x^2+1)}\mathrm{d}x$；

(7) $\displaystyle\int_0^1 \dfrac{\arcsin x}{\sqrt{1-x^2}}\mathrm{d}x$；

(8) $\displaystyle\int_0^a \dfrac{1}{\sqrt{a^2-x^2}}\mathrm{d}x\ (a>0)$.

2. 当 K 为何值时，积分 $\displaystyle\int_2^{+\infty} \dfrac{1}{x\,(\ln x)^K}\mathrm{d}x$ 收敛？K 为何值时发散？

总习题 5

一、填空题

1. 函数 $y=\dfrac{1}{\sqrt[3]{x}}$ 在区间 $[1,8]$ 上的平均值是 _____.

2. $\left[\displaystyle\int_{x^2}^a f(t)\mathrm{d}t\right]' = $ _____.

3. $\displaystyle\int_0^x (\mathrm{e}^{t^2})'\mathrm{d}t = $ _____.

4. $\lim\limits_{x\to 0} \dfrac{\displaystyle\int_0^x \cos^2 t\,\mathrm{d}t}{x} = $ _____.

5. $\displaystyle\int_0^a x^2\mathrm{d}x = 9$，则 $a=$ _____.

6. $\displaystyle\int_{-\frac{\pi}{2}}^{\frac{\pi}{2}} \dfrac{\sin x}{2+\cos x}\mathrm{d}x = $ _____.

7. $\displaystyle\int_0^2 \sqrt{4-x^2}\,\mathrm{d}x = $ _____.

8. 广义积分 $\int_{-\infty}^{+\infty}\dfrac{A}{1+x^2}\mathrm{d}x=1$，则 $A=$ _____.

9. 设 $f(x)=\begin{cases}x, & x\geqslant 0,\\ 1, & x<0,\end{cases}$ 则 $\int_{-1}^{2}f(x)\mathrm{d}x=$ _____.

10. 已知 $f(0)=1,f(3)=2,f'(3)=3$，则 $\int_{0}^{3}xf''(x)\mathrm{d}x=$ _____.

二、选择题

1. $\dfrac{\mathrm{d}}{\mathrm{d}x}\int_{a}^{b}\arctan x\,\mathrm{d}x=(\quad)$.

A. $\arctan x$ 　　　　　　　　　　B. $\dfrac{1}{1+x^2}$

C. $\arctan b-\arctan a$ 　　　　　D. 0

2. 设函数 $f(x)=\int_{x}^{2}\sqrt{3+t^2}\,\mathrm{d}t$，则 $f'(1)=(\quad)$.

A. $\sqrt{7}-2$ 　　　B. $2-\sqrt{7}$ 　　　C. 2 　　　D. -2

3. 若 $\int_{0}^{x}f(t)\mathrm{d}t=(2x)^3$，则 $f(x)=(\quad)$.

A. $3(2x)^2$ 　　B. $6(2x)^2$ 　　C. $(2x)^3\ln 2$ 　　D. $(2x)^3\ln 2x$

4. $\int_{1}^{e}\dfrac{\ln t}{t}\mathrm{d}t=(\quad)$.

A. $\dfrac{1}{2}$ 　　　B. $\dfrac{e^2}{2}-\dfrac{1}{2}$ 　　　C. $\dfrac{1}{2e^2}-\dfrac{1}{2}$ 　　　D. -1

5. 设 $f(x)=\int_{0}^{x}(t-1)\mathrm{d}t$，则 $f(x)$ 有$(\quad)$.

A. 极小值 $\dfrac{1}{2}$ 　　B. 极小值 $-\dfrac{1}{2}$ 　　C. 极大值 $\dfrac{1}{2}$ 　　D. 极大值 $-\dfrac{1}{2}$

6. $\lim\limits_{x\to 0}\dfrac{\int_{0}^{x}\sin t\,\mathrm{d}t}{\int_{0}^{x}t\,\mathrm{d}t}=(\quad)$.

A. -1 　　　B. 0 　　　C. 1 　　　D. 不存在

7. 若 $\int_{0}^{1}(2x+k)\mathrm{d}x=2$，则 $k=(\quad)$.

A. 0 　　　B. -1 　　　C. $\dfrac{1}{2}$ 　　　D. 1

8. 若 $\int_{0}^{1}e^x f(e^x)\mathrm{d}x=\int_{a}^{b}f(u)\mathrm{d}u$，则$(\quad)$.

A. $a=0,b=1$ 　　　　　　　　　B. $a=0,b=e$

C. $a=1,b=10$ 　　　　　　　　D. $a=1,b=e$

9. 设函数 $\Phi(x)=\int_{0}^{x^2}t\,e^{-t}\mathrm{d}t$，则 $\Phi'(x)=(\quad)$.

A. $x\,e^{-x}$ 　　　B. $-x\,e^{-x}$ 　　　C. $2x^3\,e^{-x^2}$ 　　　D. $-2x^3\,e^{-x^2}$

10. 下列广义积分中收敛的是(　　).

A. $\int_{e}^{+\infty} \dfrac{\ln x}{x}\mathrm{d}x$

B. $\int_{e}^{+\infty} \dfrac{1}{x\ln x}\mathrm{d}x$

C. $\int_{e}^{+\infty} \dfrac{1}{x\,(\ln x)^{2}}\mathrm{d}x$

D. $\int_{e}^{+\infty} \dfrac{1}{x\,\sqrt[3]{\ln x}}\mathrm{d}x$

三、解答题

1. 计算下列定积分和广义积分：

(1) $\int_{1}^{2} \dfrac{\sqrt{x-1}}{x}\mathrm{d}x$;

(2) $\int_{1}^{2} \dfrac{\sqrt{x^{2}-1}}{x}\mathrm{d}x$;

(3) $\int_{0}^{2} \dfrac{1}{\sqrt{x+1}+\sqrt{(x+1)^{3}}}\mathrm{d}x$;

(4) $\int_{-\infty}^{+\infty} \dfrac{2x}{4x^{2}+1}\mathrm{d}x$;

(5) $\int_{-1}^{1} \dfrac{x^{2}\arcsin x}{\sqrt{1+x^{2}}}\mathrm{d}x$;

(6) $\int_{-2}^{2} (\sin^{3} x + 2x^{2} - x^{3} + x^{4})\mathrm{d}x$;

(7) $\int_{1}^{e} \cos(\ln x)\mathrm{d}x$;

(8) $\int_{\frac{1}{e}}^{e} |\ln x|\,\mathrm{d}x$.

2. 求函数 $\varphi(x) = \int_{0}^{x^{2}} (1-t)\mathrm{e}^{-t}\mathrm{d}t$ 的极值点和极值.

3. 讨论广义积分 $\int_{1}^{+\infty} \dfrac{1}{x^{p}}\mathrm{d}x$ 的敛散性.

4. 设函数 $f(x) = \begin{cases} x\sqrt{1-x^{2}}, & |x| \leqslant 1, \\ \dfrac{1}{1+x^{2}}, & |x| > 1, \end{cases}$ 计算 $\int_{-\sqrt{3}}^{\sqrt{3}} f(x)\mathrm{d}x$.

第6章　　定积分的应用

定积分的应用很广泛,本章只介绍定积分在几何、物理和经济等方面的一些应用.

6.1　定积分的元素法

在讨论定积分的应用之前,我们先介绍一下利用定积分解决实际问题的元素法.

在上一章的 5.1 节中利用定积分表示曲边梯形的面积时,我们采用了分割、取近似、求和以及取极限四个步骤,建立了所求量的积分式.不难发现,在这四个步骤中,关键在于第二步的"取近似",即在任一小区间$[x_{i-1}, x_i]$上求出部分量 ΔA_i 的近似值 $f(\xi_i)\Delta x_i$(如图 6-1 中阴影部分),使得

$$A = \lim_{\lambda \to 0} \sum_{i=1}^{n} f(\xi_i)\Delta x_i = \int_a^b f(x)\,\mathrm{d}x.$$

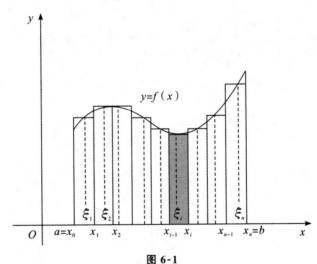

图 6-1

在实际应用中为了简便起见,在求可用定积分表达的量 A 时,通常采用以下简化的方法来建立所求量 A 的积分式.

(1) 用有代表性的微小区间$[x, x+\mathrm{d}x]$代替任一小区间$[x_{i-1}, x_i]$.

(2) 将微小区间$[x, x+\mathrm{d}x]$上所对应的所求量 A 的部分量 ΔA 的近似值取为 $f(x)\mathrm{d}x$(如图 6-2),并以此代替小区间$[x_{i-1}, x_i]$上所对应的部分量 ΔA_i 的近似值 $f(\xi_i)\Delta x_i$,其中 $f(x)\mathrm{d}x$ 称为所求量 A 的元素,记为 $\mathrm{d}A$,即

$$\mathrm{d}A = f(x)\,\mathrm{d}x.$$

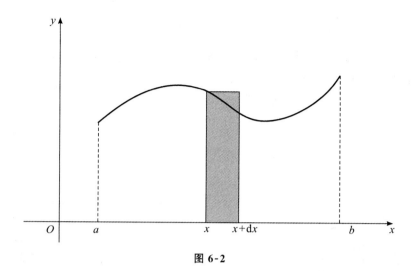

图 6-2

（3）以所求量的元素 $dA = f(x)dx$ 为被积表达式，在区间 $[a,b]$ 上求积分，得

$$A = \int_a^b dA = \int_a^b f(x)dx.$$

以上这种方法称为元素法（或微元法）.用它解决具体问题时，通常采取以下三个步骤：

（1）合理选择一个变量，例如选横坐标 x 为积分变量（有时应先建立一个合适坐标系），并确定它的变化区间 $[a,b]$，使得所求量 A 是依赖于这个区间上变化的 x.

（2）求出区间 $[a,b]$ 上的任一微小区间 $[x,x+dx]$ 上的所求量 A 的部分量 ΔA 的近似值，即所求量 A 的元素 $dA = f(x)dx$.

（3）以元素 $dA = f(x)dx$ 为被积表达式，在区间 $[a,b]$ 上求定积分，得

$$A = \int_a^b dA = \int_a^b f(x)dx.$$

顺便指出，在一般情况下，所求量 A 应满足以下条件才能用定积分表示：

（1）A 是与一个变量 x 的变化区间 $[a,b]$ 有关的量；

（2）A 对于区间 $[a,b]$ 具有可加性，即如果把区间 $[a,b]$ 分成若干部分区间，则所求量 A 相应地分成若干部分量（即 ΔA_i），而所求量 A 等于部分量 ΔA_i 之和，即 $A = \sum_{i=1}^{n} \Delta A_i$；

（3）在微小区间 $[x,x+dx]$ 上的部分量 ΔA 的近似值可以表示为 $dA = f(x)dx$，并且 ΔA 与元素 $dA = f(x)dx$ 相差很小，一般应要求它们之差是比 dx 更高阶的无穷小.

6.2　定积分在几何上的应用

6.2.1　求平面图形的面积

计算由曲线所围成的图形面积，可归结为计算曲边梯形的面积.如果平面图形由连续曲线 $y = f(x)$，$y = g(x)$，以及直线 $x = a$，$x = b(a < b)$ 所围成，并且在 $[a,b]$ 上 $f(x) \geqslant g(x)$（图 6-3），则面积为

$$A = \int_a^b \left[f(x) - g(x) \right] \mathrm{d}x.$$

不论 $f(x)$ 与 $g(x)$ 在坐标系中的位置如何,只要曲线 $f(x)$ 与曲线 $g(x)$ 分别为图形的上边界与下边界曲线,上面的式子都是成立的.

类似地,如果平面图形由连续曲线 $x = \varphi(y)$, $x = \psi(y)$,以及直线 $y = c$, $y = d$ 所围成,并且在 $[c,d]$ 上 $\varphi(y) \geqslant \psi(y)$(图 6-4),则面积为

$$A = \int_c^d \left[\varphi(y) - \psi(y) \right] \mathrm{d}y.$$

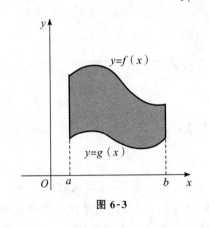

图 6-3

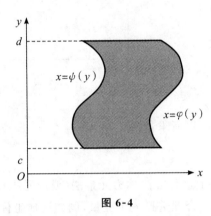

图 6-4

例 1 求 $y^2 = x$ 与 $y = x^2$ 所围成图形的面积.

解 如图 6-5 所示,曲线 $y^2 = x$ 与 $y = x^2$ 在第一象限的交点为 $(1,1)$,所以,两曲线围成的面积

$$A = \int_0^1 (\sqrt{x} - x^2) \mathrm{d}x = \left(\frac{2}{3} x^{\frac{3}{2}} - \frac{1}{3} x^3 \right) \Big|_0^1 = \frac{1}{3}.$$

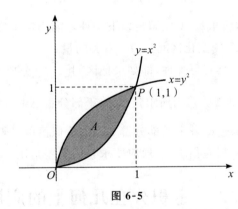

图 6-5

例 2 求曲线 $y^2 = 2x$ 及直线 $y = x - 4$ 所围成图形的面积.

解 这个图形如图 6-6 所示.解联立方程组

$$\begin{cases} y^2 = 2x \\ y = x - 4 \end{cases}$$

得交点 $(2,-2)$ 和 $(8,4)$,从而知道这图形在直线 $y = -2$ 及 $y = 4$ 之间,或者说在直线 $x = 0$

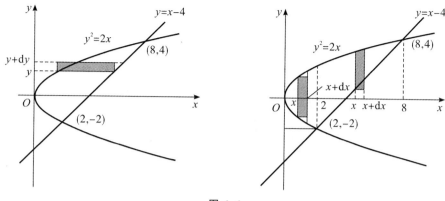

图 6-6

和 $x=8$ 之间.

方法一:选 y 为积分变量,它的变化区间为 $[-2,4]$,相应于 $[-2,4]$ 上任一微小区间 $[y,$ $y+\mathrm{d}y]$ 的窄条面积的近似值,即面积元素为

$$\mathrm{d}A = (y+4-\frac{1}{2}y^2)\mathrm{d}y,$$

于是所求面积

$$A = \int_{-2}^{4} (y+4-\frac{1}{2}y^2)\mathrm{d}y = \left(\frac{1}{2}y^2 + 4y - \frac{1}{6}y^3\right)\bigg|_{-2}^{4} = 18.$$

方法二:选 x 为积分变量,它的变化区间为 $[0,8]$.但因图形的下边界由两条不同的曲线连接而成,所以应分 $[0,2]$ 和 $[2,8]$ 两个区间考虑.相应于 $[0,2]$ 上任一微小区间 $[x,x+\mathrm{d}x]$ 的面积的近似值,即面积元素为

$$\mathrm{d}A_1 = [\sqrt{2x} - (-\sqrt{2x})]\mathrm{d}x = 2\sqrt{2x}\,\mathrm{d}x,$$

而相应于 $[2,8]$ 上任一微小区间 $[x,x+\mathrm{d}x]$ 的面积的近似值,即面积元素为

$$\mathrm{d}A_2 = [\sqrt{2x} - (x-4)]\mathrm{d}x = (\sqrt{2x} - x + 4)\mathrm{d}x,$$

从而得所求面积为

$$A = A_1 + A_2 = \int_0^2 \mathrm{d}A_1 + \int_2^8 \mathrm{d}A_2 = \int_0^2 2\sqrt{2x}\,\mathrm{d}x + \int_2^8 (\sqrt{2x} - x + 4)\mathrm{d}x$$

$$= \frac{4}{3}\sqrt{2}x^{\frac{3}{2}}\bigg|_0^2 + \left(\frac{2}{3}\sqrt{2}x^{\frac{3}{2}} - \frac{1}{2}x^2 + 4x\right)\bigg|_2^8 = \frac{16}{3} + \frac{38}{3} = 18.$$

从这个例子可以看出,积分变量选得适当,就可以使计算简单.

6.2.2　求旋转体的体积

旋转体就是由一个平面图形绕这平面内一条直线旋转一周而成的几何体,这条直线叫作旋转轴.

如图 6-7 所示,求由曲线 $y=f(x)$,及直线 $x=a,x=b,x$ 轴所围成的曲边梯形绕 x 轴旋转所成的旋转体体积 V 的方法如下:

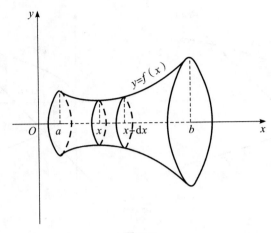

图 6-7

以 x 为积分变量，$x \in [a,b]$，任取子区间 $[x,x+\mathrm{d}x]$ 得体积微元

$$V_i = \pi r^2 h = \pi y^2 \mathrm{d}x = \pi f^2(x)\mathrm{d}x.$$

$\pi y^2 \mathrm{d}x$ 称为体积微元，记作 $\mathrm{d}V$，即

$$\mathrm{d}V = \pi y^2 \mathrm{d}x.$$

以 $\mathrm{d}V$ 为被积式，在 $[a,b]$ 上求定积分，得整个旋转体的体积为

$$V = \int_a^b \mathrm{d}V = \int_a^b \pi y^2 \mathrm{d}x = \int_a^b \pi f^2(x)\mathrm{d}x.$$

同理，我们可以推出由连续曲线 $x=\varphi(y)$，直线 $y=c$，$y=d\,(c<d)$，$x=0$ 所围成的曲边梯形绕 y 轴旋转一周形成的旋转体的体积 V 为：

$$V = \int_c^d \pi \varphi^2(y)\mathrm{d}y$$

例3 曲线 $y=x^2$，且 $x \in [0,2]$．求以 x 轴为旋转轴的旋转体的体积.

解 $V = \int_0^2 \pi y^2 \mathrm{d}x = \int_0^2 \pi (x^2)^2 \mathrm{d}x = \pi \int_0^2 x^4 \mathrm{d}x = \pi \times (\frac{1}{5}x^5)\Big|_0^2 = \frac{32}{5}\pi.$

例4 求由曲线 $y=x^2$，$y=2-x^2$ 所围成的图形分别绕 x 轴、y 轴旋转一周而成的旋转体的体积.

解 如图 6-8 所示，解方程组 $\begin{cases} y=x^2, \\ y=2-x^2, \end{cases}$ 得其交

点是 $(-1,1)$ 及 $(1,1)$．所以，所围图形绕 x 轴旋转一周而成的旋转体的体积

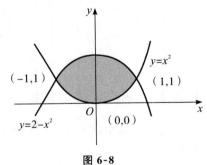

图 6-8

$$V_x = 2\pi \int_0^1 [(2-x^2)^2 - x^4]\mathrm{d}x$$

$$= 8\pi(x - \frac{1}{3}x^3)\Big|_0^1 = \frac{16\pi}{3}.$$

所围图形绕 y 轴旋转一周而成的旋转体的体积

$$V_y = \pi \int_0^1 (\sqrt{y})^2 \mathrm{d}y + \pi \int_1^2 (\sqrt{2-y})^2 \mathrm{d}y$$

$$= \pi(\frac{1}{2}y^2)\Big|_0^1 + \pi(2y - \frac{1}{2}y^2)\Big|_1^2 = \pi.$$

6.2.3   求平面曲线的弧长

设函数 $y = f(x)$ 在区间 $[a, b]$ 上有一阶连续导数 $f'(x)$，则曲线 $y = f(x)$ 上从 $x = a$ 到 $x = b$ 的一段弧长 s 的计算公式为：$s = \int_a^b \sqrt{1 + y'^2}\, dx$.

在区间 $[a, b]$ 内任取一个小区间 $[x, x + \Delta x]$，在该区间内，用弦的长度 $\sqrt{(dx)^2 + (dy)^2}$ 作为对应弧长的近似值，得到弧长微元 ds：

$$ds = \sqrt{(dx)^2 + (dy)^2} = \sqrt{1 + \left(\frac{dy}{dx}\right)^2}\, dx = \sqrt{1 + y'^2}\, dx,$$

将 ds 在 $[a, b]$ 上积分得所求曲线的弧长：$s = \int_a^b \sqrt{1 + y'^2}\, dx$.

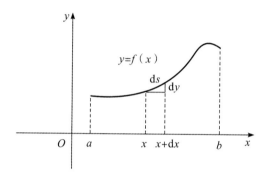

图 6-9

注：由于弧长公式中被积函数较复杂，所以代入公式前，通常将 ds 部分充分化简后再积分.

例 5   两根电线杆之间的电线，由于自身质量而下垂成曲线，这一曲线称为悬链线，已知悬链线方程为 $y = \dfrac{a}{2}(e^{\frac{x}{a}} + e^{-\frac{x}{a}})(a > 0)$，求从 $x = -a$ 到 $x = a$ 这一段的弧长（图 6-10）

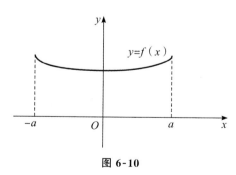

图 6-10

解 $ds = \sqrt{1 + y'^2}\, dx = \sqrt{1 + \dfrac{1}{4}(e^{\frac{x}{a}} - e^{-\frac{x}{a}})^2}\, dx = \dfrac{1}{2}(e^{\frac{x}{a}} + e^{-\frac{x}{a}})\, dx.$

因此，所求弧长为

$$s = \int_{-a}^{a} \sqrt{1 + y'^2} \, dx = \frac{1}{2} \int_{-a}^{a} (e^{\frac{x}{a}} + e^{-\frac{x}{a}}) \, dx$$

$$= a \int_{0}^{a} (e^{\frac{x}{a}} + e^{-\frac{x}{a}}) d(\frac{x}{a}) = a \left(e^{\frac{x}{a}} - e^{-\frac{x}{a}} \right) \Big|_{0}^{a} = a(e - e^{-1}).$$

若曲线由参数方程 $\begin{cases} x = x(t), \\ y = y(t) \end{cases}$ $(\alpha \leqslant t \leqslant \beta)$ 给出,则弧长微元为:

$$ds = \sqrt{(dx)^2 + (dy)^2} = \sqrt{x_t'^2 + y_t'^2} \, dt,$$

于是所求弧长为:

$$s = \int_{\alpha}^{\beta} \sqrt{x_t'^2 + y_t'^2} \, dt.$$

例 6 求摆线 $\begin{cases} x = a(t - \sin t), \\ y = a(1 - \cos t) \end{cases}$ $(0 \leqslant t \leqslant 2\pi)$ 一拱的弧长$(a > 0)$.

解 $ds = \sqrt{x_t'^2 + y_t'^2} \, dt = \sqrt{a^2(1 - \cos t)^2 + a^2 \sin^2 t} \, dt = a\sqrt{2(1 - \cos t)} \, dt$

$$= 2a \left| \sin \frac{t}{2} \right| dt.$$

因此,所求弧长为

$$s = \int_{0}^{2\pi} 2a \sin \frac{t}{2} \, dt = -4a \cos \frac{t}{2} \Big|_{0}^{2\pi} = 8a.$$

习题 6.2

1. 求下列曲线所围成的平面图形的面积:

(1) 抛物线 $x = y^2$ 与直线 $y = x$;

(2) 两抛物线 $y = x^2$,$y = 2x^2$ 与直线 $y = 1$.

2. 求下列曲线所围成的平面图形分别绕两坐标轴旋转而成的旋转体体积:

(1) $y = x^2$ 与 $y = 1$;

(2) $y = x^3$ 与 $x = 2$,$y = 0$.

3. 求曲线 $y = x^{\frac{3}{2}}$ 在 x 从 0 到 4 之间的一段弧的长度.

4. 求椭圆 $\frac{x^2}{4} + \frac{y^2}{9} = 1$ 分别绕 x 轴、y 轴旋转一周而成的旋转椭球体的体积.

6.3 定积分在物理中的应用

6.3.1 求变力做功

例 1 (抽水做功问题)有一个半径为 $R = 2$ m 的半球形水池,其中盛满了水,求将水全部从上口抽尽需做的功.

解 以球心为坐标原点,铅直向下为 x 轴正向,建立坐标轴如图 6-11 所示.

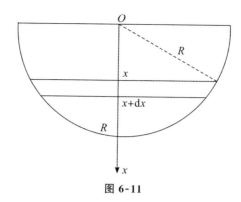

图 6-11

$\forall (x, x + \mathrm{d}x) \subset (0, 2)$ 对应于该小区间的体积元素为
$$\mathrm{d}V = \pi(R^2 - x^2)\mathrm{d}x = \pi(4 - x^2)\mathrm{d}x,$$
质量元素和重力元素分别为
$$\mathrm{d}m = \rho\,\mathrm{d}V = \pi\rho(4 - x^2)\mathrm{d}x, \mathrm{d}F = g\,\mathrm{d}m = \pi\rho g(4 - x^2)\mathrm{d}x,$$
抽出这一层水的位移为 x，所以对应的元素为 $\mathrm{d}W = x\,\mathrm{d}F = \pi\rho g x(4 - x^2)\mathrm{d}x$，要将池中的水全部抽尽，需做功为 $W = \pi\rho g \displaystyle\int_0^2 x(4 - x^2)\mathrm{d}x = 123.276(\mathrm{kJ})$.

6.3.2　求液体的压力

例 2　潜艇上装有若干个观察窗，假定方窗是平行于海平面的，其形状是圆，半径为 r，窗户中心距海面深为 h，海水密度为 ρ，写出窗户所受压力的计算式.

解　建立直角坐标系，圆的方程为 $x^2 + y^2 = r^2$.

（1）选取积分变量为 y，确定积分区间为 $[-r, r]$.

（2）任取一个微小区间 $[y, y + \mathrm{d}y]$，它的面积微元为
$$\mathrm{d}s = 2x\,\mathrm{d}y = 2\sqrt{r^2 - y^2}\,\mathrm{d}y,$$
它的一侧所受的压力微元为：
$$\mathrm{d}F = \rho g(h - y)\mathrm{d}s = 2\rho g(h - y)\sqrt{r^2 - y^2}\,\mathrm{d}y.$$
（3）取定积分得潜艇观察窗所受的压力为：
$$F = 2\rho g \int_{-r}^r (h\sqrt{r^2 - y^2} - y\sqrt{r^2 - y^2})\mathrm{d}y$$
$$= 2\rho g h \int_{-r}^r \sqrt{r^2 - y^2}\,\mathrm{d}y - 2\rho g \int_{-r}^r y\sqrt{r^2 - y^2}\,\mathrm{d}y,$$

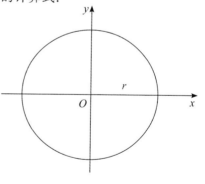

图 6-12

$[-r, r]$ 为对称区间，第二个积分式被积函数为奇函数，其值为零.

又由定积分的几何意义得第一积分式的值为 $\dfrac{\pi r^2}{2}$.

故潜艇观察窗所受的压力为：$F = \pi\rho g h r^2$.

习题 6.3

1. 求下列曲线所围成的平面图形的面积：

(1) 抛物线 $x = y^2$ 与直线 $y = x$；

(2) 两抛物线 $y = x^2$，$y = 2x^2$ 与直线 $y = 1$.

2. 求下列曲线所围成的平面图形分别绕两坐标轴旋转而成的旋转体体积：

(1) $y = x^2$ 与 $y = 1$；

(2) $y = x^3$ 与 $x = 2$，$y = 0$.

3. 求曲线 $y = x^{\frac{3}{2}}$ 在 x 从 0 到 4 之间的一段弧的长度.

4. 求椭圆 $\dfrac{x^2}{4} + \dfrac{y^2}{9} = 1$ 分别绕 x 轴、y 轴旋转一周而成的旋转椭球体的体积.

5. 一个拉力器由 5 根等长弹簧并列组合而成，在没有外力作用时，弹簧部分长为 50 cm，若将它拉长 20 cm，需要做功 100 J，求再做功 100 J，可再拉长多少？

6.4　定积分在经济管理中的应用

利用定积分可以解决某些经济管理问题.

例 1　设某产品在时刻 t 的总产量的变化率为 $f(t) = 100 + 12t - 0.6t^2$，求从 $t = 2$ 到 $t = 4$ 这两小时的总产量.

解　因为总产量 $P(t)$ 是它的变化率 $f(t)$ 的原函数，所以从 $t = 2$ 到 $t = 4$ 这两小时内的总产量为

$$\int_2^4 f(t)\mathrm{d}t = \int_2^4 (100 + 12t - 0.6t^2)\mathrm{d}t = (100t + 6t^2 - 0.2t^3)\,\Big|_2^4$$
$$= 100 \times (4 - 2) + 6 \times (4^2 - 2^2) - 0.2 \times (4^3 - 2^3) = 260.8.$$

例 2　设某种商品每天生产 x 单位时，固定成本为 20 元，边际成本函数为 $C'(x) = 0.4x + 2$（元／单位），求总成本函数 $C(x)$.如果这种商品的销售单价为 18 元，且产品可以全部售出，求总利润函数 $L(x)$.每天生产多少单位时才能获得最大利润？

解　因为积分上限的函数是被积函数的一个原函数，因此可变成本是边际成本函数在 $[0, x]$ 上的定积分，又已知固定成本为 20 元，即 $C(0) = 20$，所以每天生产 x 单位时总成本函数为

$$C(x) = \int_0^x (0.4t + 2)\mathrm{d}t + C(0) = (0.2t^2 + 2t)\,\Big|_0^x + 20 = 0.2x^2 + 2x + 20.$$

设销售 x 单位商品得到的总收益为 $R(x)$，由题意知 $R(x) = 18x$，因而总利润函数

$$L(x) = 18x - (0.2x^2 + 2x + 20) = -0.2x^2 + 16x - 20,$$

求导数并令其等于 0，有

$$L'(x) = -0.4x + 16 = 0,$$

得唯一驻点 $x = 40$，而 $L''(40) = -0.4 < 0$，所以 $x = 40$ 是 $L(x)$ 的极大值点，也是最大值点，

即每天生产 40 单位时才能获得最大利润,最大利润为

$$L(40) = -0.2 \times 40^2 + 16 \times 40 - 20 = 300(元).$$

例 3　已知生产某商品 x 单位时,边际收益函数为 $R'(x) = 200 - \dfrac{x}{50}$(元 / 单位),试求生产 x 单位时总收益 $R(x)$ 以及平均单位收益 $\overline{R(x)}$,并求生产这种产品 2000 单位时的总收益和平均单位收益.

解　因为总收益是边际收益函数在 $[0, x]$ 上的定积分,所以生产 x 单位时的总收益为

$$R(x) = \int_0^x \left(200 - \frac{t}{50}\right) \mathrm{d}t = \left(200t - \frac{t^2}{100}\right)\Big|_0^x = 200x - \frac{x^2}{100},$$

平均单位收益

$$\overline{R(x)} = \frac{R(x)}{x} = 200 - \frac{x}{100}.$$

当生产 2000 单位时,总收益为

$$R(2000) = 200 \times 2000 - \frac{2000^2}{100} = 360000(元),$$

平均单位收益为

$$\overline{R(2000)} = \frac{360000}{2000} = 180(元).$$

习题 6.4

1. 某产品总产量的变化率是时间 t(单位:年)的函数:$f(t) = 2t + 5 (t \geqslant 0)$.求第一个五年和第二个五年的总产量.

2. 某产品生产 x 单位时,边际收益 $R'(x) = 200 - \dfrac{x}{100} (x \geqslant 0)$.

(1) 求生产了 50 单位时的总收益;

(2) 如果已经生产了 100 单位,求再生产 100 单位时的总收益.

3. 某产品的边际成本 $C' = 1$,边际收益 $R'(x) = 5 - x$.

(1) 求产量等于多少时,总利润 $L = R - C$ 最大?

(2) 达到使利润最大的产量后,又生产了 1(单位)产品,总利润减少了多少?

总习题 6

1. 求曲线 $y = x^3$ 与直线 $x = 0$、直线 $y = 1$ 所围图形的面积.

2. 求曲线 $y = x^2 - 8$ 与直线 $2x + y + 8 = 0$、直线 $y = -4$ 所围图形的面积.

3. 求介于抛物线 $y^2 = 2x$ 与圆 $y^2 = 4x - x^2$ 之间的三块平面图形的面积.

4. 求曲线 $y = x^3$ 与 $y = \sqrt[3]{x}$ 所围图形的面积.

5. 求曲线 $y = -x^3 + x^2 + 2x$ 与 x 轴所围图形的面积.

6. 求抛物线 $y = x^2$ 与直线 $y = \dfrac{x}{2} + \dfrac{1}{2}$ 所围图形及抛物线 $y = x^2$ 与直线 $y = \dfrac{x}{2} + \dfrac{1}{2}$，$y = 2$ 所围图形的面积.

7. 已知两曲线 $y = x^2$ 与 $y = cx^3 (c > 0)$ 所围图形的面积是 $\dfrac{2}{3}$，求 c 的值.

8. 求曲线 $y = \sin x$ 与直线 $x = 0$，$y = 1$ 在区间 $\left[0, \dfrac{\pi}{2}\right]$ 上所围图形的面积.

9. 已知曲线 $y = ax^2 (a > 0)$ 把曲线 $y = 1 - x^2 (0 \leqslant x \leqslant 1)$ 和两坐标轴所围图形分成面积相等的两部分，求 a 的值.

10. 求曲线 $y = \sqrt{x}$ 与直线 $y = 0$，$x = 1$，$x = 4$ 所围图形分别绕 x 轴和 y 轴旋转所得旋转体的体积.

11. 求曲线 $y = \sin x$ 与直线 $x = \dfrac{\pi}{2}$，$y = 0$ 在 $\left[0, \dfrac{\pi}{2}\right]$ 上所围图形分别绕 x 轴和 y 轴旋转所得旋转体的体积.

12. 曲线 $y = x^3$ 与直线 $x = 2$，$y = 0$ 所围图形分别绕 x 轴和 y 轴旋转所得旋转体的体积.

13. 求曲线 $x^2 + y^2 = 1$ 与 $y^2 = \dfrac{3}{2} x$ 所围两个图形中较小一块分别绕 x 轴和 y 轴旋转所得旋转体的体积.

14. 计算 $y = \mathrm{e}^{-x}$ 与直线 $y = 0$ 之间位于第一象限内的平面图形绕 x 轴旋转所得旋转体的体积.

15. 一质点做直线运动的方程为 $x = t^2$，其中 x 是位移，t 是时间，已知运动过程中介质的阻力与运动速度成正比，求质点从 $x = 0$ 移动到 $x = 8$ 时外力克服阻力做的功.

第7章 微分方程

在许多学科的研究中,常常需要寻找变量之间的函数关系,而在许多实际问题中,往往不能直接找出所需要的函数关系,只能根据问题所提供的条件,列出含有要找的函数及其导数的关系式,这样的关系式就是本章讨论的微分方程.本章主要介绍微分方程的一些基本概念和几种常用的微分方程的解法.

7.1 微分方程的基本概念

为了说明微分方程的一些基本概念,先看几个例子.

例1 已知曲线上任意一点的切线的斜率为 $2x$,且曲线通过点 $(1,2)$,求此曲线方程.

解 设所求的曲线方程为 $y=y(x)$,根据导数的几何意义,$y=y(x)$ 应满足

$$\frac{\mathrm{d}y}{\mathrm{d}x}=2x, \tag{7-1}$$

此外,未知的函数 $y=y(x)$ 还应满足条件:当 $x=1$ 时,$y=2$.对(7-1)式两端积分,得

$$y=x^2+C, \tag{7-2}$$

其中 C 是任意常数.将 $x=1,y=2$ 代入(7-2)式,有 $2=1^2+C$,由此得出 $C=1$,故所求曲线方程为 $y=x^2+1$.

例2 质量为 m 的质点,在重力 $F=mg$ 的作用下,做自由落体运动,试确定质点下落的距离 s 与时间 t 的关系 $s=s(t)$.

解 由牛顿第二定律及二阶导数的物理意义有

$$m \cdot \frac{\mathrm{d}^2 s}{\mathrm{d}t^2}=mg, \tag{7-3}$$

即

$$\frac{\mathrm{d}^2 s}{\mathrm{d}t^2}=g.$$

对上式两端积分,得

$$\frac{\mathrm{d}s}{\mathrm{d}t}=gt+C_1,$$

再积分一次,得

$$s=\frac{1}{2}gt^2+C_1 t+C_2, \tag{7-4}$$

这里 C_1,C_2 都是任意常数,不难验证函数式(7-4)是满足方程(7-3)的,若所求函数 $s=s(t)$

还满足下列条件

$$\begin{cases} s\big|_{t=0}=0, \\ \dfrac{\mathrm{d}s}{\mathrm{d}t}\bigg|_{t=0}=0, \end{cases} \tag{7-5}$$

则做自由落体运动的质量下落的距离与所需时间的关系为 $s=\dfrac{1}{2}gt^2$.

例3 马尔萨斯(Malthus)发现有些生物群体的增长率与群体所含的个体数目成正比,求群体大小与时间的函数关系.

解 设在时刻 t 时,群体的个体数目为 N,这个数目依赖于时间,因此可能写作 $N=N(t)$,依题意显然有

$$\frac{\mathrm{d}N}{\mathrm{d}t}=kN(k \text{ 为比例常数}), \tag{7-6}$$

因此,所需求的群体大小与时间的关系就是满足方程(7-6)的函数 $N=N(t)$.

在上面的三个例子中,都无法直接找出每个问题中两个变量之间的函数关系.而是通过题设条件,利用导数的几何或物理意义等,首先建立含有未知函数的导数的方程,然后通过积分等手段求出满足该方程和附加条件的未知函数.这类问题及其解决问题的方法具有普遍意义,下面从数学的角度,引入微分方程的一般概念.

上述三个例子中的方程(7-1)、(7-3)、(7-6)都含有未知函数的导数,称它们为微分方程.一般地,凡是含有未知函数、未知函数的导数与自变量之间的关系的方程,叫作微分方程.这里必须指出,在微分方程中,未知函数及自变量可以不出现,但未知函数的导数必须出现.

如果一个微分方程所含未知函数是一元函数时,这种方程称为常微分方程,例如

$$\frac{\mathrm{d}y}{\mathrm{d}x}=\mathrm{e}^y\sin x,\quad y''-\frac{y'}{x}=0$$

等都是常微分方程.

如果一个微分方程中所含的未知函数是多元函数,那么方程中相应地就出现了偏导数,这样的方程就叫作偏微分方程.例如 $\dfrac{\partial^2 z}{\partial x^2}=a\cdot\dfrac{\partial^2 z}{\partial y^2}$,其中 z 是 x,y 的二元函数,为了叙述方便,以后简称"微分方程",而我们在本章中所研究的都是常微分方程.

微分方程中所出现的未知函数的最高阶导数的阶数,叫作微分方程的阶.例如,上述方程(7-1)是一阶微分方程,方程(7-3)是二阶微分方程.又如,方程 $(y')^2=y+x$ 是一阶微分方程,$(y'')^2=x$ 是二阶微分方程,

n 阶微分方程的一般形式可写为

$$F(x,y,y',y'',\cdots,y^{(n)})=0, \tag{7-7}$$

其中 y 是 x 的函数,即 $y=y(x)$.

如果将一个函数 $y=f(x)$ 及其各阶导数代入微分方程,能使方程的两端恒等,则称这个函数为微分方程的解.

例如,$y=x^2+2,y=x^2-3,y=x^2+C$ 等都是方程 $y'=2x$ 的解.又如,$y=\sin x-3\cos x,y=C_1\sin x+C_2\cos x(C_1,C_2$ 是任意常数)都是方程 $y''+y=0$ 的解.

如果微分方程的解中含有任意常数的个数与微分方程的阶数相同,这种解称为微分方程的通解.例如,$y = x^2 + C$ 是方程 $y' = 2x$ 的通解.

根据给定条件确定解中的任意常数所得到的解称为方程的特解,确定任意常数的条件称为初始条件.如在例 1 中,已知曲线过点 $(1,2)$,即给出了初始条件:当 $x = 1$ 时,$y = 2$.将它代入通解 $y = x^2 + C$ 中,得 $C = 1$,故方程的特解为 $y = x^2 + 1$. 一般地,设微分方程中的未知函数为 $y = y(x)$,如果微分方程是二阶的,通常用来确定任意常数的条件是:当 $x = x_0$ 时,$y = y_0$,$y' = y_0'$ 或写成 $y\big|_{x=x_0} = y_0$,$y'\big|_{x=x_0} = y_0'$. 如果微分方程是 n 阶的,通常用来确定任意常数的条件是:$y\big|_{x=x_0} = y_0$,$y'\big|_{x=x_0} = y_0'$,$\cdots$,$y^{(n-1)}\big|_{x=x_0} = y_0^{(n-1)}$.

微分方程的解所对应的图形称为积分曲线,在几何上,通解是一族积分曲线,特解是其中一条积分曲线.例如,例 1 的通解 $y = x^2 + C$ 是一族抛物线,满足初始条件:$y\big|_{x=0} = 1$ 的特解 $y = x^2 + 1$ 是通过点 $(0,1)$ 的一条抛物线,如图 7-1 所示.

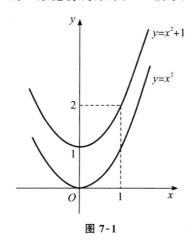

图 7-1

例 4　验证函数 $y = C_2 \mathrm{e}^{C_1 x}$($C_1$,$C_2$ 为任意常数)是方程

$$y \cdot \frac{\mathrm{d}^2 y}{\mathrm{d}x^2} = \left(\frac{\mathrm{d}y}{\mathrm{d}x}\right)^2$$

的通解,并求满足初始条件 $y\big|_{x=0} = y'\big|_{x=0} = 1$ 的特解.

解　把 $y = C_2 \mathrm{e}^{C_1 x}$,$y' = C_1 C_2 \mathrm{e}^{C_1 x}$,$y'' = C_1^2 C_2 \mathrm{e}^{C_1 x}$ 代入方程左边

$$y \cdot \frac{\mathrm{d}^2 y}{\mathrm{d}x^2} = (C_2 \mathrm{e}^{C_1 x})(C_1^2 C_2 \mathrm{e}^{C_1 x}) = (C_1 C_2 \mathrm{e}^{C_1 x})^2 = \left(\frac{\mathrm{d}y}{\mathrm{d}x}\right)^2.$$

可见,左、右两边恒等,且 y 中有两个独立的任意常数,所以 $y = C_2 \mathrm{e}^{C_1 x}$ 为这二阶微分方程的通解.

为求满足初始条件的特解,把初始条件 $y\big|_{x=0} = y'\big|_{x=0} = 1$ 代入 $y = C_2 \mathrm{e}^{C_1 x}$ 及 $y' = C_1 C_2 \mathrm{e}^{C_1 x}$ 中得 $\begin{cases} C_2 = 1 \\ C_1 C_2 = 1 \end{cases}$,从而 $\begin{cases} C_1 = 1 \\ C_2 = 1 \end{cases}$,于是得所求特解为 $y = \mathrm{e}^x$.

在一般情况下,特解可以通过初始条件的限制从通解中求得,但有时满足初始条件的特解并不包含在通解中,例如,方程 $y' + xy + x^3 y^2 = 0$ 的通解为 $y = \dfrac{1}{C \mathrm{e}^{\frac{x^2}{2}} - x^2 - 2}$,满足初始

条件 $y\mid_{x=0}=0$ 的特解 $y=0$ 不含在通解中,它是将初始条件直接代入微分方程中确定出来的.此例说明微分方程的通解不一定是全部解.

习题 7.1

1. 指出下列方程中哪些是微分方程,并说出它们的阶.

(1)$y'=xy$;

(2)$y^2-3y+2=0$;

(3)$\mathrm{d}y=(2x+6)\mathrm{d}x$;

(4)$y''+3y'+2y=x$;

(5)$\dfrac{\mathrm{d}^2y}{\mathrm{d}x^2}+4y=x$;

(6)$y=x+1$.

2. 验证下列各微分方程后面所列出的函数(其中 C_1,C_2,C 均为任意常数)是否为所给微分方程的解? 如果是解,是通解还是特解?

(1) $\dfrac{\mathrm{d}^2x}{\mathrm{d}t^2}+4x=0,x=C_1\cos2t+C_2\sin2t$;

(2)$y''+9y=x+\dfrac{1}{2},y=5\cos3x+\dfrac{x}{9}+\dfrac{1}{18}$;

(3)$y''-2y'+y=0,y=C_1\mathrm{e}^x+C_2\mathrm{e}^{-x}$;

(4)$x\mathrm{d}x+y\mathrm{d}y=0,x^2+y^2=C$.

3. 验证函数 $y=C\mathrm{e}^{-x}+x-1$(C 是任意常数)是微分方程 $\dfrac{\mathrm{d}y}{\mathrm{d}x}+y=x$ 的通解,并求出满足初始条件$y\mid_{x=0}=1$ 的特解.

4. 用微分方程表示下列命题:

(1)曲线在点(x,y)处的切线斜率等于该点横坐标的平方;

(2)某种气体的气压 p 对于温度 T 的变化率与气压成正比,与温度的平方成反比.

5. 在曲线族 $y=(C_1+C_2x)\mathrm{e}^{2x}$ 中找出满足条件 $y\mid_{x=0}=0,y'\mid_{x=0}=1$ 的曲线.

6. 已知某种药品产量的变化率是时间 t 的函数 $g(t)=at+b(a,b$ 是常数),设此种药品 t 时的产量函数为 $f(t)$,已知 $f(0)=0$,求 $f(t)$.

7.2　可分离变量的微分方程

一阶微分方程的一般形式为

$$F(x,y,y')=0,$$

如能解出 y',则有 $y'=f(x,y)$.有些微分方程,可将求解问题转化为求积分问题,这个方法称为初等解法.本节至第四节讨论几种特殊形式的可用初等解法求解的一阶微分方程.

如果一个一阶微分方程能化为

$$\frac{\mathrm{d}y}{\mathrm{d}x}=f(x)\cdot g(y) \tag{7-8}$$

的形式,则原方程称为可分离变量的微分方程.例如$\dfrac{\mathrm{d}y}{\mathrm{d}x}=6xy,y'=\dfrac{\sin x}{y}$ 等是可分离变量的

微分方程.

求可分离变量的微分方程的解,通常有两步.首先对原方程进行变量分离,把原方程化为等号的一边仅含未知函数 y 的函数及其微分 $\mathrm{d}y$,等号的另一边含有自变量 x 及其微分 $\mathrm{d}x$.这一过程通常称为分离变量,得

$$\frac{\mathrm{d}y}{g(y)} = f(x)\mathrm{d}x, \tag{7-9}$$

然后对(7-9)式两端积分,即

$$\int \frac{\mathrm{d}y}{g(y)} = \int f(x)\mathrm{d}x,$$

便可求得原方程的通解.

例 1　求微分方程 $\dfrac{\mathrm{d}y}{\mathrm{d}x} = 2xy$ 的通解.

解　显然方程是可分离变量的微分方程,分离变量后,得

$$\frac{\mathrm{d}y}{y} = 2x\,\mathrm{d}x,$$

两端积分

$$\int \frac{\mathrm{d}y}{y} = \int 2x\,\mathrm{d}x,$$

得

$$\ln|y| = x^2 + C_1,$$

从而

$$y = \pm\mathrm{e}^{x^2+C_1} = \pm\mathrm{e}^{C_1} \cdot \mathrm{e}^{x^2}.$$

因 $\pm\mathrm{e}^{C_1}$ 仍是任意常数,把它记为 C,便得方程的解 $y = C\mathrm{e}^{x^2}$.

注意:为了运算方便起见,在解微分方程中,两端积分求解时,我们通常不加绝对值,以 $\ln C$ 表示任意常数 C,则上述可写为 $\ln y = x^2 + \ln C$,即 $y = C\mathrm{e}^{x^2}$(C 为任意常数).

例 2　求微分方程 $\sin x \cos y\,\mathrm{d}x - \cos x \sin y\,\mathrm{d}y = 0$ 满足初始条件 $y\,|_{x=0} = \dfrac{\pi}{4}$ 的特解.

解　分离变量,得

$$\frac{\sin y}{\cos y}\mathrm{d}y = \frac{\sin x}{\cos x}\mathrm{d}x,$$

两端积分得

$$-\ln\cos y = -\ln\cos x - \ln C,$$

原方程的通解为

$$\cos y = C\cos x,$$

将初始条件 $y\,|_{x=0} = \dfrac{\pi}{4}$ 代入通解中,得 $\cos\dfrac{\pi}{4} = C \cdot \cos 0$,解出 $C = \dfrac{\sqrt{2}}{2}$.因而所求的特解为

$$\cos y = \frac{\sqrt{2}}{2}\cos x.$$

例3 已知可微函数 $y(x) = x^2 + \int_0^x ty(t)\,dt$，求 y 关于 x 的解析表达式.

解 原方程两边对 x 求导，得

$$y'(x) = 2x + xy(x),$$

设 $y = y(x)$，上式可写成

$$\frac{dy}{dx} = 2x + xy,$$

即

$$\frac{dy}{dx} = x(2 + y),$$

分离变量，得

$$\frac{dy}{2 + y} = x\,dx \quad (2 + y \neq 0),$$

两端积分，得

$$\int \frac{dy}{2 + y} = \int x\,dx,$$

$$\ln(2 + y) = \frac{x^2}{2} + \ln C,$$

$$\ln \frac{2 + y}{C} = \frac{x^2}{2},$$

$$\frac{2 + y}{C} = e^{\frac{x^2}{2}},$$

$$y = Ce^{\frac{x^2}{2}} - 2,$$

由原方程可得 $y(0) = 0$，代入上式，得 $C = 2$，所求函数为

$$y = 2e^{\frac{x^2}{2}} - 2.$$

例4 （增长函数）某种新产品刚一推向市场时有 y_0 个人感兴趣.由于这 y_0 个人的宣传作用，将使感兴趣的人数增加，但最多有 a 个人，并且当人数接近 a 时，其增长速度将减慢，设 y 表示感兴趣的人数关于时间 t 的函数，增长速度 $\frac{dy}{dt}$ 与 y(动态因子)和 $a - y$(减速因子)的比例如图 7-2 所示.则该问题的数学模型为

$$\frac{dy}{dt} = ky(a - y),$$

求 y 关于 t 的解析表达式.

解 对数学模型分离变量，得

$$\frac{dy}{y(a - y)} = k\,dt,$$

两端积分，得

$$\int \frac{dy}{y(a - y)} = \int k\,dt,$$

$$\int \left[\frac{1}{ay} + \frac{1}{a(a-y)} \right] \mathrm{d}y = kt,$$

$$\frac{1}{a}\ln y - \frac{1}{a}\ln(a-y) - \frac{1}{a}\ln C = kt,$$

$$\ln \frac{y}{C(a-y)} = akt,$$

$$\frac{y}{a-y} = C\mathrm{e}^{akt},$$

$$y = \frac{aC\mathrm{e}^{akt}}{1 + C\mathrm{e}^{akt}} = \frac{a}{1 + \dfrac{1}{C}\mathrm{e}^{-akt}}.$$

因为 $y(0) = y_0$，则 $C = \dfrac{y_0}{a - y_0}$.

所以

$$y = \frac{a}{1 + \dfrac{a - y_0}{y_0}\mathrm{e}^{-akt}}.$$

设 $\alpha = ak,\beta = \dfrac{a - y_0}{y_0},\gamma = a$，则

$$y = \frac{\gamma}{1 + \beta\mathrm{e}^{-\alpha t}}.$$

此函数曲线在经济学、生物学等学科中为常见曲线，称为逻辑（Logistic）曲线，该函数也叫增长函数.

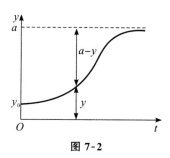

图 7-2

例 5　设降落伞从跳伞塔下落后，所受空气阻力与速度成正比，并设降落伞离开跳伞塔时（$t = 0$）速度为 0，求降落伞下落速度与时间的函数关系.

解　设降落伞下落速度为 $v(t)$. 降落伞在空中下落时，同时受到重力 P 与阻力 R 的作用（图 7-3）. 重力大小为 mg，方向与 v 一致；阻力大小为 kv（k 为比例系数），方向与 v 相反. 因而降落伞所受外力为

$$F = mg - kv,$$

根据牛顿第二运动定律

$$F = ma,$$

其中 a 为加速度. 得函数 $v(t)$ 应满足的方程为

$$m\frac{\mathrm{d}v}{\mathrm{d}t}=mg-kv. \qquad (7\text{-}10)$$

按题意,初始条件为 $v\mid_{t=0}=0$.

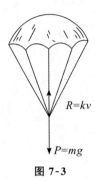

图 7-3

方程(7-10)是可分离变量的微分方程,分离变量后得

$$\frac{\mathrm{d}v}{mg-kv}=\frac{\mathrm{d}t}{m},$$

两端积分,得

$$\int\frac{\mathrm{d}v}{mg-kv}=\int\frac{\mathrm{d}t}{m},$$

考虑到 $mg-kv>0$,得

$$-\frac{1}{k}\ln(mg-kv)=\frac{t}{m}+C_1,$$

即

$$mg-kv=\mathrm{e}^{-\frac{k}{m}t-kC_1},$$

或

$$v=\frac{mg}{k}+C\mathrm{e}^{-\frac{k}{m}t}\ (C=-\frac{\mathrm{e}^{-kC_1}}{k}), \qquad (7\text{-}11)$$

这就是方程(7-10)的通解.将初始条件 $v\mid_{t=0}=0$ 代入(7-11)式,得 $C=-\dfrac{mg}{k}$.于是所求的特解为

$$v=\frac{mg}{k}(1-\mathrm{e}^{-\frac{k}{m}t}). \qquad (7\text{-}12)$$

由(7-12)式可以看出,随着时间 t 的增大,速度 v 逐渐接近于常数 $\dfrac{mg}{k}$,且不会超过 $\dfrac{mg}{k}$,也就是说,跳伞后开始阶段是加速运动,但以后 v 逐渐接近于匀速运动.

例 6 (牛顿冷却定律模型)牛顿冷却定律指出:物体冷却速度与当时的物体温度和周围环境温度之差成正比.同样地,一块热的物体,其温度下降的速度与其自身温度同环境温度的差值成正比.

设物体在时刻 t 的温度为 $H=H(t)$,环境温度为 T,那么

$$\frac{\mathrm{d}H}{\mathrm{d}t}=-k(H-T)(k>0).$$

若 $H > T$，则 $\dfrac{\mathrm{d}H}{\mathrm{d}t} < 0$，为冷却过程；若 $H < T$，则 $\dfrac{\mathrm{d}H}{\mathrm{d}t} > 0$，为加热过程。假定 $H(0) = H_0$，用分离变量法求解，可得冷却或加热问题的解为

$$H = T + (H_0 - T)\mathrm{e}^{-kt}.$$

例如某处发生一起谋杀案，接到报案后，法医于晚上 8:20 赶到案发现场，测得尸体温度为 32.6 ℃。1 h 后，当尸体即将被抬走时，测得尸体温度为 31.4 ℃，室温一直保持在 21.1 ℃，判断谋杀案发生的时间。

解 设 $H = H(t)$ 表示时刻 t 尸体的温度，并记晚 8:20 为 $t = 0$，于是 $H(0) = 32.6$ ℃，$H(1) = 31.4$ ℃，所建立的微分方程为

$$\frac{\mathrm{d}H}{\mathrm{d}t} = -k(H - 21.1),$$

求得这个微分方程的通解为

$$H(t) = 21.1 + C\mathrm{e}^{-kt}.$$

又 $H(0) = 21.1 + C\mathrm{e}^{-k \times 0} = 32.6$，得 $C = 11.5$。

$$H(1) = 21.1 + 11.5\mathrm{e}^{-k} = 31.4,$$

得 $k = \ln 115 - \ln 103 \approx 0.11$。故

$$H(t) = 21.1 + 11.5\mathrm{e}^{-0.11t}.$$

谋杀案发生时，$H = 37$ ℃，有等式 $21.1 + 11.5\mathrm{e}^{-0.11t} = 37$，解得 $t \approx -2.95$。

因此，谋杀案大约发生在 2.95 h（2 时 57 分）前，即下午 5:23 左右。

例 7（环境污染问题）随着人类文明的发展，环境污染问题已越来越成为公众关注的焦点。我们将建立一个模型来分析一个已受到污染的水域。在不再增加污染的情况下，需要经过多长时间才能将其污染程度降到一定标准之内？

解 记 $Q = Q(t)$ 为体积为 V 的某一湖泊在时刻 t 所含有的污染物的总量。假设洁净的水以不变的流速 r 流入湖中，并且湖水也以同样的流速流出湖外。同时假设污染物是均匀地分布在整个湖中，并且流入湖中的洁净的水立刻与湖中原来的水相混合。注意到

$$Q \text{ 的变化率} = -\text{污染物的流出速度},$$

等式右端的负号表示 Q 是减少的，而在时刻 t，污染物的浓度为 Q/V。于是

$$污染物的流出速度 = 污水外流的速度 \times 浓度 = r \cdot \frac{Q}{V}.$$

因而，得微分方程

$$\frac{\mathrm{d}Q}{\mathrm{d}t} = -\frac{r}{V}Q,$$

又设当 $t = 0$ 时，$Q(0) = Q_0$，解得该问题的特解为 $Q = Q_0\mathrm{e}^{-rt/V}$。

例如有一已受污染的湖泊，其体积为 4.9×10^6 m³，洁净的水以每年 1.58×10^5 m³ 的流速流入湖中，污水也以同样的流速流出。问经过多长时间，可使湖中的污染物排出 90%？若要排出 99%，又需要多长时间？

解 首先求得

$$\frac{r}{V} = \frac{1.58 \times 10^5}{4.9 \times 10^6} \approx 0.03225,$$

此问题的解为

$$Q = Q_0 e^{-0.03225t}.$$

当有 90% 的污染物被排出时,还有 10% 的污染物留在湖中,即 $Q = 0.1Q_0$,代入上式 $0.1Q_0 = Q_0 e^{-0.03225t}$,消去 Q_0,解得

$$t = \frac{-\ln 0.1}{0.03225} \approx 72 (\text{年}).$$

当有 99% 的污染物被排出时,剩余的 $Q = 0.01Q_0$,于是 $0.01Q_0 = Q_0 e^{-0.03225t}$,解得

$$t = \frac{-\ln 0.01}{0.03225} \approx 143 (\text{年}).$$

习题 7.2

1. 求下列可分离变量的微分方程的通解或特解:

(1) $\dfrac{\mathrm{d}y}{\mathrm{d}x} = 2xy^2$; (2) $\dfrac{\mathrm{d}y}{\mathrm{d}x} = e^{2x-y}$;

(3) $y(1-x^2)\mathrm{d}y + x(1+y^2)\mathrm{d}x = 0$; (4) $\mathrm{d}y = e^{x-y}\mathrm{d}x$,$y\big|_{x=0} = \ln 2$;

(5) $y' = \sqrt{\dfrac{1-y^2}{1-x^2}}$,$y\big|_{x=0} = 1$; (6) $(1+e^x)y\dfrac{\mathrm{d}y}{\mathrm{d}x} = e^x$,$y\big|_{x=0} = 1$.

2. 遗传学中会遇到微分方程

$$\frac{\mathrm{d}v}{\mathrm{d}t} = k \cdot \frac{v}{2-v} (0 < v < 2),$$

求这方程满足初始条件 $v\big|_{t=0} = 1$ 的特解.

3. 已知曲线 $y = f(x)$ 过点 $(0, -\dfrac{1}{2})$,且其上任一点 (x, y) 处的切线的斜率为 $x\ln(1+x^2)$,试求曲线的方程.

4. 在过原点和 $(2,3)$ 点的单调光滑曲线上任取一点,作两坐标轴的平行线,其中一条平行线与 x 轴及曲线围成的面积是另一平行线与 y 轴及曲线围成面积的 2 倍,求此曲线方程.

5. 经测定,一段从松树上砍伐下来的圆木,其水分挥发速度与被砍伐的天数 t 有如下关系

$$\frac{\mathrm{d}W}{\mathrm{d}t} = \frac{12}{\sqrt{16t+9}},$$

式中 W 表示自砍伐即日算起圆木水分挥发的总质量(kg).当 $t=0$ 时,$W=0$,试求 W 与时间 t 的函数关系,以及自砍伐起 100 天内挥发的水分总质量.

6. 某培养基内细菌数量 p 按下列速率增长

$$\frac{\mathrm{d}p}{\mathrm{d}t} = \frac{3000}{1+0.25t},$$

其中 t 是细菌生长的天数.假设细菌的初始数量为 1000,试求 3 天后培养基内细菌的总数.

7. 渗入物体的 X 射线被物体吸收的吸收率定义为 X 射线的强度 I 关于渗透深度 γ 的变

化率.已知吸收率与物体的密度 ρ 和 X 射线的强度 I 成正比,即

$$\frac{\mathrm{d}I}{\mathrm{d}\gamma}=-k\rho I.$$

解此方程,求出 X 射线强度 I 关于渗透深度 γ 的函数(设 $\gamma=0$ 时,$I=I_0$,ρ 为正常数).

8. 假设某野生动物栖息地对这种动物的环境容量为 L,且该野生动物数量 N 的增长率 $\frac{\mathrm{d}N}{\mathrm{d}t}$ 与生长余量成正比,即

$$\frac{\mathrm{d}N}{\mathrm{d}t}=K(L-N).$$

今将 100 只此种野生动物释放到可容纳 750 只这种动物的某栖息地,2 年后发现该种野生动物增加到 160 只,试求该野生动物数量与时间的函数关系.

9. 100 只有毒的蜘蛛投放入环境容量为 1000 只的某栖息地,假定蜘蛛群体按逻辑生长曲线增长,即设

$$\frac{\mathrm{d}y}{\mathrm{d}t}=ky(1000-y).$$

试在 $y\,|_{t=0}=100,y\,|_{t=2}=134$ 的条件下求出该曲线的方程.

7.3　一阶齐次方程

在一阶微分方程 $\frac{\mathrm{d}y}{\mathrm{d}x}=f(x,y)$ 中,如果 $f(x,y)$ 可写成 $\frac{y}{x}$ 的函数,即

$$f(x,y)=\varphi\left(\frac{y}{x}\right),$$

那么这类方程称为齐次微分方程.例如 $(xy-y^2)\mathrm{d}x-(x^2-2xy)\mathrm{d}y=0$ 是齐次方程,因为它可化为

$$\frac{\mathrm{d}y}{\mathrm{d}x}=\frac{\frac{y}{x}-\left(\frac{y}{x}\right)^2}{1-2\left(\frac{y}{x}\right)}.$$

一般说来,齐次方程不是可分离变量的微分方程,但我们做代换

$$\frac{y}{x}=u,\text{即 } y=ux,$$

上式对 x 求导,得

$$y'=u+\frac{\mathrm{d}u}{\mathrm{d}x}\cdot x,$$

代入 $\frac{\mathrm{d}y}{\mathrm{d}x}=\varphi\left(\frac{y}{x}\right)$ 中,得

$$u+x\frac{\mathrm{d}u}{\mathrm{d}x}=\varphi(u),$$

就可把方程化为可分离变量的微分方程

$$\frac{\mathrm{d}u}{\mathrm{d}x} = \frac{\varphi(u) - u}{x}.$$

分离变量,得

$$\frac{\mathrm{d}u}{\varphi(u) - u} = \frac{\mathrm{d}x}{x},$$

两端积分,得

$$\int \frac{\mathrm{d}u}{\varphi(u) - u} = \int \frac{\mathrm{d}x}{x},$$

上式求出积分后,再用 $\frac{y}{x}$ 代换 u,便可求得所要求的齐次方程的通解.

例 1 求方程 $x \cdot \frac{\mathrm{d}y}{\mathrm{d}x} = y\left(1 + \ln\frac{y}{x}\right)$ 的通解.

解 原方程实际上是齐次微分方程

$$\frac{\mathrm{d}y}{\mathrm{d}x} = \frac{y}{x} \cdot \left(1 + \ln\frac{y}{x}\right),$$

令 $u = \frac{y}{x}$,即 $y = ux$,代入原方程得

$$u + x \cdot \frac{\mathrm{d}u}{\mathrm{d}x} = u(1 + \ln u),$$

分离变量,得

$$\frac{\mathrm{d}u}{u \ln u} = \frac{\mathrm{d}x}{x},$$

两端积分,得

$$\ln\ln u = \ln x + \ln C,$$

即 $u = \mathrm{e}^{Cx}$,从而原方程的通解为 $y = x\mathrm{e}^{Cx}$(C 为任意常数).

例 2 求微分方程 $2xy\,\mathrm{d}y - (x^2 + 2y^2)\mathrm{d}x = 0$ 的通解.

解 原方程可化为 $\frac{\mathrm{d}y}{\mathrm{d}x} = \frac{x}{2y} + \frac{y}{x}$,令 $u = \frac{y}{x}$,有

$$u + x\frac{\mathrm{d}u}{\mathrm{d}x} = \frac{1}{2u} + u.$$

可得

$$\int 2u\,\mathrm{d}u = \int \frac{\mathrm{d}x}{x},$$

解得 $u^2 = \ln|x| + C$,通解为 $y^2 = (\ln|x| + C)x^2$.

例 3 解方程 $y^2 + x^2\frac{\mathrm{d}y}{\mathrm{d}x} = xy\frac{\mathrm{d}y}{\mathrm{d}x}$.

解 原方程可化为

$$\frac{\mathrm{d}y}{\mathrm{d}x} = \frac{\left(\dfrac{y}{x}\right)^2}{\dfrac{y}{x} - 1},$$

令 $\dfrac{y}{x}=u$，有

$$u+x\,\frac{\mathrm{d}u}{\mathrm{d}x}=\frac{u^{2}}{u-1},$$

即

$$x\,\frac{\mathrm{d}u}{\mathrm{d}x}=\frac{u}{u-1},$$

分离变量，得

$$\left(1-\frac{1}{u}\right)\mathrm{d}u=\frac{\mathrm{d}x}{x},$$

两端积分，得

$$u-\ln|u|+C=\ln|x|,$$

即

$$\ln|ux|=u+C,$$

以 $\dfrac{y}{x}$ 代换上式中的 u，便得所求通解为

$$\ln|y|=\frac{y}{x}+C.$$

例 4　求微分方程 $x\,\dfrac{\mathrm{d}y}{\mathrm{d}x}+y=2\sqrt{xy}$ 满足 $y(1)=0$ 的特解.

解　原方程可化为

$$\frac{\mathrm{d}y}{\mathrm{d}x}+\frac{y}{x}=2\sqrt{\frac{y}{x}},$$

设 $u=\dfrac{y}{x}$，则 $\dfrac{\mathrm{d}y}{\mathrm{d}x}=u+x\,\dfrac{\mathrm{d}u}{\mathrm{d}x}$. 原方程又可化为

$$u+x\,\frac{\mathrm{d}u}{\mathrm{d}x}+u=2\sqrt{u},$$

化简，得

$$x\,\frac{\mathrm{d}u}{\mathrm{d}x}=2(\sqrt{u}-u).$$

变量分离，得

$$\frac{1}{\sqrt{u}-u}\mathrm{d}u=\frac{2}{x}\mathrm{d}x,$$

两端积分，得

$$\int\frac{1}{\sqrt{u}-u}\mathrm{d}u=2\int\frac{1}{x}\mathrm{d}x,$$

$$-2\int\frac{1}{1-\sqrt{u}}\mathrm{d}(1-\sqrt{u})=2\int\frac{1}{x}\mathrm{d}x,$$

$$\ln(1-\sqrt{u})=-\ln x+\ln C,$$

$$\ln(1-\sqrt{u}) = \ln\frac{C}{x},$$

$$1-\sqrt{u} = \frac{C}{x},$$

即原方程的通解为

$$x\left(1-\sqrt{\frac{y}{x}}\right) = C.$$

利用初始条件 $y(1)=0$，可得 $C=1$。

所求特解为

$$x\left(1-\sqrt{\frac{y}{x}}\right) = 1.$$

习题 7.3

1. 求下列方程的通解：

(1) $(x^2+y^2)\mathrm{d}x - xy\mathrm{d}y = 0$；

(2) $(1+2\mathrm{e}^{\frac{x}{y}})\mathrm{d}x + 2\mathrm{e}^{\frac{x}{y}}(1-\frac{x}{y})\mathrm{d}y = 0$；

(3) $x\dfrac{\mathrm{d}y}{\mathrm{d}x} = y(\ln y - \ln x)$；

(4) $\dfrac{\mathrm{d}y}{\mathrm{d}x} = \dfrac{y}{x} + \tan\dfrac{y}{x}$；

(5) $(x^3+y^3)\mathrm{d}x - 3xy^2\mathrm{d}y = 0$。

2. 求微分方程 $y' = \dfrac{y}{x} + \dfrac{2x}{y}$ 满足初始条件 $y\big|_{x=1}=6$ 的特解。

3. 求一曲线族，使在其上任意点 P 处的切线在 y 轴上的截距等于原点到 P 的距离 OP。

7.4　一阶线性微分方程

形如

$$\frac{\mathrm{d}y}{\mathrm{d}x} + P(x)y = Q(x) \tag{7-13}$$

叫作一阶线性微分方程，因为它对于未知函数 y 及其导数是一次方程。如果 $Q(x) \equiv 0$，则方程称为一阶齐次线性方程；如果 $Q(x)$ 不恒等于零，则方程称为一阶非齐次方程。

为求出非齐次线性方程(7-13)的解，我们先考虑(7-13)所对应的齐次方程

$$\frac{\mathrm{d}y}{\mathrm{d}x} + P(x)y = 0$$

的解法。显然它是可分离变量方程，分离变量后可得

$$\frac{\mathrm{d}y}{y} = -P(x)\mathrm{d}x,$$

两端积分，得

$$\ln y = \int -P(x)\mathrm{d}x + \ln C,$$

即

$$\ln \frac{y}{C} = -\int P(x) \, \mathrm{d}x.$$

于是方程的通解为

$$y = C \mathrm{e}^{-\int P(x) \mathrm{d}x}. \tag{7-14}$$

现在我们用所谓"常数变易法"来求非齐次线性方程(7-13)的解,这种方法是把(7-14)的通解中的 C 换成 x 的未知函数 $u(x)$,即做函数

$$y = u \mathrm{e}^{-\int P(x) \mathrm{d}x}, \tag{7-15}$$

于是

$$\frac{\mathrm{d}y}{\mathrm{d}x} = u' \mathrm{e}^{-\int P(x) \mathrm{d}x} - u P(x) \mathrm{e}^{-\int P(x) \mathrm{d}x}, \tag{7-16}$$

将(7-15)式和(7-16)式代入方程(7-13),得

$$u' \mathrm{e}^{-\int P(x) \mathrm{d}x} - u P(x) \mathrm{e}^{-\int P(x) \mathrm{d}x} + P(x) u \mathrm{e}^{-\int P(x) \mathrm{d}x} = Q(x),$$

即 $u' \mathrm{e}^{-\int P(x) \mathrm{d}x} = Q(x)$ 或 $u' = Q(x) \mathrm{e}^{\int P(x) \mathrm{d}x}$.

两端积分得

$$u = \int Q(x) \mathrm{e}^{\int P(x) \mathrm{d}x} \, \mathrm{d}x + C,$$

把上式代入(7-15)式,便得非齐次方程(7-13)的通解

$$y = \mathrm{e}^{-\int P(x) \mathrm{d}x} \left[\int Q(x) \mathrm{e}^{\int P(x) \mathrm{d}x} \, \mathrm{d}x + C \right],$$

或写成

$$y = \mathrm{e}^{-\int P(x) \mathrm{d}x} \int Q(x) \mathrm{e}^{\int P(x) \mathrm{d}x} \, \mathrm{d}x + C \mathrm{e}^{-\int P(x) \mathrm{d}x}. \tag{7-17}$$

上述求解过程通常称为常数变易法.

由(7-17)式可知,非齐次线性方程的通解等于它对应的齐次方程的通解 $C \mathrm{e}^{-\int P(x) \mathrm{d}x}$ 与非齐次线性方程的一个特解 $y = \mathrm{e}^{-\int P(x) \mathrm{d}x} \int Q(x) \mathrm{e}^{\int P(x) \mathrm{d}x} \, \mathrm{d}x$ [此特解是在(7-17)式中令 $C=0$ 而得到的]之和.一般,有如下结果:

定理 7.1　一阶非齐次线性方程的通解恒等于它的一个特解加上它所对应的齐次线性方程的通解.

例 1　求 $y' = \dfrac{x^3 + y}{x}$ 的通解.

解　将方程变形为

$$\frac{\mathrm{d}y}{\mathrm{d}x} = x^2 + \frac{y}{x},$$

即

$$\frac{\mathrm{d}y}{\mathrm{d}x} - \frac{1}{x} y = x^2.$$

这是一个非齐次线性方程,先解对应的齐次线性方程 $\dfrac{\mathrm{d}y}{\mathrm{d}x} - \dfrac{1}{x}y = 0$ 的通解,将其分离变量后两端积分,得

$$\ln y = \ln x + \ln C,$$

即

$$y = Cx.$$

再用常数变易法,设 $y = u(x)x$ 是原方程的解,求导得

$$\frac{\mathrm{d}y}{\mathrm{d}x} = u'x + u,$$

将上式代入原方程,得 $u'x + u - \dfrac{1}{x}ux = x^2$,即 $u' = x$.再积分得

$$u = \frac{x^2}{2} + C.$$

所以,原方程的通解为 $y = \dfrac{x^3}{2} + Cx$(C 为任意常数).

此例也可直接用公式(7-17)求解

$$y = \mathrm{e}^{-\int -\frac{1}{x}\mathrm{d}x}\left[\int x^2 \mathrm{e}^{-\int \frac{1}{x}\mathrm{d}x}\mathrm{d}x + C\right] = \mathrm{e}^{\ln x}\left(\int x^2 \mathrm{e}^{-\ln x}\mathrm{d}x + C\right) = x\left(\frac{x^2}{2} + C\right) = \frac{x^3}{2} + Cx.$$

例 2 求方程 $y \cdot \ln y\,\mathrm{d}x + (x - \ln y)\mathrm{d}y = 0$ 的通解.

解 此题若把 y 看成是 x 的未知函数,则原方程可化为

$$\frac{\mathrm{d}y}{\mathrm{d}x} = \frac{y\ln y}{\ln y - x}.$$

上述方程不是一阶线性微分方程,又非可分离变量的微分方程,此时求解比较困难.但是若把 x 看作是 y 的未知函数,则原方程可化为

$$\frac{\mathrm{d}x}{\mathrm{d}y} + \frac{1}{y\ln y}x = \frac{1}{y}.$$

这是一个一阶非齐次线性微分方程,其中 $P(y) = \dfrac{1}{y\ln y}$,$Q(y) = \dfrac{1}{y}$,利用公式可求出其通解

$$x = \mathrm{e}^{-\int \frac{1}{y\ln y}\mathrm{d}y} \cdot \left(\int \frac{1}{y}\mathrm{e}^{\int \frac{1}{y\ln y}\mathrm{d}y}\mathrm{d}y + C\right)$$

$$= \mathrm{e}^{-\ln\ln y} \cdot \left(\int \frac{1}{y}\mathrm{e}^{\ln\ln y}\mathrm{d}y + C\right) = \mathrm{e}^{-\ln\ln y}(\mathrm{e}^{\ln y} + C).$$

故原方程的通解为 $x = \dfrac{y}{\ln y} + \dfrac{C}{\ln y}$($C$ 为任意常数).

与例 2 处理方法相同的方程很多,如 $\dfrac{\mathrm{d}y}{\mathrm{d}x} = \dfrac{1}{\mathrm{e}^y + x}$,$\dfrac{\mathrm{d}y}{\mathrm{d}x} = \dfrac{1}{x + y}$.

例 3 求方程 $\dfrac{\mathrm{d}y}{\mathrm{d}x} + \dfrac{2}{x}y = 3x^2 y^{4/3}$ 的通解.

解 方程两边同时除以 $y^{4/3}$,得

$$y^{-4/3}\frac{\mathrm{d}y}{\mathrm{d}x} + \frac{2}{x}y^{-1/3} = 3x^2,$$

即

$$-3\frac{\mathrm{d}y^{-1/3}}{\mathrm{d}x} + \frac{2}{x}y^{-1/3} = 3x^2,$$

令 $u = y^{-1/3}$,上述方程变为

$$\frac{\mathrm{d}u}{\mathrm{d}x} - \frac{2}{3x}u = -x^2,$$

此方程的通解为

$$u = \mathrm{e}^{-\int(-\frac{2}{3x})\mathrm{d}x}\left(\int(-x^2)\mathrm{e}^{\int(-\frac{2}{3x})\mathrm{d}x}\mathrm{d}x + C\right) = -\frac{3}{7}x^3 + Cx^{2/3},$$

所以原方程的通解为

$$y^{-1/3} = -\frac{3}{7}x^3 + Cx^{2/3}(C\text{ 为任意常数}).$$

例 4 有连接两点 $A(0,1),B(1,0)$ 的一条曲线,它位于弦 AB 的上方,$P(x,y)$ 为曲线上任意一点,已知曲线与弦 AP 之间的面积为 x^3,求曲线的方程.

解 设连接 A,B 的曲线为 $Y = Y(x)$,则弦 AP 的方程为

$$\frac{Y-y}{z-x} = \frac{1-y}{0-x},$$

即

$$Y = y - \frac{(1-y)(z-x)}{x}.$$

依题意得

$$\int_0^x Y(z)\mathrm{d}z - \int_0^x \left[y - \frac{(1-y)(z-x)}{x}\right]\mathrm{d}z = x^3,$$

即

$$\int_0^x Y(z)\mathrm{d}z - xy + \frac{1-y}{x}\left[\frac{z^2}{2} - xz\right]\Big|_0^x = x^3,$$

或

$$\int_0^x Y(z)\mathrm{d}z - \frac{x}{2} - \frac{xy}{2} = x^3,$$

两边对 x 求导,得

$$Y(x) - \frac{1}{2} - \frac{y}{2} - \frac{x}{2}y' = 3x^2.$$

因为 $Y(x) = y$,即得

$$\frac{\mathrm{d}y}{\mathrm{d}x} - \frac{1}{x}y = \frac{-1-6x^2}{x},$$

由一阶线性方程的通解公式,得

$$y = -\mathrm{e}^{-\int(-\frac{1}{x})\mathrm{d}x}\left[\int-\frac{1+6x^2}{x}\mathrm{e}^{\int(-\frac{1}{x})\mathrm{d}x}+C\right] = x\left(-\int\frac{1+6x^2}{x}\cdot\frac{1}{x}\mathrm{d}x + C\right) = x\left(C + \frac{1}{x} - 6x\right)$$

$$= Cx + 1 - 6x^2 ,$$

因曲线过 B 点,即 $y\mid_{x=1} = 0$,求得 $C = 5$,故所求的曲线方程为

$$y = -6x^2 + 5x + 1.$$

例 5 某厂发现,设备的运行和维修成本 C 与大修间隔的时间长短 x 之间的关系可用如下方程表示

$$\frac{\mathrm{d}C}{\mathrm{d}x} - \frac{b-1}{x}C = -\frac{ab}{x^2} ,$$

式中 a 和 b 是常数,假设当 $x = x_0$ 时,$C = C_0$,试求用 x 表示 C 的函数关系.

解 这是一个线性非齐次方程,其通解为

$$C = \mathrm{e}^{-\int -\frac{b-1}{x}\mathrm{d}x}\left(\int -\frac{ab}{x^2}\mathrm{e}^{\int -\frac{b-1}{x}\mathrm{d}x}\mathrm{d}x + C_1\right)$$

$$= x^{b-1}\left(-\int \frac{ab}{x^{b+1}}\mathrm{d}x + C_1\right) = \frac{a}{x} + C_1 x^{b-1}$$

由 $C\mid_{x=x_0} = C_0$ 得 $C_1 = \dfrac{C_0 x_0 - a}{x_0^b}$,则特解为

$$C = \frac{a}{x} + \frac{C_0 x_0 - a}{x_0^b}x^{b-1}.$$

一般地,对形如

$$\frac{\mathrm{d}y}{\mathrm{d}x} + P(x)y = Q(x)y^\alpha\;(\alpha \neq 0, 1, \text{且 } \alpha \text{ 是实数})$$

的贝努利(Bernoulli)方程,用 y^α 除方程两边得,

$$y^{-\alpha}\frac{\mathrm{d}y}{\mathrm{d}x} + P(x)y^{1-\alpha} = Q(x) , \tag{7-18}$$

只要令 $u = y^{1-\alpha}$,则

$$\frac{\mathrm{d}u}{\mathrm{d}x} = (1-\alpha)y^{-\alpha}\frac{\mathrm{d}y}{\mathrm{d}x} ,$$

代入方程(7-18),得

$$\frac{1}{1-\alpha}\frac{\mathrm{d}u}{\mathrm{d}x} + P(x)u = Q(x) ,$$

即

$$\frac{\mathrm{d}u}{\mathrm{d}x} + (1-\alpha)P(x)u = (1-\alpha)Q(x) ,$$

此方程是 u 对于 x 的一阶线性微分方程,利用公式(7-17)求得通解后,再以 $y^{1-\alpha}$ 代 u,便得贝努利方程的通解.

习题 7.4

1. 求下列方程的通解:

$(1)(x^2+1)\dfrac{\mathrm{d}y}{\mathrm{d}x} + 2xy = 4x^2$; $(2)(x^2-1)y' + 2xy - \cos x = 0$;

$(3) y\mathrm{d}x + (1+y)x\mathrm{d}y = \mathrm{e}^y\mathrm{d}y;$ 　　　　　$(4) y' + y\cos x = \mathrm{e}^{-\sin x};$

$(5)(x-2)\dfrac{\mathrm{d}y}{\mathrm{d}x} = y + 2(x-2)^3;$ 　　　$(6)\dfrac{\mathrm{d}y}{\mathrm{d}x} + \dfrac{y}{3} = \dfrac{1-2x}{3}y^4.$

2. 求下列微分方程满足给定初始条件的特解:

$(1) x\dfrac{\mathrm{d}y}{\mathrm{d}x} + y - \mathrm{e}^x = 0, y(1) = \mathrm{e};$

$(2)\cos x\dfrac{\mathrm{d}y}{\mathrm{d}x} = y\sin x + \cos^2 x, y\big|_{x=\pi} = 1;$

$(3) xy' + (1-x)y = \mathrm{e}^{2x}(x > 0), \lim\limits_{x\to 0^+} y(x) = 1.$

3. 求一曲线的方程,这曲线通过原点,并且它在点(x, y)处的切线斜率等于$2x + y$.

4. 火车沿水平轨迹运动,重量为p,机车的牵引力为f,运动时的阻力$R = a + bv$,设火车由静止开始运动,求火车的运动方程(其中a, b, f, p为常数,v是火车的速度).

5. 雨点初始质量为M_0,其在空气中自由落下时均匀地蒸发着,设每秒蒸发m,空气的阻力与雨点的速度成正比,如果开始雨点的速度为零,试求雨点运动的速度与时间的关系.

6. 已知生产某产品的固定成本为$a(a > 0)$,生产x单位的边际成本与平均单位成本之差为$\dfrac{x}{a} - \dfrac{a}{x}$,且当产量的数值等于$a$时,相应的总成本为$2a$,求总成本$C$与产量$x$的函数关系.

7.5　可降阶的高阶微分方程

从这一节起,我们将讨论二阶及二阶以上的微分方程,即所谓高阶微分方程.对于有些高阶微分方程,我们可以通过代换将其化成较低阶的方程来求解.

形如

$$F(x, y, y', y'') = 0$$

称为二阶微分方程,以此为例,如果我们能设法做代换把它从二阶降至一阶,那么就有可能用前面几节中所讲的方法来求它的解了.以下介绍常见的三种特殊可降阶的高阶微分方程.

1. $y^{(n)} = f(x)$ 型

方程的右端$f(x)$仅为x的已知函数,这种形式的微分方程只需逐项积分,便可得其通解.

例 1　求方程$y''' = \mathrm{e}^{2x} - \cos x$的通解.

解　原方程两端积分一次得

$$y'' = \frac{1}{2}\mathrm{e}^{2x} - \sin x + C_1,$$

上述方程两端再积分一次得

$$y' = \frac{1}{4}\mathrm{e}^{2x} + \cos x + C_1 x + C_2,$$

上述方程两端继续积分一次得

$$y = \frac{1}{8}e^{2x} + \sin x + \frac{1}{2}C_1 x^2 + C_2 x + C_3 \text{(其中 } C_1, C_2, C_3 \text{ 为任意常数)}.$$

这就是所求的通解.

2. $y'' = f(x, y')$ 型

这类方程的特点是方程右端不含未知函数 y, 若做变量代换 $y' = p$, 则有 $y'' = \frac{\mathrm{d}p}{\mathrm{d}x} = p'$, 代入原方程得 $p' = f(x, p)$. 这是关于 x, p 的一阶微分方程, 如果此方程可解, 设其通解为 $p = \varphi(x, c_1)$, 再积分一次就得到原方程的通解为

$$y = \int \varphi(x, c_1) \mathrm{d}x + c_2 \text{(其中 } c_1, c_2 \text{ 为任意常数)}.$$

例 2 解方程 $y'' = \frac{y'}{x}$.

解 设 $y' = p$, 则 $y'' = \frac{\mathrm{d}p}{\mathrm{d}x}$, 于是原方程变为

$$\frac{\mathrm{d}p}{\mathrm{d}x} = \frac{p}{x},$$

分离变量并积分得

$$\ln p = \ln x + \ln C_1,$$

即

$$p = C_1 x,$$

再积分得

$$y = \frac{C_1}{2} x^2 + C_2 (C_1, C_2 \text{ 为任意常数}),$$

即为所求方程的通解.

例 3 求 $(1 + x^2) y'' = 2xy'$ 的通解.

解 令 $y' = p$, 则 $y'' = p'$, 原方程可化为

$$(1 + x^2) p' = 2xp \text{ 或写成} \frac{\mathrm{d}p}{\mathrm{d}x} = \frac{2x}{1 + x^2} p,$$

分离变量并积分得

$$\ln p = \ln(1 + x^2) + \ln C_1,$$

即

$$p = C_1(1 + x^2),$$

再积分得通解

$$y = C_1 x (1 + \frac{1}{3} x^3) + C_2 \text{(其中 } C_1, C_2 \text{ 为任意常数)}.$$

3. $y'' = f(y, y')$ 型

这种方程的特点是方程右端不显含自变量 x, 若通过变量代换 $y' = p$, 将 p 看作 y 的函数, 则有

$$\frac{\mathrm{d}^2 y}{\mathrm{d}x^2} = \frac{\mathrm{d}p}{\mathrm{d}x} = \frac{\mathrm{d}p}{\mathrm{d}y} \cdot \frac{\mathrm{d}y}{\mathrm{d}x} = p \cdot \frac{\mathrm{d}p}{\mathrm{d}y},$$

代入原方程,便有 $p \cdot \dfrac{\mathrm{d}p}{\mathrm{d}y} = f(y, p)$,这是将 y 看作自变量.p 看作 y 的函数时的一阶微分方程.若方程可解,设其解为 $p = \varphi(y, C_1)$,即有

$$\frac{\mathrm{d}y}{\mathrm{d}x} = \varphi(y, C_1),$$

分离变量并积分可得原方程的解

$$x = \int \frac{\mathrm{d}y}{\varphi(y, C_1)} + C_2.$$

例 4 求方程 $2yy'' = 1 + y'^2$ 满足初始条件 $y\,|_{x=0} = 1, y'\,|_{x=0} = 2$ 的特解.

解 设 $y' = p$,则 $y'' = p\dfrac{\mathrm{d}p}{\mathrm{d}y}$ 代入原方程,得

$$2yp \cdot \frac{\mathrm{d}p}{\mathrm{d}y} = 1 + p^2,$$

分离变量,得

$$\frac{2p}{1 + p^2}\mathrm{d}p = \frac{\mathrm{d}y}{y},$$

两端积分,得

$$\ln(1 + p^2) = \ln y + \ln C_1,$$

或写成

$$1 + p^2 = C_1 y\,(C_1 \text{ 为任意常数}),$$

由初始条件 $y\,|_{x=0} = 1, y'\,|_{x=0} = 2$ 得 $C_1 = 5$,所以有 $p^2 = 5y - 1$. 即

$$y'^2 = 5y - 1 \text{ 或 } y' = \pm(5y - 1)^{1/2},$$

而 $y' = -(5y - 1)^{1/2}$ 不符合条件舍去,故只剩下 $y' = (5y - 1)^{1/2}$.

分离变量,得

$$\frac{\mathrm{d}y}{(5y - 1)^{1/2}} = \mathrm{d}x,$$

两端积分,得

$$\frac{2(5y - 1)^{1/2}}{5} = x + C_2,$$

两端平方化简,得

$$y = \frac{5}{4}(x + C_2)^2 + \frac{1}{5}\,(C_2 \text{ 为任意常数}).$$

由初始条件 $y\,|_{x=0} = 1$,有 $C_2 = \pm\dfrac{4}{5}$,所以

$$y = \frac{5}{4}\left(x \pm \frac{4}{5}\right)^2 + \frac{1}{5},$$

但是解 $y = \dfrac{5}{4}\left(x - \dfrac{4}{5}\right)^2 + \dfrac{1}{5}$ 不满足条件,故舍去.由 $y'\,|_{x=0} = 2$ 得,所给方程满足初始条件的特解为

$$y = \frac{5}{4}\left(x - \frac{4}{5}\right)^2 + \frac{1}{5}.$$

例 5 求 $y \cdot \dfrac{\mathrm{d}^2 y}{\mathrm{d}x^2} - \left(\dfrac{\mathrm{d}y}{\mathrm{d}x}\right)^2 = 0$ 的通解.

解 令 $\dfrac{\mathrm{d}y}{\mathrm{d}x} = p$,则 $\dfrac{\mathrm{d}^2 y}{\mathrm{d}x^2} = p \cdot \dfrac{\mathrm{d}p}{\mathrm{d}y}$,代入原方程得

$$y \cdot \frac{\mathrm{d}p}{\mathrm{d}y} p - p^2 = 0.$$

若 $p \neq 0$,则消去 p 并分离变量得

$$\frac{\mathrm{d}p}{p} = \frac{\mathrm{d}y}{y},$$

两端积分,得

$$\ln p = \ln y + \ln C_1,$$

即 $p = C_1 y$ 或 $\dfrac{\mathrm{d}y}{\mathrm{d}x} = C_1 y$($C_1$ 为任意常数),再分离变量,并积分得

$$\ln y = C_1 x + \ln C_2,$$

即

$$y = C_2 \mathrm{e}^{C_1 x} \quad (C_1, C_2 \text{ 为任意常数}).$$

若 $p = 0$,则有 $y = C_1$,它也满足原方程,但包含在 $y = C_2 \mathrm{e}^{C_1 x}$ 之中,所以原方程的通解是 $y = C_2 \mathrm{e}^{C_1 x}$($C_1, C_2$ 为任意常数).

例 6 求方程 $y'' - a\left(\dfrac{\mathrm{d}y}{\mathrm{d}x}\right)^2 = 0$($a \neq 0, a$ 为常数),满足初始条件 $y\big|_{x=0} = 0, y'\big|_{x=0} = -1$ 的特解.

解 由于所给方程既属于 $y'' = f(x, y')$ 型,又属于 $y'' = f(y, y')$ 型求解.故现分别用两种方法求解.

解法一 令 $y' = p, y'' = p'$.故方程变为 $p' - ap^2 = 0$,即 $\dfrac{\mathrm{d}p}{p^2} = a\mathrm{d}x$.

两端积分,得

$$-\frac{1}{p} = ax + C_1,$$

当 $x = 0$ 时,$y' = -1$ 代入上式,得 $C_1 = 1$,则上式变为 $-\dfrac{1}{p} = ax + 1$,即

$$\frac{\mathrm{d}y}{\mathrm{d}x} = -\frac{1}{ax + 1},$$

则有

$$-\frac{\mathrm{d}x}{ax + 1} = \mathrm{d}y,$$

两端积分,得

$$y = -\frac{1}{a} \ln |ax + 1| + C_2,$$

将 $x=0, y=0$ 代入上式,得 $C_2=0$,故方程的解为

$$y=-\frac{1}{a}\ln\mid ax+1\mid.$$

解法二　令 $y'=p, \dfrac{\mathrm{d}^2 y}{\mathrm{d}x^2}=p\cdot\dfrac{\mathrm{d}p}{\mathrm{d}y}$,故 $p\cdot\dfrac{\mathrm{d}p}{\mathrm{d}y}-ap^2=0$.

当 $p=0$ 时,$p=C$ 不满足方程的条件,故舍去.

当 $p\neq 0$ 时,有 $\dfrac{\mathrm{d}p}{\mathrm{d}y}=ap$,即 $\dfrac{\mathrm{d}p}{p}=a\mathrm{d}y$,两端积分,得

$$\ln\mid p\mid=ay+C_1,$$

将 $x=0, y=0, y'=-1$ 代入得 $C_1=0$,故 $\ln\mid p\mid=ay$,即 $p=\pm\mathrm{e}^{ay}$,故有 $\dfrac{\mathrm{d}y}{\mathrm{d}x}=\pm\mathrm{e}^{ay}$.由于

当 $p=\mathrm{e}^{ay}$ 时不满足初始条件应舍去,故只剩下 $\dfrac{\mathrm{d}y}{\mathrm{d}x}=-\mathrm{e}^{ay}$,分离变量,得

$$\frac{\mathrm{d}y}{\mathrm{e}^{ay}}=-\mathrm{d}x,$$

两端积分,得

$$\frac{1}{a}\mathrm{e}^{-ay}=x+C_2.$$

将 $x=0, y=0$ 代入上式得 $C_2=\dfrac{1}{a}$,故方程的解为 $\dfrac{1}{a}\mathrm{e}^{-ay}=x+\dfrac{1}{a}$,即 $\mathrm{e}^{-ay}=ax+1$,故原方程的解为

$$y=-\frac{1}{a}\ln\mid ax+1\mid.$$

例 7　一个离地面很高的物体,受地球引力的作用由静止开始落向地面.求它落到地面时的速度和所需的时间(不计空气阻力).

解　取连结地球中心与该物体的直线为 y 轴,其方向铅直向上,取地球的中心为原点 O(图 7-4).

设地球的半径为 R,物体的质量为 m,物体开始下落时与地球中心的距离为 $l (l>R)$,在时刻 t,物体所在位置为 $y=y(t)$,于是速度为 $v(t)=\dfrac{\mathrm{d}y}{\mathrm{d}t}$,根据万有引力定律,即得微分方程

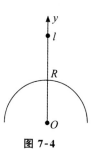

图 7-4

$$m\frac{\mathrm{d}^2 y}{\mathrm{d}t^2}=-\frac{GmM}{y^2},$$

即

$$\frac{\mathrm{d}^2 y}{\mathrm{d}t^2}=-\frac{GM}{y^2}, \tag{7-19}$$

其中 M 为地球的质量,G 为引力常数.

因为 $\dfrac{\mathrm{d}^2 y}{\mathrm{d}t^2}=\dfrac{\mathrm{d}v}{\mathrm{d}t}$,且当 $y=R$ 时,$\dfrac{\mathrm{d}v}{\mathrm{d}t}=-g$(这里置负号是由于物体运动加速度的方向与 y 轴的正向相反),所以 $G=\dfrac{gR^2}{M}$,于是方程(7-19)成为

$$\frac{d^2 y}{dt^2} = -\frac{gR^2}{y^2}, \tag{7-20}$$

初始条件是 $y\mid_{t=0} = l, y'\mid_{t=0} = v\mid_{t=0} = 0.$

先求物体到达地面的速度.由 $\frac{dy}{dt} = v$,得

$$\frac{d^2 y}{dt^2} = \frac{dv}{dt} = \frac{dv}{dy} \cdot \frac{dy}{dt} = v\frac{dv}{dy},$$

代入方程(7-20)并分离变量,得

$$v\,dv = -\frac{gR^2}{y^2}dy,$$

两端积分,得

$$v^2 = \frac{2gR^2}{y} + C_1,$$

把初始条件代入上式,得

$$C_1 = -\frac{2gR^2}{l},$$

于是

$$v^2 = 2gR^2\left(\frac{1}{y} - \frac{1}{l}\right). \tag{7-21}$$

在(7-21)式中令 $y = R$,就得到物体到达地面时的速度

$$v = -\sqrt{\frac{2gR(l-R)}{l}}, \tag{7-22}$$

这里取负号是由于物体运动的方向与 y 轴的正向相反.

下面来求物体落到地面所需的时间.由(7-22)式有

$$\frac{dy}{dt} = v = -R\sqrt{2g\left(\frac{1}{y} - \frac{1}{l}\right)},$$

分离变量,得

$$dt = -\frac{1}{R}\sqrt{\frac{l}{2g}}\sqrt{\frac{y}{l-y}}dy,$$

两端积分(对右端积分利用置换 $y = l\cos^2 u$),得

$$t = \frac{1}{R}\sqrt{\frac{l}{2g}}\left(\sqrt{ly - y^2} + l\arccos\sqrt{\frac{y}{l}}\right) + C_2, \tag{7-23}$$

由条件 $y\mid_{t=0} = l$,得 $C_2 = 0.$

于是(7-23)式成为

$$t = \frac{1}{R}\sqrt{\frac{l}{2g}}\left(\sqrt{ly - y^2} + l\arccos\sqrt{\frac{y}{l}}\right),$$

在上式中令 $y = R$,便得到物体到达地面所需的时间为

$$t = \frac{1}{R}\sqrt{\frac{l}{2g}}\left(\sqrt{lR - R^2} + l\arccos\sqrt{\frac{R}{l}}\right).$$

习题 7.5

1. 求下列方程的通解：

(1) $y'' = 2x\ln x$；

(2) $y'' = x + \sin x$；

(3) $xy'' = y' + x^2$；

(4) $y'' = y' + x$；

(5) $y''' = y''$；

(6) $y \cdot y'' = 1 + y'^2$；

(7) $y'' = (y')^3 + y'$；

(8) $y'' - (y')^2 = 1$.

2. 求下列方程的特解：

(1) $yy'' = 2(y'^2 - y')$，$y|_{x=0} = 1$，$y'|_{x=0} = 2$.

(2) $y'' = 3\sqrt{y}$，$y|_{x=0} = 1$，$y'|_{x=0} = 2$.

(3) $y'' - ay'^2 = 0$，$y|_{x=0} = 0$，$y'|_{x=0} = -1$.

3. 试求 $xy'' = y' + x^2$ 经过点 $(1,0)$ 且在此点的切线与直线 $y = 3x - 3$ 垂直的积分曲线.

7.6　二阶常系数线性微分方程

在实际中应用得较多的一类高阶微分方程是二阶常系数线性微分方程.

形如

$$y'' + py' + qy = f(x) \tag{7-24}$$

（其中 p，q 为常数）的微分方程叫作二阶常系数线性微分方程.

当 $f(x) = 0$ 时，微分方程

$$y'' + py' + qy = 0 \tag{7-25}$$

称为二阶常系数齐次线性微分方程.

当 $f(x)$ 不恒为零时，微分方程

$$y'' + py' + qy = f(x) \tag{7-26}$$

称为二阶常系数非齐次线性微分方程，$f(x)$ 称为自由项.

7.6.1　二阶常系数齐次线性微分方程

我们首先讨论二阶常系数齐次线性微分方程 (7-25) 的通解的结构.

定理 7.2　如果 $y_1 = y_1(x)$，$y_2 = y_2(x)$ 是方程 (7-25) 的两个特解，且 $\dfrac{y_2}{y_1} \neq k$（常数），那么 $y = C_1 y_1 + C_2 y_2$ 为方程 (7-25) 的通解，其中 C_1，C_2 为任意常数.

证　由于 y_1，y_2 都是方程 (7-25) 的解，故有

$$y_1'' + py_1' + qy_1 = 0, \tag{7-27}$$

$$y_2'' + py_2' + qy_2 = 0. \tag{7-28}$$

将 $y = C_1 y_1 + C_2 y_2$ 代入方程 (7-25) 的左端，并结合 (7-27) 式、(7-28) 式，可得

$$(C_1 y_1 + C_2 y_2)'' + p(C_1 y_1 + C_2 y_2)' + q(C_1 y_1 + C_2 y_2)$$

$$= (C_1 y_1'' + pC_1 y_1' + qC_1 y_1) + (C_2 y_2'' + pC_2 y_2' + qC_2 y_2)$$

$$=C_1(y_1''+py_1'+qy_1)+C_2(y_2''+py_2'+qy_2)=0,$$

所以 $y=C_1y_1+C_2y_2$ 是方程(7-25)的解.由于 $y=C_1y+C_2y$ 只含有两个任意常数,与方程的阶数相同,故 $y=C_1y+C_2y$ 为方程(7-25)的通解.

注意:若 $\dfrac{y_2}{y_1}=k$（常数）,则有 $C_1y_1+C_2y_2=C_1y_1+C_1ky_1=(C_1+C_1k)y_1=Cy_1$,此时, $y=C_1y_1+C_2y_2$ 实质上只含一个任意常数,因此,它当然不是方程(7-25)的通解.

由定理 7.2 得,要求方程(7-25)的通解,只要找出它们的任意两个比值不为常数的特解 y_1,y_2,则它们的线性组合 $y=C_1y_1+C_2y_2$ 便是方程(7-25)的通解.下面我们来分析方程(7-25)可能具有什么形式的特解.

由于在方程(7-25)中, y'',y',y 分别乘因子后相加等于零,这就是要找一个函数 y,使它和它的导数 y',y'' 之间只差一个常数,而这样的函数才有可能是方程(7-25)的特解,而从函数求导的结果来看,指数函数 $y=e^{rx}$ 具有这样的性质,即 e^{rx} 求导后形式不变,仅与本身相差一个常数因子,因此我们用 e^{rx} 来试验.

设 $y=e^{rx}$ 是方程(7-25)的解,将它代入(7-25)式中有

$$(e^{rx})''+p(e^{rx})'+qe^{rx}=0,$$

即有

$$(r^2+pr+q)e^{rx}=0.$$

但 $e^{rx}\neq0$,欲使上式成立,必有

$$r^2+pr+q=0. \tag{7-29}$$

这表明,若 $y=e^{rx}$ 是方程(7-25)的解,则待定的常数 r 应当是代数方程(7-29)的根.反之,只要 r 是代数方程(7-29)的根,那么 $y=e^{rx}$ 就是方程(7-25)的特解.于是,求方程(7-25)的特解的问题就转化为求代数方程(7-29)的根的问题,我们把方程(7-29)叫作方程(7-25)或(7-26)的特征方程,它的根就称为特征根.

由于特征方程(7-29)是一元二次方程, p,q 都是实数,现在根据它的两个根 r_1,r_2 的不同情况来讨论方程(7-25)的通解的一般求法.

(1)若 $p^2-4q>0$,则特征方程(7-29)有两个不相等的实根 r_1 和 r_2,于是得到方程(7-25)的两个特解 $y=e^{r_1x}$ 和 $y=e^{r_2x}$,因为 $r_1\neq r_2$,所以

$$\frac{y_2}{y_1}=\frac{e^{r_2x}}{e^{r_1x}}=e^{(r_2-r_1)x}\neq 常数.$$

故方程(7-25)的通解为 $y=C_1e^{r_1x}+C_2e^{r_2x}$（$C_1,C_2$ 为任意常数）.

(2)若 $p^2-4q=0$,则特征方程(7-29)有两个相等的实根 $r_1=r_2=r$,这时,只得到方程(7-25)的一个特解 $y=e^{rx}$.因此,还要设法找出另一个满足 $\dfrac{y_2}{y_1}$ 不为常数的特解 y_2,由于要求 $\dfrac{y_2}{y_1}$ 不为常数,那么 $\dfrac{y_2}{y_1}$ 应是 x 的某一函数.设 $\dfrac{y_2}{y_1}=u(x)$,其中 $u(x)$ 是待定函数,即有

$$y_2=u(x)y_1=u(x)e^{rx}.$$

下面确定待定系数 $u(x)$.对 $y_2=u(x)e^{rx}$ 求导得

$$y_2'=u'(x)e^{rx}+ru(x)e^{rx}=(u'+ru)e^{rx},$$

$$y''_2 = (u'' + 2ru' + r^2u)\mathrm{e}^{rx},$$

代入方程(7-25),得

$$\mathrm{e}^{rx}[(u'' + 2ru' + r^2u) + p(u' + ru) + qu] = 0,$$

消去 e^{rx},以 u'',u',u 为准,合并同类项得

$$u'' + (2r + p)u' + (r^2 + pr + q)u = 0. \tag{7-30}$$

因为 r 是特征方程(7-29)的二重根,故 $r^2 + pr + q = 0$,且 $2r + p = 0$,因而(7-30)式化为 $u'' = 0$. 显然满足 $u'' = 0$ 的函数很多,但我们只要求得一个不为常数的 $u(x)$ 就行了.所以,我们不妨取其中最简单的一个 $u(x) = x$.

于是得到方程(7-25)的另一个特解 $y_2 = x\,\mathrm{e}^{rx}$,由定理 7.2 可知,方程(7-25)的通解为 $y = C_1\mathrm{e}^{rx} + C_2x\,\mathrm{e}^{rx}$,即 $y = (C_1 + C_2x)\mathrm{e}^{rx}$($C_1$,$C_2$ 为任意常数).

(3) 若 $p^2 - 4q < 0$,则特征方程(7-29)有一对共轭复根 $r_1 = \alpha + \beta\mathrm{i}$,$r_2 = \alpha - \beta\mathrm{i}$.此时,得到方程(7-25)的两个特解

$$y_1 = \mathrm{e}^{(\alpha+\beta\mathrm{i})x},\quad y_2 = \mathrm{e}^{(\alpha-\beta\mathrm{i})x}.$$

它们是复数形式,不便于应用,为了得出实数解,利用欧拉(Euler)公式:

$$\mathrm{e}^{\mathrm{i}\theta} = \cos\theta + \mathrm{i}\sin\theta.$$

将 y_1,y_2 分别改写为

$$y_1 = \mathrm{e}^{\alpha x} \cdot \mathrm{e}^{\mathrm{i}\beta x} = \mathrm{e}^{\alpha x} \cdot (\cos\beta x + \mathrm{i}\sin\beta x),$$

$$y_2 = \mathrm{e}^{\alpha x} \cdot \mathrm{e}^{-\mathrm{i}\beta x} = \mathrm{e}^{\alpha x} \cdot (\cos\beta x - \mathrm{i}\sin\beta x).$$

由定理 7.2 可知

$$\overline{y_1} = \frac{1}{2}(y_1 + y_2) = \mathrm{e}^{\alpha x}\cos\beta x,$$

$$\overline{y_2} = \frac{1}{2}(y_1 - y_2) = \mathrm{e}^{\alpha x}\sin\beta x,$$

也是方程(7-25)的解,且 $\dfrac{\overline{y_2}}{\overline{y_1}} = \dfrac{\sin\beta x}{\cos\beta x} = \tan\beta x$ 不是常数,故得方程(7-25)的通解为 $y = C_1\mathrm{e}^{\alpha x}\cos\beta x + C_2\mathrm{e}^{\alpha x}\sin\beta x$,即 $y = \mathrm{e}^{\alpha x}(C_1\cos\beta x + C_2\sin\beta x)$($C_1$、$C_2$ 为任意常数).

综上所述,求二阶常系数齐次线性微分方程 $y'' + py' + qy = 0$ 的通解的步骤是:

(1) 写出微分方程的特征方程(7-29)

$$r^2 + pr + q = 0;$$

(2) 求出特征方程(7-29)的两个根 r_1,r_2;

(3) 根据特征方程(7-29)的两个根的不同情况,按表 7-1 写出方程(7-25)的通解.

表 7-1　二阶常系数齐次线性微分方程解的形式

特征方程 $r^2 + pr + q = 0$ 的根	微分方程 $y'' + py' + qy = 0$ 的通解形式
两个不相等的实根 r_1,r_2	$y = C_1\mathrm{e}^{r_1x} + C_2\mathrm{e}^{r_2x}$
两个相等的实根 $r_1 = r_2 = r$	$y = (C_1 + C_2x)\mathrm{e}^{rx}$
一对共轭复根 $r_{1,2} = \alpha \pm \mathrm{i}\beta$	$y = \mathrm{e}^{\alpha x}(C_1\cos\beta x + C_2\sin\beta x)$

例 1 求 $y'' - 3y' + 2y = 0$ 的通解.

解 该方程的特征方程为 $r^2 - 3r + 2 = 0$,即 $(r-1)(r-2) = 0$,特征根为 $r_1 = 1, r_2 = 2$,故方程的通解为

$$y = C_1 e^x + C_2 e^{2x} (C_1, C_2 \text{ 为任意常数}).$$

例 2 求方程的 $y'' + 2y' + y = 0$ 通解.

解 该方程的特征方程为 $r^2 + 2r + 1 = 0$,则特征根为 $r_1 = r_2 = r = -1$,故方程的通解为

$$y = (C_1 + C_2 x) e^{-x} (C_1, C_2 \text{ 为任意常数}).$$

例 3 求 $y'' + 4y' + 5y = 0$ 的通解.

解 该方程的特征方程为 $r^2 + 4r + 5 = 0$,则特征根 $r_{1,2} = \dfrac{-4 \pm \sqrt{16 - 20}}{2} = -2 \pm i$,

故方程的通解为

$$y = e^{-2x} (C_1 \cos x + C_2 \sin x)(C_1, C_2 \text{ 为任意常数}).$$

n 阶常系数齐次线性微分方程的一般形式是

$$y^{(n)} + p_1 y^{(n-1)} + p_2 y^{(n-2)} + \cdots + p_{n-1} y' + p_n y = 0, \tag{7-31}$$

其中 $p_1, p_2, \cdots, p_{n-1}, p_n$ 都是常数.

像讨论二阶常系数齐次线性微分方程那样,令 $y = e^{rx}$,那么

$$y' = r e^{rx}, y'' = r^2 e^{rx}, \cdots, y^{(n)} = r^n e^{rx}.$$

把 y 及其各阶导数代入方程(7-31),得

$$e^{rx}(r^n + p_1 r^{n-1} + p_2 r^{n-2} + \cdots + p_{n-1} r + p_n) = 0,$$

由此可见,如果选取 r 是 n 次代数方程

$$r^n + p_1 r^{n-1} + p_2 r^{n-2} + \cdots + p_{n-1} r + p_n = 0 \tag{7-32}$$

的根,那么取这样的 r 做出的函数 $y = e^{rx}$ 就是方程的一个解.方程(7-32)叫作方程(7-31)的特征方程.

根据特征方程的根,可以按表 7-2 写出其对应的微分方程的通解.

表 7-2 n 阶常系数齐次线性微分方程解的形式

特征方程的根	微分方程通解中的对应项
单实根 r	给出一项:$C e^{rx}$
一对单复根 $r_{1,2} = \alpha \pm i\beta$	给出两项:$e^{\alpha x}(C_1 \cos\beta x + C_2 \sin\beta x)$
k 重实根 r	给出 k 项:$e^{rx}(C_1 + C_2 x + \cdots + C_k x^{k-1})\cos\beta x$
一对 k 重复根 $r_{1,2} = \alpha \pm i\beta$	给出 $2k$ 项:$e^{\alpha x}[(C_1 + C_2 x + \cdots + C_k x^{k-1})\cos\beta x + (D_1 + D_2 x + \cdots + D_k x^{k-1})\sin\beta x]$

从代数学知道,n 次代数方程有 n 个根.而特征方程的每一个根都对应着通解中的一项,且每项各含一个任意常数,这样就得到 n 阶常系数齐次线性微分方程的通解

$$y = C_1 y_1 + C_2 y_2 + \cdots + C_n y_n.$$

例 4 求方程 $y^{(4)} - 2y''' + 5y'' = 0$ 的通解.

解　微分方程的特征方程为 $r^4 - 2r^3 + 5r^2 = 0$,其根为 $r_1 = r_2 = 0, r_{3,4} = 1 \pm 2i$,故微分方程的通解为

$$y = (C_1 + C_2 x)e^{0 \cdot x} + e^x(C_3 \cos 2x + C_4 \sin 2x),$$

即

$$y = C_1 + C_2 x + e^x(C_3 \cos 2x + C_4 \sin 2x)(C_1, C_2, C_3, C_4 \text{ 为任意常数}).$$

例 5　求方程 $\dfrac{d^4 \omega}{dx^4} + \beta^4 \omega = 0$ 的通解.

解　这里的特征方程为 $r^4 + \beta^4 = 0$,由于

$$r^4 + \beta^4 = r^4 + 2r^2\beta^2 + \beta^4 - 2r^2\beta^2 = (r^2 + \beta^2)^2 - 2r^2\beta^2$$
$$= (r^2 - \sqrt{2}\beta r + \beta^2)(r^2 + \sqrt{2}\beta r + \beta^2),$$

所以特征方程可以写为

$$(r^2 - \sqrt{2}\beta r + \beta^2)(r^2 + \sqrt{2}\beta r + \beta^2) = 0,$$

它的根为 $r_{1,2} = \dfrac{\beta}{\sqrt{2}}(1 \pm i), r_{3,4} = -\dfrac{\beta}{\sqrt{2}}(1 \pm i)$,因此所给方程的通解为

$$\omega = e^{\frac{\beta}{\sqrt{2}}x}\left(C_1 \cos \frac{\beta}{\sqrt{2}}x + C_2 \sin \frac{\beta}{\sqrt{2}}x\right) + e^{-\frac{\beta}{\sqrt{2}}x}\left(C_3 \cos \frac{\beta}{\sqrt{2}}x + C_4 \sin \frac{\beta}{\sqrt{2}}x\right),$$

其中 C_1, C_2, C_3, C_4 为任意常数.

7.6.2　二阶常系数非齐次线性微分方程

二阶常系数非齐次线性微分方程的一般形式是

$$y'' + py' + qy = f(x), \tag{7-33}$$

其中 p, q 为常数,$f(x)$ 不恒为零,称为自由项.

我们已讨论了一阶非齐次线性微分方程的通解由两个部分构成:一部分是对应的齐次方程的通解,另一部分是非齐次方程本身的一个特解.这个结论可推广到二阶常系数非齐次线性微分方程.

定理 7.3　如果 y^* 是二阶常系数非齐次线性方程(7-33)的一个特解,而 $\overline{y}$ 是对应的齐次方程(7-25)的通解,则 $y = \overline{y} + y^*$ 是二阶非齐次线性方程(7-33)的通解.

证　将 $y = \overline{y} + y^*, y' = \overline{y}' + y^{*'}, y'' = \overline{y}'' + y^{*''}$ 代入方程(7-33),得

$$(\overline{y}'' + y^{*''}) + p(\overline{y}' + y^{*'}) + q(\overline{y} + qy^*)$$
$$= (\overline{y}'' + p\overline{y}' + q\overline{y}) + (y^{*''} + py^{*''} + qy^*)$$
$$= 0 + f(x) = f(x).$$

因此,$y = \overline{y} + y^*$ 是方程(7-33)的解.由于对应的齐次方程的通解含有两个任意常数,所以 $y = \overline{y} + y^*$ 是方程(7-33)的通解.

由定理 7.3 可知,要求二阶常系数非齐次线性微分方程的通解,只要求出对应的齐次线性微分方程的通解 $\overline{y}$ 和非齐次线性方程本身的任意一个特解 y^*,再相加,就可得到非齐次线性微分方程的通解.由于 $\overline{y}$ 的求法已解决,故这里只需讨论 y^* 的求法.下面仅就函数 $f(x)$ 在实际应用中常遇到的两种类型介绍非齐次线性微分方程的特解求法 —— 待定系数法.

类型 Ⅰ：$f(x)=e^{\lambda x}P_m(x)$，其中 λ 为常数，$P_m(x)$ 为一个 m 次多项式.

由于 y^* 应满足方程 $y''+py'+qy=e^{\lambda x}P_m(x)$，方程的右端是多项式 $P_m(x)$ 与指数函数 $e^{\lambda x}$ 的乘积，而多项式与指数函数乘积的各阶导数仍为多项式与指数函数的乘积，因此可以推测 $y^*=Q(x)e^{\lambda x}$ [其中 $Q(x)$ 是某个多项式] 可能是方程(7-33)的特解. 为此，将 y^* 的一阶导数、二阶导数

$$y^{*}{}' = e^{\lambda x}[\lambda Q(x)+Q'(x)],$$
$$y^{*}{}'' = e^{\lambda x}[\lambda^2 Q(x)+2\lambda Q'(x)+Q''(x)],$$

代入方程(7-33)，整理后得

$$Q''(x)+(2\lambda+p)Q'(x)+(\lambda^2+p\lambda+q)Q(x)e^{\lambda x}=e^{\lambda x}P_m(x).$$

消去 $e^{\lambda x}$，得

$$Q''(x)+(2\lambda+p)Q'(x)+(\lambda^2+p\lambda+q)Q(x)=P_m(x). \tag{7-34}$$

(1) 如果 λ 不是(7-33)式的特征方程 $r^2+pr+q=0$ 的根，则(7-34)式中 $Q(x)$ 的系数不为零，要使(7-34)式两端恒等，$Q(x)$ 与 $P_m(x)$ 必为同次多项式. 设 $Q(x)$ 为另一 m 次多项式

$$Q_m(x)=b_0x^m+b_1x^{m-1}+\cdots+b_{m-1}x+b_m.$$

于是，可设特解 y^* 的形式为

$$y^*=Q_m(x)e^{\lambda x}.$$

(2) 如果 λ 是(7-33)式的特征方程的单根，则(7-34)式中 $Q(x)$ 的系数为零，但 $Q'(x)$ 的系数不为零，为了使(7-34)式两端恒等，多项式 $Q'(x)$ 应与 $P_m(x)$ 同次幂，此时可令

$$Q(x)=xQ_m(x)，即 \ y^*=xQ_m(x)e^{\lambda x}.$$

然后用(1)中同样的方法来确定 $Q_m(x)$ 的系数 $b_i(i=0,1,\cdots,m)$，则得方程(7-33)的特解 y^*.

(3) 如果 λ 是特征方程 $r^2+pr+q=0$ 的重根，则(7-34)式中的 $Q(x)$ 的系数为零，且 $2\lambda+p=0$，所以 $Q'(x)$ 的系数也为零，要使(7-34)式恒等，$Q''(x)$ 与 $P_m(x)$ 必为同次多项式，此时可令

$$Q(x)=x^2Q_m(x)，即 \ y^*=x^2Q_m(x)e^{\lambda x},$$

代入方程(7-33)，仍用同样方法确定 $Q_m(x)$ 中各项的系数，即得方程(7-33)的特解 y^*.

将上面的讨论总结得：如果 $f(x)=P_m(x)e^{\lambda x}$，则二阶常系数非齐次方程的特解可设为 $y^*=x^kQ_m(x)e^{\lambda x}$，其中 $Q_m(x)$ 是与 $P_m(x)$ 同次(m 次)的多项式.

$$k=\begin{cases}0, & 当 \lambda \ 不是特征方程 \ r^2+pr+q=0 \ 的根时，\\ 1, & 当 \lambda \ 是特征方程 \ r^2+pr+q=0 \ 的单根时，\\ 2, & 当 \lambda \ 是特征方程 \ r^2+pr+q=0 \ 的重根时，\end{cases}$$

把 y^* 代入给定的微分方程，利用待定系数法，即可求得微分方程的一个特解.

例 6　求方程的通解 $y''+y=x^2$.

解　这是常系数非齐次线性微分方程，且 $f(x)$ 是 $P_m(x)e^{\lambda x}$ 型，其中 $P_m(x)=x^2$，$\lambda=0$. 对应的齐次方程为 $y''+y=0$，其特征方程为 $r^2+1=0$，则特征根为 $r=\pm i$.

由于 $\lambda=0$ 不是特征方程的根，所以应设特解为

$$y^*=b_0x^2+b_1x+b_2,$$

把它代入原方程得

$$b_0 x^2 + b_1 x + 2b_0 + b_2 = x^2,$$

比较两端 x 同次幂的系数,得

$$\begin{cases} b_0 = 1, \\ b_1 = 0, \\ 2b_0 + b_2 = 0, \end{cases}$$

由此求得 $b_0 = 1, b_1 = 0, b_2 = -2$. 因此,原方程的一个特解为 $y^* = x^2 - 2$.

而原方程对应的齐次方程为 $y'' + y = 0$,则它的通解为 $y = C_1 \cos x + C_2 \sin x$ (C_1, C_2 为任意常数).

故原方程的通解为

$$y = x^2 - 2 + C_1 \cos x + C_2 \sin x \ (C_1, C_2 \text{ 为任意常数}).$$

例 7　求方程 $y'' - 5y' + 6y = x e^{2x}$ 的特解.

解　这是常系数非齐次线性微分方程,且 $f(x)$ 是 $P_m(x) e^{\lambda x}$ 型,其中 $P_m(x) = x, \lambda = 2$.
对应的齐次方程为 $y'' - 5y' + 6y = 0$,其特征方程为 $r^2 - 5r + 6 = 0$,则特征根为 $r_1 = 2, r_2 = 3$.

而 $\lambda = 2$ 是特征方程的根,所以应设特解为

$$y^* = x(b_0 x + b_1) e^{2x},$$

把它代入原方程得

$$2b_0 - 2b_0 x - b_1 = x.$$

比较两端 x 同次幂的系数,得

$$\begin{cases} 2b_0 - b_1 = 0, \\ -2b_0 = 1, \end{cases} \quad \text{解得} \quad \begin{cases} b_0 = -\dfrac{1}{2}, \\ b_1 = -1, \end{cases}$$

因此,我们求得原方程的一个特解为

$$y^* = x\left(-\frac{1}{2} x - 1\right) e^{2x}.$$

而原方程对应的齐次方程为 $y'' - 5y' + 6y = 0$,则它的通解为 $y = C_1 e^{2x} + C_2 e^{3x}$ (C_1, C_2 为任意常数).

故原方程的通解为 $y = x\left(-\dfrac{1}{2} x - 1\right) e^{2x} + C_1 e^{2x} + C_2 e^{3x}$ (C_1, C_2 为任意常数).

例 8　求方程 $y'' - 2y' + y = (x^2 - 2) e^x$ 的通解.

解　原方程为二阶常系数非齐次微分方程,且 $f(x)$ 是 $P_m(x) e^{\lambda x}$ 型,其中 $P_m(x) = x^2 - 2$, $\lambda = 1$.

原方程对应的齐次方程为 $y'' - 2y' + y = 0$,其特征方程为 $r^2 - 2r + 1 = 0$,特征根为 $r_1 = r_2 = 1$,于是对应的齐次方程的通解为

$$y = (C_1 + C_2 x) e^x \ (C_1, C_2 \text{ 为任意常数}).$$

由于 $\lambda = 1$ 是特征方程的重根,所以应设 y^* 为

$$y^* = x^2(b_0 x^2 + b_1 x + b_2) e^x,$$

把它代入原方程得

$$12b_0 x^2 + 6b_1 x + 2b_2 = x^2 - 2,$$

比较两端 x 同次幂的系数,得

$$\begin{cases} 12b_0 = 1, \\ 6b_1 = 0, \quad \text{解得} \\ 2b_2 = -2, \end{cases} \begin{cases} b_0 = \dfrac{1}{12}, \\ b_1 = 0, \\ b_2 = -1. \end{cases}$$

因此求得一个特解为

$$y^* = x^2 (\frac{1}{12} x^2 - 1) e^x,$$

故原方程的通解为

$$y = x^2 (\frac{1}{12} x^2 - 1) e^x + (C_1 + C_2 x) e^x \quad (C_1, C_2 \text{ 为任意常数}).$$

类型 II: $f(x) = e^{\lambda x} [P_l(x) \cos\omega x + P_h(x) \sin\omega x]$,其中 λ, ω 为常数,$P_l(x), P_h(x)$ 分别为 l 次、h 次多项式,其中一个可以为零.

此时,有如下结论:

若 $f(x) = e^{\lambda x} [P_l(x) \cos\omega x + P_h(x) \sin\omega x]$,则非齐次方程的特解可设为

$$y^* = x^k e^{\lambda x} [R_m^{(1)}(x) \cos\omega x + R_m^{(2)}(x) \sin\omega x],$$

其中 $m = \max\{l, h\}$,$R_m(x)$ 和 $Q_m(x)$ 是 m 次多项式,而 k 按 $\lambda \pm i\omega$ 不是特征方程(7-33)的根或单根依次取 0 或 1.

(1) 当 $\lambda \pm i\omega$ 不是特征方程 $r^2 + pr + q = 0$ 的根时,可设方程(7-33)的特解为

$$y^* = e^{\lambda x} [R_m^{(1)}(x) \cos\omega x + R_m^{(2)}(x) \sin\omega x],$$

其中 $m = \max\{l, h\}$,$R_m^{(1)}(x)$ 和 $R_m^{(2)}(x)$ 都是 m 次多项式.

(2) 当 $\lambda \pm i\omega$ 是特征方程 $r^2 + pr + q = 0$ 的根时,可设方程(7-33)的特解为

$$y^* = x e^{\lambda x} [R_m^{(1)}(x) \cos\omega x + R_m^{(2)}(x) \sin\omega x],$$

其中 $m = \max\{l, h\}$,$R_m^{(1)}(x)$ 和 $R_m^{(2)}(x)$ 都是 m 次多项式.

根据自由项 $f(x)$ 的两种不同的形式,我们将方程 $y'' + py' + qy = f(x)$ 的特解 y^* 的形式总结成表 7-3.

表 7-3 $y'' + py' + qy = f(x)$ 的特解形式

$f(x)$ 的形式	条件	特解 y^*
$f(x) = e^{\lambda x} P_m(x)$	λ 不是特征方程的根	$y^* = e^{\lambda x} Q_m(x)$
	λ 是特征方程的单根	$y^* = x e^{\lambda x} Q_m(x)$
	λ 是特征方程的重根	$y^* = x^2 e^{\lambda x} Q_m(x)$
$f(x) = e^{\lambda x} [P_l(x) \cos\omega x + P_h(x) \sin\omega x]$	$\lambda \pm \omega i$ 不是特征方程的根	$y^* = e^{\lambda x} [R_m^{(1)}(x) \cos\omega x + R_m^{(2)}(x) \sin\omega x]$,其中 $m = \max\{l, h\}$
	$\lambda \pm \omega i$ 是特征方程的根	$y^* = x e^{\lambda x} [R_m^{(1)}(x) \cos\omega x + R_m^{(2)}(x) \sin\omega x]$,其中 $m = \max\{l, h\}$

例 9　求 $y'' + 2y' - 3y = 3\sin x$ 的通解.

解　先求原方程对应的齐次方程的通解.由特征方程 $r^2 + 2r - 3 = 0$,得特征根 $r_1 = 1$, $r_2 = -3$. 故对应的齐次方程的通解为

$$\bar{y} = C_1 e^x + C_2 e^{-3x} \quad (C_1, C_2 \text{ 为任意常数}).$$

又 $\lambda = 0, \omega = 1$,故 $\lambda + i\omega = i$ 不是特征方程的根.而因 $P_l(x) = 0, P_h(x) = 3$ 都为零次多项式,所以取 $m = 0$. 根据上述情况,设原方程的特解为

$$y^* = e^{\lambda x}(a\cos x + b\sin x) = a\cos x + b\sin x,$$

又

$$y^{*\prime} = -a\sin x + b\cos x,$$
$$y^{*\prime\prime} = -a\cos x - b\sin x,$$

代入原方程,得

$$(-4b - 2a)\sin x + (-4a + 2b)\cos x = 3\sin x,$$

上式两端 $\sin x$ 与 $\cos x$ 的系数必相等,比较 $\sin x$ 与 $\cos x$ 的系数得

$$\begin{cases} -4b - 2a = 3, \\ -4a + 2b = 0, \end{cases}$$

解得 $a = -\dfrac{3}{10}, b = -\dfrac{3}{5}$,

故

$$y^* = -\frac{3}{10}\cos x - \frac{3}{5}\sin x.$$

所以原方程的通解为

$$y = C_1 e^x + C_2 e^{-3x} - \frac{3}{10}\cos x - \frac{3}{5}\sin x \quad (C_1, C_2 \text{ 为任意常数}).$$

例 10　求 $y'' - 2y' + 5y = e^x \sin 2x$ 的通解.

解　原方程的特征方程为 $r^2 - 2r + 5 = 0$,特征根为 $r_{1,2} = 1 \pm 2i$,因而对应的齐次方程的通解为 $\bar{y} = e^x(C_1\cos 2x + C_2\sin 2x)(C_1, C_2 \text{ 为任意常数})$.

又 $\lambda = 1, \omega = 2$,故 $\lambda \pm \omega i = 1 \pm 2i$ 是特征方程的单根,而 $m = \max\{0, 0\} = 0$,故设原方程的特解为

$$y^* = x e^x(C_3\cos 2x + C_4\sin 2x).$$

求导得

$$y^{*\prime} = e^x\{[C_3 + (C_3 + 2C_4)x]\cos 2x + [C_4 + (C_4 - 2C_3)x]\sin 2x\},$$
$$y^{*\prime\prime} = e^x\{[2(C_3 + 2C_4) + (4C_4 - 3C_3)x]\cos 2x + [2(C_4 - 2C_3) - (4C_3 + 3C_4)x] \\ \sin 2x\},$$

将 $y^*, y^{*\prime}, y^{*\prime\prime}$ 代入原方程,整理后得

$$e^x\{[2(C_3 + 2C_4) + (4C_4 - 3C_3)x]\cos 2x + [2(C_4 - 2C_3) + (-x)(4C_3 + 3C_4)]\sin 2x\} - 2e^x\{[C_3 + (C_3 + 2C_4)x]\cos 2x + [C_4 + (C_4 - 2C_3)x]\sin 2x\} + 5x e^x(C_3\cos 2x + C_4\sin 2x) = e^x(4C_4\cos 2x - 4C_3\sin 2x) = e^x\sin 2x.$$

比较 $\sin 2x$ 与 $\cos 2x$ 的系数,得

$$\begin{cases} 4C_4 = 0, \\ -4C_3 = 1, \end{cases} \text{解得} \begin{cases} C_3 = -\dfrac{1}{4}, \\ C_4 = 0, \end{cases}$$

所以原方程的一个特解为

$$y^* = -\frac{1}{4} x e^x \cos 2x.$$

于是原方程的通解为

$$y = \overline{y} + y^* = e^x \left[\left(C_1 - \frac{x}{4} \right) \cos 2x + C_2 \sin 2x \right] (C_1, C_2 \text{ 为任意常数}).$$

对于二阶常系数非齐次微分方程，还有如下结论

定理 7.4 （非齐次线性微分方程解的叠加原理）若 y_i^* 是方程 $y'' + py' + qy = f_i(x)$ 的特解$(i=1,2)$，则 $y^* = y_1^* + y_2^*$ 是方程 $y'' + py' + qy = f_1(x) + f_2(x)$ 的特解.

例 11 求方程 $y'' + y = x^2 + x \cos 2x$ 的通解.

解 由本节例 6 知 $y'' + y = x^2$ 的一个特解为 $y_1^* = x^2 - 2.$

用上述方法可求出，$y_2^* = -\dfrac{1}{3} x \cos 2x + \dfrac{4}{9} \sin 2x$ 为 $y'' + y = x \cos 2x$ 的一个特解.

根据定理 7.4，原方程的一个特解是

$$y^* = y_1^* + y_2^* = x^2 - 2 - \frac{1}{3} x \cos 2x + \frac{4}{9} \sin 2x.$$

故所求方程的通解为

$$y = C_1 \cos x + C_2 \sin x + x^2 - 2 - \frac{1}{3} x \cos 2x + \frac{4}{9} \sin 2x \, (C_1, C_2 \text{ 为任意常数}).$$

习题 7.6

1. 求下列方程的通解：

(1) $y'' - 5y' + 6y = 0$；　　　　　(2) $4\dfrac{d^2 x}{dt^2} - 20\dfrac{dx}{dt} + 25x = 0$；

(3) $y'' + 2y' + 5y = 0$；　　　　　(4) $y''' - 4y'' + y' + 6y = 0$.

2. 求下列齐次微分方程满足已知初始条件的特解：

(1) $y'' - 4y' + 3y = 0, y|_{x=0} = 6, y'|_{x=0} = 10.$

(2) $y'' - 3y' - 4y = 0, y|_{x=0} = 0, y'|_{x=0} = -5.$

(3) $y'' + 25y = 0, y|_{x=0} = 2, y'|_{x=0} = 5.$

(4) $\dfrac{d^2 s}{dt^2} + 2\dfrac{ds}{dt} + s = 0, s|_{t=0} = 4, \dfrac{ds}{dt}\Big|_{t=0} = 2.$

3. 解下列微分方程：

(1) $y'' + y' = 2x^2 e^x$；　　　　　(2) $y'' + 10y' + 25y = 2e^{-5x}$；

(3) $y'' + 3y' + 2y = 2x \sin x$；　　(4) $y'' + 4y = -4\sin 2x$；

(5) $y'' - 6y' + 9y = e^x \sin x$；　　(6) $y'' + 2y' + 5y = e^{-x} \cos 2x$；

$(7) y'' + y' = \cos^2 x + e^x + x^2$.

4. 求下列非齐次微分方程满足已知初始条件的特解:

$(1) y'' - 10 y' + 9 y = e^{2x}, y \mid_{x=0} = \dfrac{6}{7}, y' \mid_{x=0} = \dfrac{33}{7}$;

$(2) y'' - y = 4 x e^x, y \mid_{x=0} = 0, y' \mid_{x=0} = 1$;

$(3) y'' - 4 y' = 5, y \mid_{x=0} = 1, y' \mid_{x=0} = 0$.

5. 试问:满足方程 $y'' - y' - 2 y = 3 e^{-x}$ 的哪一条积分曲线在原点处与直线 $y = x$ 相切?

6. 一质点在一直线上由静止状态开始运动,其加速度为 $a = -4 s + 3 \sin t$,求运动方程 $s = s(t)$,并求其离起点可能有的最大距离.

7. 设函数 $\varphi(x)$ 连续,且满足

$$\varphi(x) = e^x + \int_0^x t \varphi(t) \mathrm{d}t - x \int_0^x \varphi(t) \mathrm{d}t,$$

求 $\varphi(x)$.

总习题 7

一、填空题

1. $f'(x) + \dfrac{1}{x} f(x) = -1$ 的通解 $f(x) = $ _____.

2. $(y'')^3 + 3 (y')^2 + x y + x^8 = 0$ 称为 _____ 阶 _____ 次微分方程.

3. 一阶线性非齐次微分方程 $y' + p(x) y = q(x)$ 的通解是 _____.

4. 微分方程 $y \mathrm{d}x + (x^2 - 4 x) \mathrm{d}y = 0$ 的通解为 _____.

5. 微分方程 $y'' - 2 y' = x - 2$ 的通解为 _____.

二、选择题

1. 方程 $(x + 1)(y^2 + 1) \mathrm{d}x + y^2 x^2 \mathrm{d}y = 0$ 是 ( ).

A. 齐次方程　　　　　　　　B. 可分离变量方程

C. 贝努利方程　　　　　　　D. 线性非齐次方程式

2. 已知函数 $y(x)$ 满足微分方程 $x y' = y \ln \dfrac{y}{x}$,且在 $x = 1$ 时,$y = e^2$,则当 $x = -1$ 时, $y = $ ( ).

A. -1　　　　　B. 0　　　　　C. 1　　　　　D. e^{-1}

3. 设函数 $y(x)$ 满足微分方程 $\cos^2 x \cdot y' + y = \tan x$,且当 $x = \dfrac{\pi}{4}$ 时,$y = 0$,则当 $x = 0$ 时,$y = $ ( ).

A. $\dfrac{\pi}{4}$　　　　B. $-\dfrac{\pi}{4}$　　　　C. -1　　　　D. 1

4. 某种气体的气压 P 对于温度 T 的变化率与气压成正比,与温度的平方成反比,将此问题用微分方程可表示为 ( ).

A. $\dfrac{\mathrm{d}P}{\mathrm{d}T}=PT^{2}$ B. $\dfrac{\mathrm{d}P}{\mathrm{d}T}=\dfrac{P}{T^{2}}$

C. $\mathrm{d}P=k\,\dfrac{P}{T^{2}}\mathrm{d}T$ D. $\mathrm{d}P=-\dfrac{P}{T^{2}}\mathrm{d}T$

5. 微分方程 $y''-2y'-3y=0$ 的通解是 $y=($ $)$.

A. $\dfrac{C_{1}}{x}+C_{2}x^{3}$ B. $\dfrac{C_{2}}{x^{3}}+C_{1}x$

C. $C_{1}\mathrm{e}^{x}+C_{2}\mathrm{e}^{-3x}$ D. $C_{1}\mathrm{e}^{-x}+C_{2}\mathrm{e}^{3x}$

6. 方程 $y''-6y'+9y=x\mathrm{e}^{3x}$ 的特解形式是（   ）.

A. $ax^{2}\mathrm{e}^{3x}$ B. $x^{2}(ax^{2}+bx+C)\mathrm{e}^{3x}$

C. $x(ax^{2}+bx+C)\mathrm{e}^{3x}$ D. $ax^{4}\mathrm{e}^{3x}$

7. 已知函数 $y=y(x)$ 的图形上的点 $(0,-2)$ 的切线为 $2x-3y=6$，且 $y=y(x)$ 满足微分方程 $y''=6x$，则此函数为（   ）.

A. $y=x^{3}-2$ B. $y=3x^{2}+2$

C. $3y-3x^{2}-2x+6=0$ D. $y=x^{3}+\dfrac{2}{3}x$

8. 求方程 $(x+1)y''+y'=\ln(x+1)$ 的通解时，可（   ）.

A. 令 $y'=p$，则 $y''=p'$ B. 令 $y'=p$，则 $y''=p\,\dfrac{\mathrm{d}p}{\mathrm{d}y}$

C. 令 $y'=p$，则 $y''=p\,\dfrac{\mathrm{d}p}{\mathrm{d}x}$ D. 令 $y'=p$，则 $y''=p'\,\dfrac{\mathrm{d}p}{\mathrm{d}x}$

9. 函数 $y=\mathrm{e}^{x}\cdot\displaystyle\int_{x}^{0}\mathrm{e}^{t^{2}}\mathrm{d}t+C\mathrm{e}^{x}$ 是微分方程（   ）的解.

A. $y'-y=\mathrm{e}^{x+x^{2}}$ B. $y'-y=-\mathrm{e}^{x+x^{2}}$

C. $y'+y=\mathrm{e}^{x+x^{2}}$ D. $y'+y=-\mathrm{e}^{x+x^{2}}$

三、解答题

1. 已知 $y_{1}=x\mathrm{e}^{x}+\mathrm{e}^{2x}$，$y_{2}=x\mathrm{e}^{x}+\mathrm{e}^{-x}$，$y_{3}=x\mathrm{e}^{x}+\mathrm{e}^{2x}-\mathrm{e}^{-x}$ 是某二阶线性微分方程的三个解，求此微分方程.

2. 求微分方程 $y''+y'=x^{2}$ 的通解.

3. 设 $y=\mathrm{e}^{x}$ 是微分方程 $xy'+p(x)y=x$ 的一个解，求此微分方程满足条件 $y\mid_{x=\ln 2}=0$ 的特解.

4. 求微分方程式 $(y+\sqrt{x^{2}+y^{2}})\mathrm{d}x-x\mathrm{d}y=0\,(x>0)$ 满足初始条件 $y\mid_{x=1}=0$ 的解.

5. 已知连续函数 $f(x)$ 满足条件 $f(x)=\displaystyle\int_{0}^{3x}f\left(\dfrac{t}{3}\right)\mathrm{d}t+\mathrm{e}^{2x}$，求 $f(x)$.

6. 设 $f(x)$ 在 $(-\infty,+\infty)$ 内连续，且 $f(x)=\displaystyle\int_{0}^{x}f(t)\mathrm{d}t$，求证：在 $(-\infty,+\infty)$ 内 $f(x)$ 恒等于零.

参考文献

[1]同济大学数学系.高等数学(上、下册)[M].北京:高等教育出版社,2014.

[2]吴传生.经济数学——微积分[M].北京:高等教育出版社,2016.

[3]潘福臣,王海民.高等数学(上、下册)[M].吉林:吉林大学出版社,2016.

[4]宣立新.高等数学(上、下册)[M].北京:高等教育出版社,2011.

[5]盛祥耀.高等数学(上、下册)[M].北京:高等教育出版社,2016.

[6]吴纯,谭莉.应用高等数学[M].北京:机械工业出版社,2012.

[7]曾庆柏.应用高等数学[M].北京:高等教育出版社,2014.

[8]斯彩英.应用高等数学(上、下册)[M].北京:人民交通出版社,2012.

参考文献